架构师书库

RIGHTING SOFTWARE

A Method for System and Project Design

架构之道

软件构建的设计方法

[美] 居瓦·洛瑞（Juval Löwy）著

朱少民 张元 丁慧 周倩嫣 金泽锋 译

机械工业出版社

CHINA MACHINE PRESS

图书在版编目（CIP）数据

架构之道：软件构建的设计方法 /（美）居瓦·洛瑞（Juval Löwy）著；朱少民等译 . -- 北京：机械工业出版社，2021.8（2023.3 重印）

（架构师书库）

书名原文：Righting Software：A Method for System and Project Design

ISBN 978-7-111-68770-2

I. ①架⋯ II. ①居⋯ ②朱⋯ III. ①软件工具 - 程序设计 IV. ①TP311.561

中国版本图书馆 CIP 数据核字（2021）第 149996 号

北京市版权局著作权合同登记 图字：01-2020-5366 号。

架构之道：软件构建的设计方法

出版发行：机械工业出版社（北京市西城区百万庄大街 22 号　邮政编码：100037）

责任编辑：姚　蕾　　　　　　　　　　　　责任校对：殷　虹

印　　刷：北京建宏印刷有限公司　　　　　版　　次：2023 年 3 月第 1 版第 2 次印刷

开　　本：186mm×240mm　1/16　　　　　印　　张：21.75

书　　号：ISBN 978-7-111-68770-2　　　　定　　价：199.00 元

客服电话：（010）88361066　68326294

"我参加了架构大师班和项目设计大师班。在参加这两个课程之前，我几乎放弃了弄清楚我的团队付出的努力付之东流的原因，而是努力寻找一个可行的解决方案来制止我们疯狂的'死亡行军'。然而，大师班让我大开眼界——帮我打开了一个新世界，看到软件开发水平已超越所有其他工程学科，并且以专业、可预测和可靠的方式进行，从而可以在预算内按时开发出高质量的工作软件。我从中获得的知识是无价的！从揭示如何在用户需求不断变化的情况下创建一个稳定、可靠的架构到如何规划和指导项目成功完成的复杂细节，所有这些都融入了作者无与伦比的专业知识和技能。Juval 在课堂上分享的每一个浓缩的真理都是源于现实生活并被检验过的，将这种学习经验转化为强大的知识体系，对任何渴望成为软件架构师的人都是福音。"

—— **Rossen Totev，软件架构师 / 项目负责人**

"项目设计大师班影响了我的职业发展。今天项目期限和预算几乎被滥用的事情随处可见，因此有机会向 Juval 学习是一个天赐的机会。他逐一提供了正确设计项目的方法和适当的工具。结果是，在变化发展甚至混乱的现代软件开发环境中，成本和进度都受到控制。Juval 说，你将参与一场针对逾期和费用过高的非对称战争，并且能真正地有扛枪打仗的感觉。没有魔术，只是将基本的工程和制造原则应用于软件，但你从大师班回到公司时感觉自己已经是行家了。"

—— **Matt Robold，West Covina Service Group 软件开发经理**

"很棒的经历，改变了我对软件开发方法的看法。我一直有一些关于设计和编码的想法，之前从来不能用语言表达它，但是现在我可以。它不仅影响了我对软件设计的思考方式，还影响了我关于其他类别的设计。"

—— **Lee Messick，首席架构师**

"多年来，我在从事软件项目工作时，一直被急速而至的最后期限困扰着。仅仅了解软件开发方法和合适的流程似乎感觉精力即将耗尽，因为我不但要满足客户不合理的需求，还不得不与管理层的固执己见作斗争。我在两个战线上同时作战，感到绝望，这时我感觉自己像个浪人。本书给我带来了前所未有的清晰感，它准确无误地教会了我正在寻找的知识。我学到了高深的技术，这些技术改变了我对软件项目运行方式的理解。现在我借助这样的工具，可以在无休止的需求变更洪流中有效且高效地驾驭我的项目。在一个混乱的世界里，这个课程带来了秩序。我永远感谢 IDesign，我的生活从此不一样了。"

—— **Aaron Friedman，软件架构师**

"生活在改变，我感觉自己就像是一架布满了几十年的灰尘而又被重新校准的钢琴。"

—— **Jandan Jan，CTO/ 架构师**

"课程很棒，这无疑是我职业生涯中最紧张但最有意义的一周。"

—— **Stoil Pankov，软件架构师**

" Juval Löwy 的课程改变了我的生活。我从单纯的开发人员转变成真正的软件架构师，将其他学科的工程原理运用到软件设计以及我的职业生涯中。"

—— **Kory Torgersen，软件架构师**

"架构大师班是一门关于技能和设计的终生课程，我参加了两次。我第一次参加时，感觉该课程真是太具有变革性了，以至于我希望几十年前我的职业生涯刚开始时，我就已经参加了这门课程。后来即使是第二次参加这门课程，我也只学到了其中的 25%，因为这些想法非常深刻。重建思维体系和自我否定真的很痛苦，但是我需要与更多的同事再来一次。最后，每一天，我都会回想起 Juval 在课堂上所说的话，并用它来帮助我的团队应用到甚至很小的事情上，以便最终使我们大家都可以被称为专业工程师。（附言：我第二次参加课程写了 100 页笔记！）"

—— **Jaysu Jeyachandran，Nielsen 软件开发经理**

"如果你在看到和经历了软件行业的许多失败尝试后感到沮丧、缺乏活力且意志消沉，那么这堂课将使你焕发青春。它带你进入职业成熟的新境界，也给你带来希望和信心，让你可以正确地工作。你将以新的思维方式和充足的无价工具从项目设计大师班毕业，这将使你再也找不到软件项目失败的借口。你开始练习、亲自动手，获得洞察力和经验。是的，你可以在向项目干系人提供成本、时间和项目风险等信息时做到准确无误。现在，如果你对自己的职业生涯很在意，别等公司让你参加这堂课，你应该立刻主动参加本课程或任何 IDesign 大师课程。这是你可以做出的最佳自我投资。感谢 IDesign 的整个团队，他们为帮助软件行业成为扎实的工程学科付出了持续努力。"

—— Lucian Marian，Mirabel 软件架构师

"20 多岁尚处于职业生涯相对早期的阶段，我可以诚实地说，这本书改变了我的生活，改变了我看待职业道路的方式，这将是我一生中的关键时刻之一。"

—— Alex Karpowich，软件架构师

"我想感谢这改变我职业生涯的一周。通常，我上课的时间不会超过 50%——因为课程很无聊，而且他们没有教给我任何我无法自学的知识，要么就是讲一些我已经知道的东西。但在架构大师班上，我一天坐了 9 个小时，仍感觉时间不够用：我了解了作为软件工程架构师的职责（我之前认为架构师只是软件设计师），关键是不仅要准时交付，还要控制预算并保证质量，不是等待'成长'为架构师，而是要管理我的职业生涯，以及如何量化和衡量我以前认为的直觉。从本周开始，我有了更多的见识，现在也积累了很多知识。我等不及要参加下一次大师班了。"

—— Itai Zolberg，软件架构师

在敏捷、DevOps 盛行的时代，人们关注 CI/CD、工具链，追求快速迭代，追求效率，但往往欲速则不达，因为忽视了架构设计和项目管理。众所周知，开发速度越快，架构设计更要力求简单，以有利于代码的实现和测试；当软件研发高速运行时，管理也显得更为重要，否则容易出现混乱，造成"事倍功半"的不利局面。在现实中这种局面倒是不少见，许多软件研发团队的项目管理越来越简单、粗暴，研发过程过于随意，工作量估算更是儿戏，项目里程碑的设定往往比较主观，与开发系统所需的实际时间相差太远，导致经常加班，甚至进入恶性循环。同时，对需求、架构和功能设计等也关注不够，需求经常变更，开发人员和测试人员经常返工，推倒重来，但没有人关注开发成本，没有人去算一算这笔账，而总是感觉人力资源不够，"缺人"这个坑永远无法填平。

大家对这样的状况并不陌生。当这样的状况成为普遍现象时，一本讲解架构设计和项目设计的书摆在你面前，简直就是雪中送炭。

是时候需要这样一本书帮助我们改变认知，重新认识软件系统设计和项目设计的必要性和价值，并深刻认识一个软件架构师的职责不局限于软件系统架构的设计，还应包括项目设计，两者相辅相成，才能确保项目按预期进展且按质按量地交付产品。过去，我们也阅读了大量的技术图书，有专门讨论系统架构设计的，也有专门讨论项目管理的，但从来没见过一本书可以将系统设计和项目设计融为一体，让它们相辅相成，达到最好的效果，从而确保每一个项目都获得成功。本书的确让我们眼前一亮，吸引我们迫不及待地去阅读。

软件架构决定了组件的划分和组件之间的关系，系统设计能力就体现在分解和组合的能力上，包括如何进行层次划分、厘清不同组件之间的关系。更重要的是，要坚持几个关键的设计原则，善于使用工具，包括分析或思维工具。这样，我们就能设计出一个良好的系统架构，不仅能确保系统是高内聚、松耦合的，有利于未来产品的升级和维护，而且能确保系统具有良好的性能、弹性、安全性、兼容性等，将质量内建于系统之中。

如果系统是松耦合的，有利于系统的分解和开发任务的分解，从而有利于项目工作量的估算和人员的配备，并且在软件开发过程中沟通协作的成本也会显著降低。相反，如果系统设计不好，导致系统过于复杂、强耦合，那么系统将很难维护、扩展或重用，系统维护成本就会陡增，甚至当系统出现严重缺陷时短时间内无法修复，从而导致项目交付延期，甚至导致项目彻底失败。

在项目设计中，自然首先要明确项目的目标，设计就是为了以更低的成本、更快的速度达成项目的目标，所以项目设计需要综合考虑各种因素（特别是风险因素和不同的选项），完成项目建模（如绘制项目网络图、找出关键路径），客观地估算成本，量化项目风险和评估风险，基于网络计算风险，了解浮动时间与风险的关系、时间与成本的关系，在它们之间进行权衡，从而做出明智的决策。

基于一系列成功的经验（按时、按预算、高质量的交付），作者更加坚定了先进的设计理念，提出了有效的设计原则和实践方法，形成软件架构之道（righting software），并鼓励我们不妥协、不屈服于权宜之计，要坚持做正确的事，采用结构化工程方法做好系统设计和项目设计，基于时间和风险方面的考虑，确保软件系统是可维护的、可扩展的、可重用的。除此之外，本书清楚地讲述了软件工程的基本原理，提供了一套应用于软件系统和项目的完整设计工具和技术。

本书的学习是以螺旋式深入下去，系统设计和项目设计也必然是螺旋式提升的过程，希望每一位读者在学习本书的思想、方法、技巧时，能够进行实践，然后再学习、再实践，让自己掌管的项目立于不败之地，这就是对我们辛勤的翻译工作的最好回报。

朱少民
辛丑年于上海

　　几乎没有人是被逼着进入软件开发行业的。相反，许多人爱上了编程并决定以此谋生。然而，大多数人所希望的职业生涯与软件开发那黑暗且令人沮丧的现实之间存在着巨大的差距。整个软件行业正处于一场深刻的危机之中。因为软件开发是多维的，所以导致了非常严重的危机，而软件开发的每个方面都被打破了：

- **成本**。一个项目的预算与实际开发该系统的成本之间的相关性很弱。许多组织甚至不愿意解决成本问题，可能是因为它们根本不知道如何解决，也可能是因为它们认识到根本承担不起系统的高昂成本。即使新系统的第一个版本的成本是合理的，但由于设计不当和无法适应变化，整个生命周期的系统成本也往往会远高于预期。随着时间的推移，维护成本变得非常高，以至于公司通常会决定从头开始，新系统很快就会像之前一样陷入同样甚至更糟糕的局面。而其他任何行业都不会选择"定期从头开始"，因为这样做没有经济意义。航空公司维护大型喷气式飞机几十年，而一栋房子可能维护整整一个世纪。

- **进度**。最后期限（deadline）的设定通常是武断的、无法实现的，因为它与实际开发系统所需的时间几乎没有关系。对于大多数开发人员来说，最后期限是无用的东西，它会在团队努力工作的时候"呼啸而过"。如果开发团队确实在最后期限之前完成了任务，那么每个人都会感到惊讶，因为没有人指望它能按时完成。这也是一个糟糕的系统设计的直接结果，它会导致系统的变更和新工作的连锁反应，并使以前完成的工作失效。而且，这是一个非常低效的开发过程的结果，它忽略了活动之间的依赖关系和构建系统的最快、最安全的方式。不仅整个系统的上市时间相当长，而且单个功能的上市时间也可能很夸张。当项目的进度出现延误时，情况已经很糟了；当管理层和客户都不知道这个延误时，情况就更糟了，因为没有人知道这个项目的真实状况。

- **需求**。开发人员往往最终解决了错误的问题。终端客户或其内部环节参与者（如市场营销人员）与开发团队之间的沟通始终存在问题。大多数开发人员也无法适应他们未能捕获需求的情况。即使需求被完美地传达下去，它们也可能随着时间的推移而改变。此变更将使设计无效，并破坏团队试图构建的所有内容。

- **人员配备**。即使是普通的软件系统也非常复杂，超出了人脑的理解能力。内部和外部的复杂性是系统架构不良的直接结果，这反过来又导致复杂的系统很难维护、扩展或重用。

- **维护**。大多数软件系统不是由开发它们的人员来维护的。新员工不了解系统是如何运行的，因此他们在试图解决旧问题时不断地引入新问题。这很快就拉高了维护成本，推迟了上市时间，甚至导致工作停顿或项目取消。

- **质量**。也许没有任何其他东西可以像质量那样破坏软件系统。软件有缺陷，"软件"这个词本身就是"缺陷"的同义词，开发人员无法想象没有缺陷的软件系统。修复缺陷通常会增加缺陷数，添加功能或简单维护也会增加缺陷数。质量差是由不易测试、理解或维护的系统架构直接导致的。同样重要的是，大多数项目没有考虑到基本的质量控制活动，也没有为每项活动分配足够的时间，使其可以无可挑剔地完成。

几十年前，业界开始开发解决世界问题的软件。今天，软件开发本身就是一个世界级的问题。软件开发中的问题往往以非技术性的方式表现出来，如工作环境压力大、人员流动率高、工作倦怠、缺乏信任、自卑，甚至身体疾病等。

软件开发中的所有问题都不是新问题[⊖]，甚至，有些人在其软件开发的整个职业生涯中都没有经历过一次正确的软件开发过程。这使他们相信这根本不可能做到，他们对任何试图解决这些问题的尝试都不屑一顾，因为"事情就是这样的"。他们甚至可能会与那些试图改进软件开发的人抗衡。他们已经得出结论，这个目标是不可能实现的，所以任何尝试取得更好结果的人，都是在试图做不可能的事，这侮辱了他们的智商。

我自己的过往经历是一个反例，表明开发人员可以成功地开发软件系统。我负责的每个项目均按时、按预算、零缺陷地交付。在创建 IDesign 之后，我继续保持了这一纪录，我们在该领域一次又一次地帮助客户兑现了他们的承诺。

这种持续、可重复的成功纪录绝非偶然。我在系统工程领域（包含物理系统和软件系统）接受了培训和教育，这使我很容易地认识到这两个系统的相似之处。将实践原则应用到软件设计中，其他工程领域的常识在软件系统中也是有意义的。我从来没有想过不把软件开发当作工程来对待，或者不经过设计或计划就开发一个系统。我认为没有必要在我的信念上妥协，也没有必要屈服于权宜之计，因为做正确的事情才行得通，而不这样做的可怕后果是显而易见的。我很幸运，能有出色的导师，在正确的时间、正确的地点看到哪些有效、哪些无效，

⊖ Edsger W. Dijkstra, "The Humble Programmer: ACM Turing Lecture," *Communications of the ACM* 15, no. 10 (October 1972): 859-866.

并有机会在早期参与了一些重大而关键的项目，使之成为优秀案例的一部分。

近年来，我注意到该行业的问题越来越严重。越来越多的软件项目失败了。在时间和金钱上失败成本都变得越来越高，甚至已经完成的项目也往往偏离了最初的承诺。这场危机加剧不仅仅是因为系统越来越大或者云计算的发展，也可能是激进的最后期限或者更高的变更率。但我怀疑真正的原因是，开发队伍中越来越缺乏如何设计和开发软件系统的知识。之前大多数团队中都有一位资深人士，他指导年轻人并传授知识。如今，这些导师已经或即将退休。在他们缺席的情况下，普通人只能获得无限的信息，却得不到有用的知识。

我多希望有一个你做了就能解决软件危机的方法，比如使用过程、开发方法、工具或技术。不幸的是，要解决多维问题，就需要多维解决方案。在这本书中，我提供了一个统一的补救方法：软件架构之道（righting software）。

总之，我所建议的是使用工程原理来设计和开发软件系统。好消息是没有必要重新发明轮子，其他的工程学科是相当成功的，因此软件行业可以借用它们的关键通用设计思想并使其适用于软件。你将在本书中看到一套软件工程的基本原理，以及一套完整应用于软件系统和项目的工具与技术。要获得成功，我们必须从工程的角度出发，基于时间和风险方面的考虑，确保软件系统是可维护的、可扩展的、可重用的、可负担的和可行的，这些都是工程方面的问题，而不是技术方面的问题，而且可以直接追溯到系统和项目的设计环节。由于"软件工程师"通常指软件开发人员，所以出现了术语"软件架构师"来描述团队中负责项目所有设计方面的人。因此，我假定本书的读者是软件架构师。

本书中的一些想法并不是你唯一要正确认识的事情，但它们肯定是一个良好的开端，因为它们触及了前面提到的问题的根源。根本原因是设计不当，无论是软件系统本身还是用于构建该系统的项目。你将看到，按计划、按预算交付软件以及设计满足所有可能需求的系统是完全可能的，开发出来的系统也是易维护、易扩展和易重用的。希望通过实践这些想法，你不仅能够学会软件系统构建之道，还能助力自己的职业生涯，并重新点燃对软件开发的热情。

本书的组织结构

本书展示了系统设计和项目设计的结构化工程方法。本书的结构反映了方法论的两个部分：系统设计（通常称为架构）和项目设计。这两部分相辅相成，是成功的必要条件。附录提供了一些补充内容。

在大多数技术书籍中，每一章只针对一个主题并深入探讨，这样更容易编写，但这通常不是人们学习的方式。相比之下，在这本书中，讲解是螺旋式的。本书的两大部分中的每一章都重申了前几章的观点，通过多方面的洞察来进行更深入的研究或观点的演进。这模仿了自然的学习过程，每一章都依赖于前面的章节，所以你应该按顺序阅读这些章节。本书的两大部分均包含了详细的案例研究，以展示这些观点以及其他方面。同时，为了保持迭代的简洁性，作为一般规则，我通常避免内容重复，因此即使是关键知识点，也只讨论一次。

以下是对各章和附录的简单介绍：

第 1 章　元设计方法

本章介绍了下列关键思想：要想成功，必须同时设计系统和用来构建系统的项目。这两种设计对于最终成功都是不可或缺的。没有架构就无法设计项目，设计一个无法构建的系统是毫无意义的。

第 2 章　分解

本章致力于将系统分解为组成其架构的组件。大多数人以最坏的方式来分解系统，所以本章首先解释了不该做什么。一旦这个观念建立起来，你将学会如何正确地分解系统，在该过程中掌握一组有用的、简单的分析工具并获得观察结果。

第 3 章　结构

本章提升了第 2 章的思想，引入了结构。你将看到如何捕获需求、如何对架构分层、架构组件的分类及相互关系、特定的分类指导原则以及一些相关的问题，如子系统设计。

第 4 章　组合

本章说明如何将系统组件组装成满足需求的有效组合。这简短的一章包含了本书的几个关键设计原则，并将前两章的内容转化为将在每个系统中使用的强大的思维工具。

第 5 章　系统设计示例

本章是一个广泛的案例研究，展示了迄今为止所讨论的系统设计思想。系统设计螺旋结构的最后迭代提供了一个实际的系统，使系统设计与业务保持一致，并展示了如何生成架构并对其进行验证。

第 6 章　动机

由于大多数人从来没有听说过项目设计（更不用说实践了），本章介绍了项目设计的概念和参与项目设计的动机。这是项目设计螺旋的第 0 次迭代。

第 7 章　项目设计综述

本章概述了如何设计一个项目，首先定义了"软件研发的成功"，然后介绍了明智的决定、项目人员配备、项目网络图、关键路径、安排活动和项目费用等关键概念。本章涵盖了随后各章中使用的大多数思想和技术，最后重点讨论了角色和责任。

第 8 章　网络和浮动时间

本章介绍了项目网络及其作为设计工具的使用。你将看到如何将项目建模为一个网络图，学习浮动时间的关键概念，了解如何在人员配备和调度中使用浮动时间，并了解浮动时间与风险的关系。

第 9 章　时间和成本

本章定义了在所有项目中时间和成本之间可能的权衡，并讨论了通过正确工作来加速所有项目的方法。除此之外，你还将学习压缩的关键概念、时间﹣成本曲线和成本要素。

第 10 章　风险

本章介绍了大多数项目中缺少的要素：量化风险。你将看到如何度量风险并将其映射到上一章的时间和成本概念中，以及如何基于网络计算风险。风险通常是评估选项的最佳方式，也是一流的规划工具。

第 11 章　实践中的项目设计

本章通过对设计一个项目所涉及的步骤进行系统的演练，将前几章的所有概念付诸使用。其目标是演示设计项目时使用的思维过程，以及如何为业务决策者审查做准备。

第 12 章　高级技巧

遵循螺旋式学习模型，本章介绍了高级技巧和概念。这些技巧在各种复杂程度（从简单到最具挑战性）的项目中都很有用，是对前几章的补充，而且经常会结合起来使用。

第 13 章　项目设计示例

本章是与第 5 章的系统设计示例相对应的项目设计示例。它也是一个案例研究，展示了设计项目端到端的过程。本章的重点是案例研究，而不是技巧。

第 14 章　总结

最后一章从设计的技术方面进行了回顾，提供了一系列的指导、技巧、视角和开发过程思想。它从"回答何时设计项目这个重要问题"开始，以"项目设计对质量的影响"结束。

附录 A　项目跟踪

附录 A 展示了如何在计划方面跟踪项目的进度，以及如何在需要时采取纠正措施。项目跟踪更多的是关于项目管理，而不是项目设计，但它对于确保你在工作开始后履行承诺至关重要。

附录 B　服务契约设计

架构本身是粗略的，你必须设计其每个组件的细节，而这些细节中最重要的是服务契约。附录 B 指出了设计服务契约的正确方法。此外，关于模块化、规模和成本的讨论也很好地契合了本书大多数章节的内容。

附录 C　设计标准

附录 C 汇总了本书中提到的关键原则、指南和禁忌事项。该标准是简洁的，是关于"什么"，而不是"为什么"。这个标准背后的原理可以在本书的其余部分找到。

关于读者的假设

虽然本书是面向软件架构师的，但读者范围更广泛。读者可以是架构师、高级软件专业人员、项目经理或多重角色的人，也就是说，有志于提高自己技能的开发人员都将从本书中受益。无论你目前处于什么职位，本书都将为你的职业生涯打开一扇大门。当你初次阅读本书时，可能不是一个经验丰富的架构师，但是一旦你阅读并掌握了方法论，就将跻身世界之巅。

本书的技术和思想适用于各种编程语言（如 C++、Java、C# 和 Python）、各种平台（如 Windows、Linux、移动设备、本地环境和云）和各种项目规模（从最小到最大的项目），还跨越所有行业（从医疗保健到国防）及所有商业模式和公司规模（从初创企业到大型公司）。

我对读者做出的最重要假设是，你在深层次上关心自己的工作，而当前的失败和浪费使你感到苦恼。你想做得更好，但是缺乏指导，或者为不良的做法所困扰。

使用本书的要诀

阅读本书的唯一先决条件是开放的心态，过去的失败经历和挫折是加分项。

其他在线资源

本书的网页提供了示例文件、附录和勘误表。可以通过以下网址访问此页：
http://www.rightingsoftware.org
你可以在本书的"下载支持文件"链接下找到示例文件和相关的支持材料。
有关本书的其他信息，请访问 informit.com/title/9780136524038。
你也可以通过以下地址与作者联系：http://www.idesign.net。

致谢

首先，感谢督促我写这本书的两个人（他们都有自己独特的方式）：Gad Meir 和 Jarkko Kemppainen。

感谢策划编辑和顾问 Dave Killian：要再多一点编辑修改，我就得把他列为合著者了。接下来，感谢 Beth Siron 审阅了原稿。同时感谢以下人员花费时间审阅草稿：Chad Michel、Doug Durham、George Stevens、Josh Loyd、Riccardo Bennett Lovsey 和 Steve Land。

最后，感谢我的妻子 Dana，她一直鼓励我写作，并承担了家务；感谢我的父母，他们将自己对工程的热爱传递给了我。

作者介绍

　　Juval Löwy，IDesign 的创始人，专业的软件架构师，专门研究系统和项目设计。他帮助过全球多家公司在预算内按时交付高质量的软件。他被微软公司认定为世界知名专家和行业领导者之一，参与了有关 C#、WCF 和相关技术的内部战略设计审查，并被授予"软件传奇"的称号。在现代软件开发的主要领域，他出版了几本畅销书并发表了多篇文章。他还经常在主要的国际软件开发会议上进行演讲，并在全球进行大师班授课，向成千上万的专业人员传授现代软件架构师所需的技能，同时讲授如何扮演积极的设计、流程和技术领导者的角色。

| 附录 |

第 1 章

元设计方法

在"架构师之禅[⊖]"中简单陈述过：对于初级架构师来说，做任何事情都有很多选项，然而对于架构大师来说，好选项非常有限，甚至只有一个。

初级架构师设计软件系统时经常感到困扰，会有大量的模式、思想、方法和可能性供选择。不停涌现新思想对于软件业来说是常态，人们渴望通过持续学习来提高自己，这些人中就包括正在读这本书的你。然而，对于任何给定的设计任务而言，正确完成的方法只会是少数，我们不妨聚焦于它们，而忽略其他"噪声"。软件架构大师们知道如何做到这一点，他们仿佛受到启示，能瞬时抓住并完善那个恰当方法，进而给出正确的设计方案。

"架构师之禅"的理念不仅适用于系统设计，也适用于构建系统的项目设计。是的，有无数种方法可以组织项目并将工作分配给团队成员，但它们是否都同样安全、快速、廉价、可行、既有效果又有效率？架构大师们还设计项目来构建系统，甚至可以帮助管理层在第一时间决定他们是否有能力实施项目。

真正掌握任何一门学科都是一次漫长的旅行。除了极少数例外，没有人是天生的专家。我自己就是一个很好的例子。30 年前，架构师这个词在软件组织中还不常用，我就开始做初级架构师了。从项目内架构师到部门内架构师，再到 20 世纪 90 年代末，我成为硅谷一家财

⊖ https://en.wikipedia.org/wiki/Zen_Mind,_Beginner's_Mind

富100强公司的首席软件架构师。2000年，我成立了一家专门从事软件设计的公司IDesign。在IDesign，我们已经设计了数百个系统和项目。虽然每个合约都有各自的特定系统架构和项目计划，但我注意到，无论是对客户、项目、系统、技术还是开发人员，我的设计建议在抽象层面上都是一样的。

因此，我问了自己一个简单的问题：我真的需要成为一个拥有数十年系统设计经验和数十个项目设计经验的软件架构师才能知道该做什么吗？或者换种问法：能以某种方式总结出基本方法，使任何对其有清晰理解的人都能做出不错的系统和项目设计吗？

问题的答案是响亮而有力的，我把结果称为元设计方法，这是本书的主题。我将这种元设计方法应用于许多项目，并在全世界教授和指导了几千名架构师，实践证明，如果应用得当，它是有效的。在这里，我没有低估拥有良好的态度、技术技能和分析能力的价值。不管用什么方法，这些都是成功的必要因素。可惜的是，这些因素不够有效，尽管有人拥有这些伟大的品质和特性，项目还是经常会失败。然而与元设计方法结合后，这些因素却能给我们带来成功的机会。通过将设计建立在合理的工程原理之上，我们将学会避开那些有误导的做法和普遍存在的直觉错误。

1.1 什么是元设计方法

元设计方法是一种简单有效的分析与设计的技术。可将该方法表示为如下公式：

$$元设计方法 = 系统设计 + 项目设计$$

在系统设计中，元设计方法提出了一种将大系统分解为小模块/组件的方式。该方法能为模块/组件的定义（结构、角色和语义）以及交互设计（这些组件应该如何交互）提供指导。输出是系统的架构。

在项目设计中，该方法帮助我们为管理人员提供构建系统的几个选项。每个选项都是进度、成本和风险的某种组合，还可以作为系统集成的指导，并匹配相应方案以供执行和跟踪。

项目设计是本书的第二部分，对最终成功的重要性远远超过系统设计。如果项目有足够的时间和资源，并且风险在可接受范围内，即使是一个平庸的系统设计也可确保最终的成功。但是，如果项目没有足够的时间或资源来构建系统，或者项目执行风险太大，那么即使是世界顶尖的系统设计也会最终失败。项目设计也比系统设计更复杂，因此，需要额外的工具、思想和技术。

因为将系统设计和项目设计结合起来，所以元设计方法实际上是一个设计过程。多年来，软件行业对开发过程给予了极大的关注，但对设计过程的关注却很少。这本书旨在填补这一空白。

1.1.1　设计验证

设计验证是至关重要的，当架构设计不充分或组织无法承受构建系统的压力的时候，就不应该冒险让团队启动系统的开发。元设计方法能支撑这一关键任务并使之可行，允许架构师合理地验证所建议的设计是充分全面的。也就是说，设计能达成两个关键目标。首先，设计必须满足客户的要求。其次，设计必须在组织或团队的能力和约束范围内。

一旦开始编码，由于成本和进度的影响，改变架构通常是不可接受的。实际上，如果没有系统设计验证，风险被锁定在这样的区间中：最好可能是一个不完善的架构，最差可能是一个畸形系统。在接下来的几年里，组织将不得不尝试使用此系统，直到下一次大的重写。一个设计糟糕的软件系统可能会严重损害企业，使其丧失把握商机的能力，甚至可能会在财务上随着软件维护成本的不断上升而毁掉企业。

设计的早期验证是必要的。例如，在工作开始三年后去查明某个特定的想法或整个架构是错误的，作为智力游戏它是有趣的，但已经没有任何实际价值。理想情况下，在项目开始的一周内，必须知道这个架构是否合理。任何长时间的开发都会冒着以可疑架构开始开发的风险。后面各章详细描述了如何验证系统设计。

请注意，我这里指的是系统设计与架构，而不是系统的详细设计。详细设计为架构中的每个组件生成实现所需的关键工件，如接口、类层次结构和数据契约。详细设计需要更长的时间来完成，在项目执行期间结束，并且可能随着系统的构建或发展而改变。

同样，我们必须验证项目设计。进度超期或预算超支（或两者兼而有之）的中等规模项目是完全不可接受的。不能兑现承诺会影响架构师的职业生涯。我们必须主动验证项目设计，以确保目前的团队能够交付项目。

除了提供系统架构和项目计划外，元设计方法的目标是消除项目的设计风险。任何项目都不应该因为架构太复杂以致开发人员无法构建和维护而最终失败。这种方法能够识别高效可行的架构，并且在很短的时间内完成架构设计。项目设计也能享受同样的好处。任何项目都不应该因为启动时就没有足够的时间或资源而失败。这本书展示了如何准确地计算项目的持续时间和成本，以及如何做出明智的决定。

1.1.2　紧迫的时间

使用元设计方法，只需几天就可以生成整个系统设计，通常只需三到五天，而项目设计所需的时间与此类似。考虑到该服务的宏大目标，即为新系统生成系统架构和项目计划，这个持续时长可能看起来太短。典型的业务系统每隔几年就可以选择一个新的设计。为什么不花十天在架构上呢？与数年的系统寿命相比，额外的五天甚至都算不上舍入误差。前期不投入，后期附加设计通常并不能改善结果，甚至可能是有害的。

由于人性的原因，大多数工作环境的时间管理效率都非常低。时间紧迫却能使我们（以及其他相关人员）集中精力，通过确定优先级来关注重点并产出设计。通过元设计方法，我们应该可以变得更加迅速而果断。

而且一般来说，设计并不费时（与实现相比）。建筑师按小时收费，通常设计一栋房子最多只需要工作一两周。建筑师并没有花很长时间就完成架构，但建造商可能需要与承包商合作 2 到 3 年的时间才能把房子建成。

时间紧迫也有助于避免设计镀金。帕金森定律[⊖]表明，只要还有时间，工作就会不断扩展，直到用完所有的时间。如果有 10 天的时间完成一个可以在 5 天内完成的设计，架构师可能会在 10 天内完成这个设计。架构师将利用额外的时间来设计那些只会增加复杂性的无关紧要的方面，这将不相称地增加未来几年的实现和维护成本。限制设计时间会迫使架构师做出足够好的设计。

1.1.3　消除分析瘫痪

分析瘫痪（analysis-paralysis）是一种困境，当在其他方面有能力、聪明，甚至勤奋的个人或团队（就像大多数软件架构师一样）陷入一个看似无休止的分析、设计、新发现和返回进行更多分析的循环中时，就会出现这种困境。这个人或群体实际上处于瘫痪状态，无法取得任何有成效的结果。

1. 设计决策树

分析瘫痪的主要原因是没有识别系统和项目的设计决策树。设计决策树是一个普遍的概念，它适用于所有的设计任务，而不仅仅是在软件工程中。任何复杂实体的设计都是许多较小的设计决策的集合，以树状结构的层次结构排列。树中的每个分支表示一个可能的设计选项，该选项将导致其他更精细的设计决策。树的叶子集代表了需求的完整设计解决方案。其中每一片叶子都是在某些方面与其他叶子有所不同的解决方案，但都具有一致性、独特性和有效性。

当负责设计的人员或团队不知道正确的决策树时，他们会从树根以外的某个地方开始。在某个时刻，下游的设计决策总是会使先前的决策失效，在这两点之间做出的所有决策都将失效。这种设计方法类似于执行一种冒泡式的设计决策树。由于冒泡排序所涉及的操作大约与所涉及元素数的平方一样多，因此后果是很严重的。如果不遵循决策树，一个需要 20 个系统和项目设计决策的简单软件系统可能有 400 个设计迭代。参加这么多的会议（即使你把会议时间分散开）简直让人崩溃。即使是 40 次迭代也不太可能有足够的时间来执行。当系统和项目设计工作超时时，开发将从系统和项目处于不成熟状态时开始。当时间、努力和工件

⊖　Cyril N. Parkinson, "Parkinson's Law," *The Economist* (November 19, 1955).

已经与错误的选择相关联时，设计决策失效的发现将推迟到更糟糕的未来。从本质上讲，这么做无异于最大化了错误设计决策的成本。

2. 软件系统设计决策树

事实证明，大多数软件业务系统有很多共同点，至少决策树的轮廓不仅是相同的，而且在这些系统中也是统一的。当然决策树的叶子节点会有不同。

元设计方法为系统设计和项目设计提供了典型业务系统的决策树。只有在设计了系统之后，才有必要设计项目来构建该系统。无论是系统还是项目，这些设计成果都有自己的设计决策子树。该方法从根本上指导项目完成，避免重复工作和重新评估先前的决策。

使用约束条件是决策树剪枝中最有价值的技术之一。正如 Frederick P. Brooks 博士[⊖]所指出的，与常识或直觉相反，最糟糕的设计问题是干净的画布。没有约束条件时设计应该很容易，对吧？错了。干净的画布应该会吓坏每一个架构师。有无数种方法会出错或违反未声明的约束。约束越多，设计任务就越容易。允许的操作余地越小，设计就越清晰。在一个完全受限的系统中，没有什么需要设计：就是它。由于总是存在约束（无论是显式约束还是隐式约束），元设计方法通过遵循设计决策树对系统和项目逐步施加约束，促使设计快速收敛并完成。

1.1.4　沟通

元设计方法的一个重要优点是传达设计思想。一旦参与者熟悉了架构的结构和设计语义，该方法就能够共享设计思想并准确地传达设计所需的内容。架构师可以将设计背后的思维过程传达给团队，而且架构师应该分享在架构中指导其做出取舍的标准和独到见解，以无歧义方式记录操作假设和最终的设计决策。

这种设计意图的清晰和透明程度对于架构的生存至关重要。一个好的设计是经过精心构思，在发展中幸存下来，最终成为客户机器上的工作部件的设计。我们必须能够将设计传达给开发人员，并确保他们重视设计背后的意图和概念。必须通过使用评审、检查和指导来实施设计。由于定义良好的服务语义和结构的结合，元设计方法在这种类型的信息传递中表现出色。

毫无疑问，如果负责构建系统的开发人员重视设计却不理解设计，他们会扼杀它。再多的附加设计或代码审查也无效。评审的目的应该是尽早发现在架构设计方向上的意外偏差，准确理解原有设计是有效评审的前提。

⊖　Frederick P. Brooks Jr., *The Design of Design*: *Essays from a Computer Scientist* (Upper Saddle River, NJ: Addison-Wesley, 2010).

当需要向项目经理、管理层或其他干系人传达项目计划时，也是如此。清晰、明确、可比的选项是明智决策的关键。当人们做出错误的决定时，往往是因为他们不理解项目，对项目的行为有错误的思维模式。通过涵盖时间、成本和风险为项目构建正确的模型，架构师很容易做出正确的决策。元设计方法提供了正确的专业术语和度量指标，以便通过简洁的方式与决策者沟通。一旦管理者接触到项目设计的可能性，他们就将成为项目设计的最大推动者，并坚持这样做。在达成共识方面，再多激烈的争论也无法达到一组简单的图表和数字所能达到的效果。此外，项目设计不仅在项目开始时很重要，而且随着工作的开始，还可以使用项目设计工具来管理变更的效果和可行性。附录 A 讨论了项目跟踪和管理变更。

除了将设计传达给开发人员和管理人员之外，元设计方法还允许架构师准确、轻松地将设计传达给其他架构师。以这种方式从评审和批评中获得的洞察力是无价的。

1.2　元设计方法不是什么

Brooks 在 1987 年写道："没有银弹。"⊖当然，元设计方法也不是。使用该方法不能保证成功，如果与项目中的任何其他内容分开使用或仅仅为用而用的话，则情况可能会更糟糕。

这种方法并不会剥夺架构师的创造力，也不会影响架构的设计。架构师仍然负责提取系统所需的行为。在面对压力不断增长的情形时，架构师仍然对如下事情负责：一是架构出错，二是未能将设计传达给开发人员，三是未能在交付之前指导好开发工作并保持架构不腐化。

此外，如本书第二部分所述，架构师必须从架构中产生一个可行的项目设计。架构师必须根据可用资源、资源可以产生的内容、涉及的风险和截止日期来校准项目。去完成项目设计的活动本身是没有意义的。架构师必须消除所有偏见，确定一系列正确的计划假定并由此获得估算结果。

元设计方法为系统和项目设计提供了一个良好的起点，并列出了要避免的问题。然而，同时做到身体力行以及投入时间和精力去收集所需的信息，该方法才能奏效。架构师必须从根本上关心设计过程和它所产生的结果。

⊖　Frederick P. Brooks Jr., "No Silver Bullet: Essence and Accidents of Software Engineering," *Computer* 20, no.4 (April 1987).

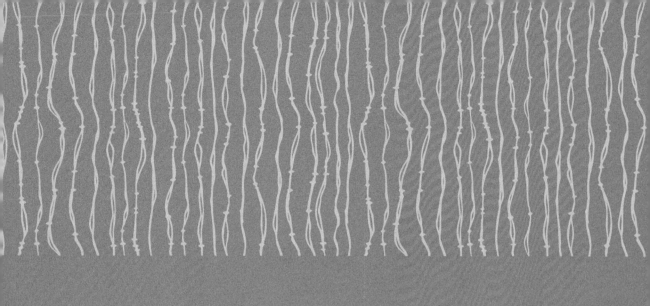

第一部分

系统设计

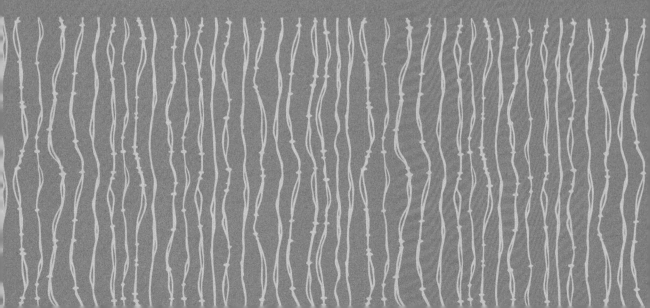

| 第 2 章 |

分　解

软件架构是软件系统的高层设计和结构。虽然与系统的实现相比，系统的设计是短周期和低成本的，但关键是要确保架构正确。一旦系统实现，再发现架构有缺陷、错误或不足以满足客户需求，那么维护或扩展系统将非常昂贵。

任何系统架构的本质都是将系统作为一个整体概念分解为其包含的组件，无论是汽车、房屋、笔记本电脑还是软件系统都是如此。一个好的架构还规定了这些组件在运行时如何交互。识别系统组成部分的行为称为**系统分解**。

正确的分解是至关重要的。错误的分解意味着错误的架构，进而又会在未来造成可怕的痛苦，常常导致系统的完全重写。

在过去的几年中，系统的构建块有 C++ 对象，后来是 COM、Java 或 .NET 组件。在流行的系统和本书中，服务（如面向服务）是架构中最细粒度的单元。然而，用于实现组件的技术及其细节（如接口、操作和类层次结构）是更为详细的设计，而不是系统的进一步分解。事实上，这些细节可以在不影响分解和架构的情况下改变。

不幸的是，在所有的软件系统中，大多数（如果不是绝大多数的话）的设计都不正确，而且可以说是以最坏的方式设计的。设计缺陷是系统分解不正确的直接结果。因此，本章首先解释了为什么常见的分解方法存在核心缺陷，然后讨论了元设计分解方法背后的基本原理。在设计系统时，还将介绍一些强大而有用的技术。

2.1　避免功能分解

功能分解根据系统的功能将系统分解为其构建块。例如，如果系统需要执行一组操作，例如开票、记账和发货，则最终会得到 Invoicing（开票）服务、Billing（记账）服务和 Shipping（发货）服务。

2.1.1　功能分解带来的问题

功能分解的问题有很多而且很严重。其中最基础的一个问题，就是功能分解将系统的服务直接映射到用户的需求，于是系统服务和用户需求耦合起来。用户需求所需功能的任何变更都会波及对应系统服务。随着时间的推移，这种变更会变得难以为继，并且要求事后进行新的分解以反映新的要求，使系统在将来更新迭代时变得步履维艰。除了对系统的修改代价高昂以外，功能分解还会妨碍重用，并导致系统本身和其客户端都过于复杂。

1. 妨碍重用

考虑一个简单的功能分解系统，它使用三个服务 A、B 和 C，顺序调用是 A-B-C。由于功能分解也是基于时间的分解（调用 A 然后调用 B），因此服务的重用变得不太可能了。假设另一个系统也需要 B 服务（例如记账）。内置在 B 结构中的概念是，它是在 A 服务之后和 C 服务之前调用的（例如，首先开具发票，然后根据发票记账，最后发货）。任何试图从第一个系统中提取出 B 服务并将其放到第二个系统中的尝试都将失败，因为在第二个系统中，没有人在它之前执行 A 操作，在它之后执行 C 操作。当在调用链中"抬起"B 服务时，A 和 C 服务都"挂在"下面。B 根本不是一个独立的可重用服务——A、B 和 C 是紧密耦合的服务群。

2. 数量或规模过度

功能分解的一种途径就是持有尽可能多的服务。因为功能总存在差异，并且通常一个系统可能有数百个功能，这种分解会导致服务"爆炸"。不仅我们有太多的服务，而且这些服务常常重复许多常见的功能，每个功能都是根据自己的情况定制的。服务个数的爆炸式增长造成了集成和测试成本的指数级增长，并增加了整体复杂性。

另一种功能分解方法是将执行操作的所有可能方法都合并到大型服务中。这会导致服务的规模膨胀，使它们过于复杂，无法维护。"上帝巨石像（单一且巨大）"一样的大型服务成为各个原始功能所有相关变化的汇集坑，服务内部和服务之间有着错综复杂的关系。

因此，功能分解往往会使服务要么太大、太少，要么太小、太多。我们经常在同一个系统中同时看到这两种痛苦。

> **注意**　附录 B 专门讨论服务契约设计，进一步讨论了过多或过大服务的可怕后果以及对项目的影响。

3. 客户端臃肿和耦合

功能分解常常导致系统层次结构的扁平化。因为每个服务或构建块都致力于特定的功能，所以必须将这些独立的功能组合到场景所需的行为中。而这经常是由客户端来实现的。当客户端将其编排服务的功能赋予系统对象时，系统就变成了两层系统：客户端和服务端，任何额外的分层的概念都消失了。假设系统需要按顺序执行三个操作（或功能）：A、B 和 C。如图 2-1 所示，客户端必须将服务缝合在一起。

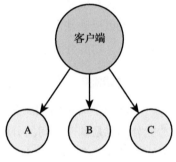

图 2-1　臃肿的客户端编排功能

这样一来，业务流程编排的逻辑使得客户端臃肿了，同时系统的业务逻辑也污染了客户端代码。客户端不再只是调用系统上的操作或向用户呈现信息。客户端现在已经非常清楚所有的内部服务，如何调用它们，如何处理它们的错误，如何在 A 成功后补偿 B 的失败，等等。调用服务几乎总是同步的，因为客户端按照 A 然后 B 然后 C 的预期顺序进行，否则很难确保调用顺序，同时保持对外部世界的响应。此外，客户端现在已耦合到所需的功能。操作中的任何更改，例如调用 B′而不是 B，都会强制客户端反映该更改。糟糕设计的特点是系统的任何更改都会影响到客户端。相反，理想情况下客户端和服务应该能够独立地发展。几十年前，软件工程师发现在客户端中包含业务逻辑是个坏主意。然而，当设计如图 2-1 所示时，我们被迫在客户端中建序列、排序、失败补偿和调用期管理等业务逻辑。最终，客户端不再是客户端，它已耦合到大系统中。

如果有多个客户端（例如富客户端、网页、移动设备），每个客户端都试图调用相同的功能服务序列，会怎么样？架构师注定要在客户端之间复制这种逻辑，使得维护所有这些客户端既浪费了精力，又提高了成本。随着功能的变化，现在不得不在多个客户端之间同步这种变化，因为它们都会受到影响。通常，一旦出现这种情况，开发人员会尽量避免对服务的功能进行任何更改，因为它会对客户端产生级联影响。随着客户端的多样性，每个客户端都有自己的服务序列的版本，因此更改或交换服务变得更具挑战性，进而阻止在客户端之间重用相同的行为。实际上，最终会维护多个复杂的系统，试图让它们保持同步。最终，对那些不得不通过开发和生产而实现的创新变革而言，即使不会被扼杀，至少也会增加上市时间。

图 2-2 是目前为止讨论的功能分解问题的一个例子，这是我评审过的某系统圈复杂度分析的可视化结果。使用的设计方法是功能分解。

圈复杂度通过统计类或服务的代码的独立路径的数量来计算。内部越复杂、耦合越多，圈复杂度得分就越高。用生成图 2-2 的工具测量并评估了系统中的各个类。在可视化结果中，类越复杂，其模块和颜色就越大、越深。乍一看，会看到三个非常大而且非常复杂的类。维护 MainForm 容易吗？这只是一个表单、一个 UI（用户界面）元素、一个从用户到系统的干净管道，还是本身就是一个子系统？观察在 FormSetup 的大小和阴影中设置 MainForm 所需的复杂性。不言而喻，Resources 非常复杂，因为更改 MainForm 中使用的资源非常复杂。

图 2-2　功能设计的复杂性分析

理想情况下，Resources 应该很简单，包括图像和字符串的简单列表。系统的其余部分由几十个小的、简单的类组成，每个类都致力于特定的功能。较小的类实际上处于三个庞大类的阴影下。但是，虽然每个小类可能微不足道，但小类的绝对数量本身就是一个复杂的问题，涉及跨许多类的复杂集成。这样的结果是组件太多、太大及客户端臃肿。

4. 多入口

图 2-1 分解的另一个问题是它需要系统的多个入口点。客户端（或多个客户端）需要在三个位置进入系统：从 A 开始，然后进入 B，然后进入服务 C。这意味着有多个地方需要担心身份验证、授权、可伸缩性、实例管理、事务传播、身份标识、托管，等等。当需要更改这些方面中任何一个的执行方式时，我们要跨服务和客户端在多个位置更改它。随着时间的推移，这些多重变化使得添加新客户端和差异化客户端的成本居高不下。

5. 服务臃肿和耦合

作为对功能服务序列化（如图 2-1 所示）的替代方法，我们可以选择让功能服务相互调用（如图 2-3 所示），这样它看起来就不那么讨厌了。

这样做的好处是可以使客户端保持简单甚至异步：客户端发出对 A 服务的调用，然后 A
服务调用 B，B 调用 C。

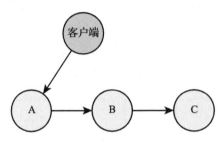

图 2-3　链式功能服务

现在的问题是，功能服务彼此耦合，并且与功能调用的顺序耦合。例如，只能在开票服务之
后、发货服务之前调用记账服务。在图 2-3 所示的情况下，A 服务中内置的是它调用 B 服务所
需的知识。B 服务只能在 A 服务之后和 C 服务之前调用。调用所需顺序的改变可能会影响
链上和链下的所有服务，因为它们的实现必须改变以反映新的所需顺序。

但图 2-3 并没有显示全部情况。图 2-3 中的 B 服务与图 2-1 中的不同。原来的 B 服务只
执行 B 功能。图 2-3 中的 B 服务必须知道 C 服务，并且 B 契约必须包含 C 服务执行其功能
所需的参数。这些细节是图 2-1 中客户端的责任。A 服务使问题更加复杂，它现在必须在其
服务契约中包含调用 B 和 C 服务以执行各自业务功能所需的参数。对 B 和 C 功能的任何更
改都反映在对 A 服务实现的更改中，现在 A 服务的实现与 B 和 C 的功能耦合在一起。这种
臃肿和耦合如图 2-4 所示。

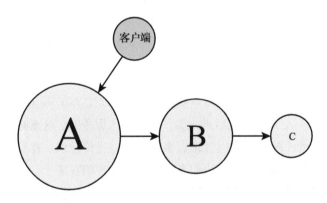

图 2-4　链式功能会导致服务臃肿

可悲的是，即使是图 2-4 也不能说明全部问题。假设 A 服务成功地组成了 A 功能，然后
继续调用 B 服务来执行 B 功能。但是，B 服务遇到错误，无法正确执行。如果 A 同步调用 B，

那么 A 必须密切注意 B 的内部逻辑和状态，以便修正其错误。这意味着 B 功能还必须驻留在 A 服务中。如果 A 异步调用 B，那么 B 服务现在必须以某种方式返回到 A 服务并撤销 A 功能或在其内部包含 A 的回滚。换句话说，A 功能也驻留在 B 服务中。这将在 B 服务和 A 服务之间创建紧密耦合，并使 B 服务臃肿，需要补偿 A 服务的成功。这种情况如图 2-5 所示。

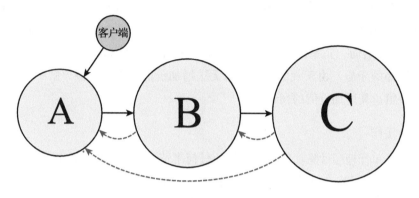

图 2-5　补偿引起的额外臃肿和耦合

这个问题在 C 服务中更加复杂。如果 A 和 B 两个功能都成功并完成了，但是 C 服务未能执行其业务功能呢？C 服务必须同时返回 B 和 A 服务以撤销其操作。这会在 C 服务中造成更多的臃肿，并将其与 A 和 B 服务耦合。考虑到图 2-5 中的耦合和臃肿，将 B 服务替换为执行功能不同于 B 的 B' 服务需要什么？对 A 和 C 服务有什么不利影响？同样，当在其他上下文中请求服务中的功能时，如在 D 服务之后和 E 服务之前调用 B 服务，图 2-5 中存在多大程度的重用？A、B 和 C 是三种不同的服务还是一种融合的混乱？

2.1.2　关于功能分解的思考

功能分解具有几乎不可抗拒的吸引力。它看起来是设计系统的一种简单明了的方法，只要简单地列出所需的功能，然后在架构中为每个功能创建一个组件即可。功能分解（及其近亲，后文讨论的领域分解）是大多数系统的设计方法。大多数人理所当然的选择功能分解，这很可能是计算机科学教授在学校演示给学生看的。但功能分解在设计不佳的系统中的流行，可以作为近乎完美的提示信号，告诉我们有一些本该避免的东西仍旧存在。无论如何，我们必须抵制功能分解的诱惑。

1. 宇宙的本质

我们可以使用一个软件工程参数来证明功能分解是不允许使用的。证明与宇宙的本质有关，一定绕不开热力学第一定律。撇开数学不谈，热力学第一定律简单来说就是没有汗水就无法增值。俗话说："天下没有免费的午餐。"

设计，就其本质而言，是一项高附加值的活动。我们读这本书而不是另一本编程书是因为我们重视设计，或者说我们认为设计增加了价值，甚至增加了很多价值。

功能分解的问题在于它试图欺骗热力学第一定律。功能分解的结果，即系统设计，应该是高附加值的活动。但是，功能分解是简单明了的：给定一组要求执行 A、B 和 C 功能的需求，我们将其分解为 A、B 和 C 服务。"不流汗！"我们说，"功能分解非常容易，以至于工具都可以做到。"然而，正是因为它是一个快速、简单、机械和直接的设计，它也体现了与热力学第一定律的矛盾。由于我们不努力就无法增加价值，因此功能分解中，如此吸引人的属性就是那些阻止其增加价值的属性。

2. 反设计工作

要说服同事和管理层做除功能分解之外的任何事情，都是一场艰难的斗争。"我们一直都是这样做的，"他们会说。有两种方法可以反驳这一论点。第一个是回答"我们有多少次达到了我们承诺的最后期限或预算""我们的品质和复杂性是什么样的""维护系统容易吗"这些问题。

第二个是执行反设计的工作。通知团队，我们正在举办下一代系统的设计竞赛。把小组分成两队，每队在一个单独的会议室里。请第一队为系统生成最佳设计。让另一队提供最坏的设计：一个能最大限度地失去扩展和维护系统能力的、不允许重用的设计，等等。让他们做一个下午，然后把他们聚在一起。当我们比较结果时，通常会看到他们拿出了相同的设计。组件上的标签可能会有所不同，但设计的本质是相同的。直到那时，他们才会承认，他们研究的问题和背后的含义并不相同，也许好的设计是需要不同的方法的。

3. 示例：功能化房屋

不应该使用功能分解进行设计，是一个与软件系统无关的普遍现象。考虑建造一栋功能化的房子，就好像它是一个软件系统。首先列出房屋的所有必需功能，如烹饪、玩耍、休息、睡觉等。然后在架构中为每个功能创建一个实际组件，如图 2-6 所示。

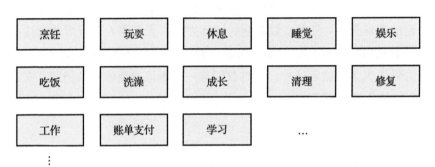

图 2-6 房屋的功能分解

　　虽然图 2-6 已经是荒谬的，但真正的疯狂只有到了建造这座房子的时候才会显现出来。从一块未开发的土地开始，实现"烹饪"——只是做饭。我们从包装盒里拿出微波炉放在一边。参考微波炉大小建一个小混凝土地面，在它上面搭建一个木架，用台面盖住木架，然后把微波炉放在台面上。四周为微波炉建一个小储藏室，在上面盖一个小屋顶，把微波炉和电源接通。结束后，向老板和顾客宣布："我们实现了烹饪功能！"

　　但是烹饪真的完成了吗？烹饪可以这样做吗？我们在哪里用餐，储存剩菜，或处理垃圾？在煤气炉上做饭怎么样？在炉子上烹调时需要什么才能进行烹饪？在两种不同的表达烹饪功能的方式之间，我们能有多大程度的重用？能轻易地扩展其中任何一个吗？在别的地方用微波炉做饭怎么样？微波炉的重新安置需要什么？所有这些乱七八糟的事情甚至都不是开始，因为这一切都取决于所做的烹饪类型。我们可能需要建立独立的烹饪功能，如果烹饪涉及多个设备和不同的情境，例如，如果我们正在烹饪早餐、午餐、晚餐、甜点或零食。要么会得到大量的小型烹饪服务，每一个服务都是针对一个必须事先知道的特定场景，要么会得到大量的烹饪服务。我们会建那样的房子吗？如果不会，为什么要这样设计和构建一个软件系统呢？

何时使用功能分解

　　这些页面中的派生并不意味着功能分解是一个坏主意。功能分解是一种不错的需求分解技术。它帮助架构师（或产品经理）发现隐藏或隐含的功能区域。从顶部开始，即使是模糊的功能需求，我们也可以将功能分解提升到一个非常精细的级别，揭示需求及其关系，以树状方式排列需求，并识别冗余或互斥的功能。然而，将功能分解扩展到设计中是致命的。需求和设计之间不应该有直接的映射。

2.1.3　避免领域分解

　　图 2-6 中的房屋设计显然是荒谬的。在房子里，我们可能在厨房里做饭，所以房子的另一种分解方式如图 2-7 所示。这种分解形式称为**领域分解**：根据业务域（如销售、工程、会计和运输）将系统分解为构建块。不幸的是，如图 2-7 所示的领域分解甚至比图 2-6 的功能分解还要糟糕。领域分解不起作用的原因是它仍然是变相的功能分解：厨房是做饭的地方，卧室是睡觉的地方，车库是停车的地方，等等。

　　实际上，图 2-6 中的每个功能区域都可以映射到图 2-7 中的域，这会带来严重的问题。虽然每个卧室可能都是独一无二的，但我们必须复制所有卧室的睡眠功能。在客厅的电视前睡觉或在厨房招待客人时（几乎所有家庭聚会最终都留在厨房），就会出现进一步的重复。

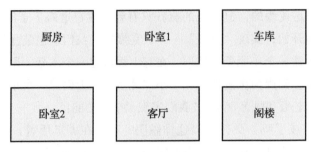

图 2-7 房屋的领域分解

每一个领域通常都会演变成一个丑陋的功能混杂集，领域内部复杂性会增加。内部复杂性增加能使我们避免了跨域连接的痛苦，因为跨域通信通常会减少为简单的状态更改（例如增删查改），而不是触发涉及所有域的所需行为执行的操作。跨域组合更复杂的行为却是非常困难的。在这样的领域分解中，有些功能是根本不可能实现。例如，在图 2-7 所示的房子里，我们会在哪里进行厨房里不能进行的烹饪（例如，烧烤）？

领域化建造房屋

与单纯使用功能分解方法一样，领域分解的实际问题会在构造过程中变得突出。想象一下沿着图 2-7 的分解图建造一座房子。从一块未开发的土地开始。我们为厨房挖好基坑，浇筑地基，并铺设混凝土地面，在混凝土地面打上螺栓，然后利用螺栓竖起厨房的墙壁（都必须按照外墙标准）；在墙壁上布上电线和管道；为厨房通水、通电源、通燃气；并把厨房排水连接到下水道系统；添加制热/冷的管道和通风口；连接厨房锅炉；添加水表，电表和煤气表；在厨房上盖一个屋顶；在里面铺上石膏板；挂上橱柜；在外墙（所有墙壁）涂上灰泥然后进行粉刷。我们向客户宣布厨房已经完成，并且达到了里程碑 1.0。

然后去卧室。我们首先从厨房外墙上捣下灰泥，露出墙壁与地基相连的螺栓，并拧松厨房在地基上的螺丝。将厨房与外部电源、燃气管道、供水管和下水管道断开，然后使用昂贵的液压千斤顶抬起厨房。当我们把厨房悬挂在半空中时，先把它移到一边，这样就可以用设备拆毁厨房的地基，拖走建筑垃圾，支付昂贵的垃圾倾卸费。现在我们可以挖一个新的基坑，它会为卧室和厨房提供一个连续的基础。将混凝土倒入基坑中，以铺就新的地基，并希望在以前完全相同的位置添加螺栓。下一步，我们非常小心地把厨房放回新的地基上，确保所有的螺栓孔对齐（这几乎是不可能的）。为卧室竖起了新墙，可以临时从厨房墙壁上移除橱柜；拆除石膏板以露出内部电线、管道和通风管，并连接到卧室。在厨房和卧室中添加石膏板，并将橱柜重新吊装起来，在卧室中添加壁橱。可以把厨房墙壁上剩余的灰泥敲掉，这样我们就可以在外墙上涂上连续的、无裂缝的灰泥。现在必须把厨房以前的几面外墙改成内墙，这对粉刷、隔热、油漆等都有影响。把厨房的屋顶移走，在卧室和厨房上建一个新的连在一起的屋顶。我们向客户宣布达到里程碑 2.0，卧室 1 完成了。

实际上不得不重建厨房的事实对用户来说是无从得知的。第二次建造厨房比第一次要贵得多，风险也大得多，这一事实也未被披露。这房子再加一间卧室需要多少钱？最终会建造和拆除多少次厨房？在厨房变成一堆乱七八糟的垃圾之前，我们到底能重建多少次？宣布厨房完工，厨房就真的完工了吗？抛开返工的代价不谈，房子各部分之间有多大程度的重复利用？这样盖房子要多耗费多少钱？用这种方式构建一个软件系统的意义何在？

2.1.4　错误的动机

功能分解或领域分解的动机是业务或客户希望尽快获得其特性。问题是，永远不能单独部署一个特性。独立于开票和发货的记账没有业务价值。

如果涉及遗留系统，情况会更糟。开发人员很少能获得特权去实现一个完整全新系统。最有可能的情形是面对已有的退化系统，其功能设计的不灵活和高企的维护成本，反证了开发新系统的合理性。

假设我们的业务有三个功能 A、B 和 C 在遗留系统中运行。当构建一个新的系统来取代旧的系统时，我们决定首先构建并部署更重要的 A 功能，以满足希望尽早并经常看到价值的客户和管理层的需求。问题是，业务只有 A 是没有用的。企业也需要 B 和 C。在新系统中执行 A，在旧系统中执行 B 和 C 将不起作用，因为旧系统不知道新系统，不能只执行 B 和 C。在旧系统和新系统中执行 A 不会增加任何价值，甚至由于重复的工作而具有负值，因此用户可能会反感。唯一的解决办法是以某种方式协调新旧系统。这种协调通常在复杂性上远远超过了原始基础业务问题带来的挑战，因此开发人员最终解决的问题要复杂得多。再次用房子来比喻，按照图 2-6 或图 2-7 在城镇的另一边建造新房子时，住在狭小的老房子里是什么感觉？假设只在新房子里构建烹饪或厨房功能，而继续住在旧房子里。每次饿了，我们都得开车去新房子然后再回来。我们不会接受这样的房子，所以也不应该这样虐待客户。

2.1.5　可测试性和设计

功能分解和领域分解的一个关键缺陷与测试有关。有了这样的设计，耦合度和复杂性非常高，开发人员只能进行单元测试。然而，这并不意味着单元测试很重要，它只是街灯效果的另一个例子[⊖]（即在路灯的光线下寻找钥匙，而非真正掉钥匙的地方）。

可悲的现实是，单元测试几乎毫无用处。虽然单元测试是测试的重要组成部分，但它不能真正测试系统。假设一架大型喷气式飞机有许多内部部件（泵、执行器、伺服系统、齿轮、涡

⊖　https://en.wikipedia.org/wiki/Streetlight_effect

轮等）。现在假设所有组件都独立地通过了单元测试，但这是组件组装到飞机上之前进行的唯一测试。我们敢上那架飞机吗？单元测试之所以如此边缘化，是因为在任何复杂的系统中，缺陷不会出现在任何单元中，而是单元之间相互作用的结果。这就是为什么本能地知道，虽然大型喷气式飞机示例中的每个组件都有效，但聚合在一起可能会产生严重错误。更糟糕的是，即使复杂的系统处于完美的状态，质量无可挑剔，改变某个经过单元测试的组件可能会破坏其他依赖于旧行为的组件。更改单个单元时，必须重复测试所有单元。即便如此，这也将是毫无意义的，因为对其中一个组件的更改可能会影响其他组件或子系统之间的一些交互，这是任何单元测试都无法发现的。验证更改的唯一方法是对系统、其子系统和组件、单元及其交互作用进行完全回归测试。如果我们对代码做了改变，其他单元也需要改变，因为回归测试的影响是非线性的。单元测试的无效性并不是一个新的观察，在数千个有效度量的系统中得到了证明。

理论上，我们可以在功能分解的系统上执行回归测试。实际上，这项任务的复杂性将把门槛定得很高。功能组件的绝对数量将使测试所有交互操作变得不切实际。庞大的系统服务的内部是如此复杂，以至于没有人能够有效地设计出一个全面的策略来测试通过这些服务的所有代码路径。对于功能分解，大多数开发人员放弃并只执行简单的单元测试。因此，在排除回归测试之后，功能分解使整个系统变得不稳定，不稳定的系统总是充满缺陷。

物理系统与软件系统

在这本书中，使用来自物理世界（如房屋）的例子来演示通用的设计原则。软件行业的一个普遍看法是，我们不能从这些物理实体的设计中推断出软件，软件的设计和构造在某种程度上不受物理系统的设计或过程限制，或者软件与物理系统的差别太大。毕竟，在软件中，可以先粉刷一栋房子，然后再建造墙壁来适应粉刷。因为在软件中，没有商品的成本，如梁和砖。

我发现这个行业不仅可以从物质世界的经验和最佳实践中借鉴，而且必须这样做。与直觉相反，软件比物理系统更需要设计。原因很简单：复杂性。物理系统（如典型的房屋）的复杂性受到物理约束的限制。不可能有一个设计糟糕的房子，里面有成百上千个相互连接的走廊和房间。墙壁要么太重，要么开口太多，要么太薄，要么门太小，要么组装成本太高。不能使用太多的建筑材料，因为房子会被压塌的，或者将没有现金购买，再或现场找不到一个地方储存额外的材料。

没有这种自然的物理约束，软件系统的复杂性很快就会失控。控制这种复杂性的唯一方法是应用好的工程方法，其中设计和过程是最重要的。设计良好的软件系统非常类似于物理实体，并且构建方式非常相似。它们就像精心设计的机器。

在设计和构建房屋或软件系统时，功能分解或领域分解毫无意义。从设计决策树到项目关键执行路径，所有复杂实体（物理实体或非物理实体）共享相同的抽象属性。所有复合系统的设计都应该是安全的、可维护的、可重用的、可扩展的和高质量的。对于房子、机器部件或软件系统来说，这是正确的。这些都是实际的工程属性，获得和维护它们的唯一方法是使用通用的工程实践。

也就是说，物理系统和软件系统之间有一个根本的区别：可见性。任何试图建造如图 2-6 或图 2-7 所示房屋的人都将被当场解雇。这样的人显然是疯了，建筑材料、时间、金钱的巨大浪费以及受伤的风险，这些都显而易见。软件系统的问题是，尽管存在巨大的浪费，但这种浪费是隐性的。在软件领域，灰尘和碎块会被浪费的职业前景、精力和青春所取代，然而，没有人看到或关心这种隐性的浪费，荒谬的行为不仅被允许，而且受到鼓励，情形仿佛是囚犯接管了收容所。正确的设计允许我们通过消除隐蔽的浪费来释放和恢复控制。正如本书第二部分所示，项目设计更是如此。

2.1.6　示例：功能型交易系统

区别于房屋，对于金融公司的股票交易系统，请考虑以下简化要求：

- 该系统应使内部交易员能够：买卖股票、安排交易、发布报告、分析交易。
- 系统用户使用浏览器连接到系统并管理连接的会话，填写表单并提交请求。
- 交易、报告或分析请求后，系统向用户发送电子邮件，确认其请求或包含结果。
- 数据应存储在本地数据库中。

直接的功能分解将产生图 2-8 的设计。

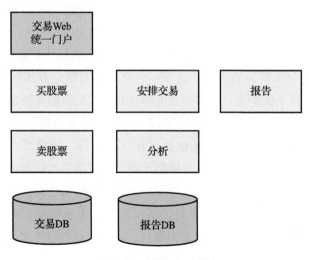

图 2-8　功能型交易系统

每个功能需求都在架构的相应组件中表示。图 2-8 代表了一种常见的设计，许多新手软件开发人员会毫无悬念地被它吸引。

功能型交易系统的问题

这种系统设计的缺陷很多。很可能，当前系统中的客户是一个客户端，能编排 Buying Stocks（买股票）、Selling Stocks（卖股票）和 Trade Scheduling（安排交易）；能通过 Reporting（报告）发布报告，等等。假设用户希望通过出售其他股票来为购买一定数量的股票提供资金。这意味着两个订单：先卖后买。但是，如果在这两次交易发生时，卖出的股票价格下跌或买入的股票价格上涨，以致卖出不能完成买入，客户该怎么办？客户是否应该尽可能多地买入股票？还是应该卖出比预期更多的股票？是否要借助与证券账户关联的银行账户的资金来补充订单？它能中止整个过程吗？此时应该请求用户帮助吗？对这次讨论来说，确切的解决办法无关紧要。无论解决方案是什么，它都需要业务逻辑，而业务逻辑现在位于客户端中。

将客户端从网页门户更改为移动设备需要什么？这不意味着将业务逻辑复制到移动设备中吗？很可能，为网页客户端开发所投入的业务逻辑和功能很少能够在移动客户端中回收和重用，因为它嵌入在网页门户中。随着时间的推移，开发人员最终将在多个客户端中维护多个版本的业务逻辑。

根据需求，买股票、卖股票、安排交易、报告和 Analyzing（分析）都会通过一封列出其活动的电子邮件回复用户。如果用户更喜欢接收短信（或纸质信件）而不是电子邮件呢？买股票、卖股票、安排交易、报告和分析活动的实现从电子邮件更改为文本消息。

根据设计决策，数据存储在数据库中，买股票、卖股票、安排交易、报告和分析都需要访问该数据库。现在假设决定将数据存储从本地数据库移动到基于云的解决方案。至少，这将迫使我们在买股票、卖股票、安排交易、报告和分析中更改数据访问代码，以便从本地数据库转到云服务。构建、访问和使用数据的方式必须在所有组件中被更改。

如果客户端希望与系统异步交互，发布一些交易并在稍后收集结果，该怎么办？编排组件的客户端，是在基于长连接、同步机制的理念时，我们可能需要重新编写买股票、卖股票、安排交易、报告和分析活动，以便按照图 2-5 的思路相互协调。

通常，除了股票，金融投资组合还包括多种金融工具，如货币、债券、大宗商品，甚至这些工具的期权和期货。如果系统用户希望开始交易货币或大宗商品而不是股票怎么办？如果用户需要一个应用程序而不是几个应用程序来管理他们的所有投资组合，那会怎么样？买股票、卖股票和安排交易都与股票有关，不能处理货币或债券，需要添加其他组件（如图 2-6）。同样，报告和分析需要进行重大的重写，以适应股票以外交易的报告和分析。客户端需要重写以适应新的交易项目。

即使不涉及大宗商品，如果必须将应用程序本地化到国外市场怎么办？至少，要认真对客户端进行改造来适应语言本地化，但真正的效果将再次成为系统组件。外国市场将有不同的交易规则、法规和合规要求，这将极大地影响该系统允许做什么以及如何进行交易。这将意味着无论何时进入一个新的区域，都要对买股票、卖股票、安排交易、报告和分析进行大量的修改。最终，要么得到可以在任何市场上交易的臃肿的"上帝服务"（单一且巨大的服务），要么为每个部署区域设置单独的系统版本。

最后，目前所有组件都连接到一些股票行情接口，这些股票行情接口为他们提供最新的股票价格。切换到新的股票行情接口或合并多个股票行情接口需要做什么？至少，买股票、卖股票、安排交易、报告和分析将需要转移到新的股票行情接口、连接到股票行情接口、处理错误、支付服务费用，等等。也不能保证新的股票行情接口使用与旧股票行情接口相同的数据格式。所有组件都需要一些接口切换和数据转换工作。

2.2 基于易变性的分解

元设计方法的设计指导是：**基于易变性进行分解。**

基于易变性的分解识别潜在变化的区域，并将这些区域封装到服务或系统构建块中。然后，将所需的行为实现为易变封装区域之间的交互。

基于易变性的分解的动机是简单性本身：任何变化都封装在一起，其中包含对系统的影响。

当使用基于易变性的分解时，我们开始将系统看作一系列的保险库，如图 2-9 所示。

变化

图 2-9　易变性的封装区域

任何改变都有潜在的危险，就像拔出安全销的手榴弹。然而，通过基于易变性的分解，我们可以打开专用保险库的门，在里面扔手榴弹，然后关上门。保险库内的任何东西都可能被完全摧毁，但没有弹片四处飞舞，摧毁其路径上的所有内容。我们已经控制住了变化风险。

使用功能分解，构建块表示功能性的区域，而不是易变性的区域。因此，当一个变更发生时，根据分解的定义，它会影响到架构中的多个组件（如果不是大多数的话）。因此，功能分解倾向于最大化变化的影响。由于大多数软件系统都是按功能设计的，因此更改通常是痛苦和昂贵的，而且系统可能会与更改产生共振。在某个功能区域中所做的更改会触发其他更改，依此类推。适应变化是必须避免功能分解的真正原因。

与应对变化的能力差和成本高相比，功能分解的所有其他问题都显得逊色。伴随功能分解，变更就像吞下的一枚手榴弹。

我们选择封装的内容在本质上是功能性的，但几乎不会是域功能，这意味着它对于业务没有意义。例如，为房屋供电的电力确实是一个功能领域，但也是重要的封装领域，原因有二。第一个原因是房子里的电力需求是高度不稳定的：电力可以是交流电或直流电，110 伏或 220 伏，单相或三相，50 赫兹或 60 赫兹，电力来源可能由屋顶上的太阳能电池板、后院的发电机或普通电网，用不同规格的电线输送，等等。所有这些易变性都被封装在一个插座的背后。当需要消耗能量时，用户看到的只是一个不透明的插座，封装了能量的易变性。这使耗电应用程序与功耗易变性分离，提高了重用性、安全性和可扩展性，同时降低了总体复杂性。它使得在一个房子里使用权和在另一个房子里使用权是没有区别的，这突出了第二个原因，即把电力看作可以封装在房子里的东西是有效的。虽然为房屋供电是一个功能性的领域，但一般来说，使用电力并不特定于房屋的领域（居住在房屋中的家庭、他们的关系、他们的健康、财产等）。

住在一个电力易变性不被抑制的房子里会是什么样？每当我们想消耗电力时，必须首先暴露电线，用示波器测量频率，用伏特计确认电压。虽然可以用这种方式使用电力，但是依赖容器后面的易变性封装要容易得多，这样我们就可以通过将电力集成到任务或例程中来增加价值。

2.2.1 分解、维护和开发

如前所述，功能分解大大增加了系统的复杂性。功能分解也使维护成为一场噩梦。这些系统中的代码不仅复杂，而且更改会分散到多个服务中。这使得维护代码非常费时、容易出错。一般来说，代码越复杂，其质量就越低，而低质量使得维护变得更具挑战性。在解决旧的缺陷时，必须处理高复杂性并避免引入新的缺陷。在一个功能分解的系统中，由于低质量和复杂度的融合，新的变化通常会导致新的缺陷。扩展功能系统通常需要在对客户有利的方面付出不相称的代价。

甚至在维护开始之前，当系统处于开发阶段时，功能分解就隐藏着危险。需求在整个开发过程中都会发生变化（它们总是这样），每次变化的成本都是巨大的，影响到多个领域，迫使大量的返工，最终危及最后期限。

采用基于易变性的分解设计的系统在应对变化的能力上形成了鲜明的对比。由于每个模块中都包含了变更，因此至少有希望在模块边界之外没有任何副作用的情况下进行简单的维护。复杂度低，维护方便，质量大大提高。如果某些东西以同样的方式封装在另一个系统中，我们就有机会重用它。我们可以通过添加更多封装的易变性区域来扩展系统，或者以不同的方式集成现有的易变性区域。封装易变性意味着在开发过程中对特性蔓延有更好的弹性，并有机会满足计划，因为变更被控制了。

2.2.2　普遍性原则

基于易变性的分解的优点并不特定于软件系统。它们是良好设计的普遍原则，从商业到业务交互，从生物学到物理系统，再到出色的软件。从本质上讲，通用原则也适用于软件（否则它们就不是通用的）。例如，考虑我们自己的身体，如果是功能分解，身体就有需要做的每一项任务的组件，从驱动到编程到展示，但是我们的身体并没有这样的组件。我们可以通过集成易变性区域来完成编程等任务。例如，心脏为我们的系统提供了一项重要的服务：泵血。泵血对它有巨大的易变性：高血压和低血压、盐度、黏度、脉搏率、活动水平（坐着或跑着）、有无肾上腺素、不同血型、健康和生病，等等。然而，所有这些易变性都被封装在名为“心脏”的服务背后。如果必须关心抽血过程中的易变性，我们能编程吗？

> **注意**　以趋近 0% 的效率运行，同时给定几乎无限的时间和能量下，当实际工作效率为 0% 时，自然界会收敛于基于易变性的分解。然而，人类世界的资源相当有限。人类确实拥有经过实践检验的工程原理、创造性的智力，以及迁移知识的能力，这些有助于我们规避很多绝境，这些绝境是试错中会产生又无法避免的。基于易变性的分解是基于自然原理的人类工程的终极巅峰。

还可以将封装易变性的外部区域集成到实现中。想想电脑，它与世界上任何一台电脑都不一样，但所有的易变性都是被封装的。只要计算机能向屏幕发送信号，我们就不在乎图形端口后面发生了什么。通过集成易变性的封装区域（一些是内部的，一些是外部的）来执行编程任务。我们可以在执行其他功能（如驾驶汽车或向客户展示工作）时重用相同的易变区域（如心脏）。根本没有其他方法来设计和构建一个可行的系统。

基于易变性的分解是系统设计的核心。所有设计良好的系统，无论是软件还是物理系统，都将其易变性封装在系统的构建块中。

2.2.3　基于易变性的分解与测试

基于易变性的分解有助于回归测试。组件数量的减少、组件规模的缩小以及组件之间交互的模拟都大大降低了系统的复杂性。这使得编写回归测试成为可能，该回归测试可以对系统进行端到端的测试，单独测试每个子系统，并最终测试独立组件。由于基于易变性的分解包含了系统构建块中的变化，因此一旦不可避免的变化发生，它们不会破坏现有的回归测试。我们可以在不干扰组件间和子系统间测试的情况下，独立于系统其他部分测试组件变化的效果。

巨人的肩膀：大卫·帕纳斯

1972 年，大卫·帕纳斯（David Parnas，软件工程的先驱）发表了一篇开创性的论文，名为"关于将系统分解为模块的标准"。⊖这篇短短的五页论文包含了现代软件工程的大部分元素，包括封装、信息隐藏、内聚、模块和松耦合。最值得注意的是，帕纳斯在那篇文章中指出，寻找变化的需要是分解的关键标准，而不是功能。虽然那篇论文的细节相当陈旧，但这是软件行业中第一次有人问到有关如何使软件系统具有可维护性、可重用性和可扩展性的问题。因此，此文代表了现代软件工程的起源。帕纳斯花了 40 年的时间试图将经过验证的经典工程实践引入软件开发中。

2.2.4　易变性的挑战

基于易变性的分解背后的想法和动机是简单的、实际的，并且符合现实和常识。基于易变性的分解的主要挑战与时间、沟通和感知有关。我们会发现易变性往往不是不言而喻的。在项目开始时，没有一个客户或产品经理会以如下方式提出系统需求："这可能会改变，我们稍后会改变，我们永远不会改变那些。"外部世界（无论是客户、管理层或市场营销）总是在功能方面提出要求："系统应该做到这一点。"即使阅读这些页面，在试图识别当前系统中的易变区域时，也可能难以理解这一概念。因此，与功能分解相比，基于易变性的分解需要更长的时间。

⊖　*Communications of the ACM* 15, no. 12 (1972): 1053-1058.

请注意，基于易变性的分解并不意味着我们应该忽略需求。我们必须分析需求以识别可用性领域。可以说，需求分析的整个目的是确定易变性的领域，而这种分析需要付出努力和汗水。这实际上是个好消息，因为现在有机会遵守热力学第一定律。可悲的是，仅仅在这个问题上大汗淋漓并不意味着什么。热力学第一定律并不是说，只要我们在某物上流汗，就会增加价值。增加价值要困难得多。这本书为我们提供了强大的设计和分析的心理工具，包括结构、指南和一个健全的工程方法论。这些工具给我们一个战斗的机会，使我们可以实现增加价值的目标。我们还必须不断练习、不断参与实战。

1. 2% 的问题

对于每一门知识密集型的学科来说，要想熟练掌握并灵活运用，甚至要想在这门学科上出类拔萃，都需要时间。这在厨房水暖、内科和软件架构等领域都是如此。在生活中，我们常常不会去追求某些领域的专业知识，因为获得这些专业知识所需的时间和成本，相比于去聘请专家所需的时间和成本就高得多了。例如，排除任何慢性健康问题，普通在职人员一年患病一周左右。每年因病停工一周约占工作年的 2%。所以，当我们生病的时候，是打开药典开始阅读，还是去看医生？在仅有 2% 的时间里，其频率足够低（而且专业性足够高），除了去看医生之外，做任何事情都毫无意义。对普通人来说，当一个好医生是不值得的。然而，如果我们 80% 的时间都在生病，可能会花相当大的一部分时间来自学病理知识，了解病情、可能的并发症、治疗方法和选择，通常会到和医生争吵的地步。我们天生的解剖学和医学倾向没有改变，只是投资程度有改变（希望我们永远不必真正擅长医学）。

同样，当厨房水槽被垃圾桶和洗碗机后面的某处堵塞时，我们会去五金店，买一个 P 形存水弯、一个 S 形存水弯、各种适配器、三种不同类型的扳手、各种 O 形圈和其他配件，你会因此成为一个水管工吗？这又是 2% 的问题：如果水槽堵塞的时间少于 2%，那么学习如何修复水槽是不值得的。这告诉我们当把 2% 的时间花在任何一个复杂的任务上时，我们永远不会擅长它。

在软件系统架构中，架构师只能在周期性的重大变革中将一个完整的系统分解为模块。这样的变革性设计平均几年一次。除此变革性设计外的所有其他过渡设计，充其量是渐进式的，更坏的情况下，还是对现有系统有害的。管理层将允许架构师为下一个项目在架构上投入多少时间？一个星期？两个星期？三个星期？还是六个星期？确切的答案无关紧要。一方面，用年来衡量周期，另一方面，用周来衡量活动。周与年的比率约为 1:50，或 2%。架构师们已经学会了一个艰难的方法，他们需要磨炼他们的技能，为 2% 的窗口做好准备。现在考虑一下架构师的经理。如果架构师花费 2% 的时间来设计系统，那么架构师的经理花费多少时间来管理这个架构师？答案可能只会是很短的时间。因此，在这个关键阶段，管理者永远不擅长管理架构师。经理总是惊呼："我不明白为什么要花这么长时间！为什么我们不能做 A，B，C ？"

获得合理分解的时间可能和进行分解一样是具有挑战性的，前者可能还更多一些。然而，困难并不是半途而废的理由。恰恰正是因为这些困难我们才必须坚持下去。我们将在本书后面看到一些获得时间的技巧。

2. Dunning-Kruger 效应

1999 年，David Dunning 和 Justin Kruger 发表了他们的研究[⊖]，结果证明，一个领域中的不熟练的人员倾向于轻视它，相比实际，认识上觉得它不那么复杂、风险要更小或要求不那么高。这种认知偏见与其他领域的智力或专业知识无关。如果我们在某件事上不熟练，我们永远不会认为真实情况会更复杂，相反，还会认为它要更简单！

当管理者向空中挥手说："我不明白为什么要花这么长时间，"管理者真的不明白为什么不能只做 A，B，C。不要因此生气。我们反而应该期望这种行为，并通过教育管理层和同事（他们自己承认自己不理解）来正确解决此问题。

3. 与疯狂作斗争

爱因斯坦认为，以同样的方式做事但期望得到更好的结果，是精神错乱的体现。由于管理层通常希望我们比上次做得更好，我们必须再次指出追求功能分解的疯狂，并解释基于易变性的分解的优点。最后，即使不能说服他们，我们也不应该只是简单地听从命令，而使项目早早夭折。我们仍然必须根据易变性分解，以免牺牲职业操守（并最终获得理智的思维能力和长期稳定的心态）。

2.3 识别易变性

本章的其余部分将提供一组工具，供我们在搜索和识别易变区域时使用。虽然这些技术本身是有价值和有效的，但它们有点分散。下一章将介绍结构和约束，这些结构和约束可以更快、可反复地识别易变性区域。而下一章是对本节这些想法的微调和细化。

2.3.1 易变性与可变性

许多新手面临的一个关键问题是，如何发现变化的事物和易变的事物之间的区别。并非

⊖ Justin Kruger and David Dunning, "Unskilled and Unaware of It:How Diffculties in Recognizing One's Own Incompetence Lead to Inflated Self-Assessments," *Journal of Personality and Social Psychology 77*, no. 6(1999): 1121-1134.

所有可变因素都是易变的。只有当其是开放式的，我们才能在系统设计级别对其进行封装，除非封装在架构的组件中，否则包含易变性的成本非常高。另一方面，可变性描述了那些可以使用条件逻辑在代码中轻松处理的方面。在寻找易变性时，我们应该留意那些会对整个系统产生连锁反应的变化或风险。变更一定不能让架构失效。

2.3.2　易变轴

查找易变区域是一个发现的过程，一般发生在需求分析和与项目干系人的访谈过程中。

有一种简单的技术被称为易变轴。此技术检查客户使用系统的方式。在上下文中，客户是指系统的使用者，可以是单个用户或整个其他业务实体。

在任何业务中，系统只有两种可能面临变化的方式：第一个轴是同一个客户随着时间的推移发生的变化。即使目前系统完全符合特定客户的需求，但随着时间的推移，该客户的业务环境也会发生变化。即使客户使用系统，也常常会改变最初编写系统时所依据的需求⊖。随着时间的推移，客户对系统的需求和期望也会改变。

第二种情况的变化可能在不同的客户之间同时发生。如果可以冻结时间并检查客户群体，那么现在所有客户使用该系统的方式是否完全相同？他们中的一些人做了哪些与其他人不同的事情？我们必须适应这种差异吗？所有这些变化都定义了易变性的第二个轴。

在访谈中寻找潜在的易变性时，我们会发现用易变轴来描述问题是非常有帮助的（一段时间内同一个客户，同一时间点不同的客户）。以这种方式构建问题有助于识别易变性。如果某个东西没有映射到易变轴上，那么根本就不应该封装它，而且在映射到它的系统中不应该有构建块。创建这样的模块可能意味着功能分解。

1. 设计因子

通常，使用易变轴寻找易变性区域的行为是一个迭代过程，与设计本身的因子交织在一起。例如，考虑图 2-10 中设计迭代的过程。

对提议架构的第一印象可能看起来像图 A，一个大的单一组件。问问自己，我们是否可以永远使用针对某个特定客户的同一组件？如果答案是否定的，那为什么呢？通常，这是因为我们知道，随着时间的推移，顾客会想改变特定的内容。在这种情况下，必须封装该内容，生成图 B。现在再问问自己，现在可以在所有客户中使用图 B 吗？如果答案是否定的，那么确定客户想要做的不同的事情，封装它，并生成图 C。一直以这种方式进行设计分解，

⊖　这种改变需求的趋势最早是由 19 世纪英国经济学家威廉·杰文斯（William Jevons）在研究煤炭的使用效率时发现，自此被称为"杰文斯悖论"。其他表现是随着数字办公室流行带来的纸张消耗增加，以及随着道路通行能力增加后交通拥堵加剧。

直到封装了易变轴上所有可能的点。

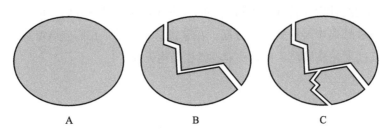

图 2-10　沿着易变轴进行的设计迭代

2. 轴的独立性

轴应该总是独立的。随着时间的推移，某个客户随着时间的变化不应该在同一时间点对所有客户造成太大的影响，反之亦然。如果变化的区域不能隔离到某一个轴上，这通常意味着它是伪装的功能分解。

3. 示例：基于易变性的房屋分解

可以使用易变轴来封装房子的易变性。先看看自己的房子，观察它是如何随着时间而变化的。例如，考虑家具。随着时间的推移，我们可能会重新布置客厅的家具，偶尔会添加新的或更换旧的。结论是，房子里的家具是易变的。下一步考虑电器。随着时间的推移，可能会转向节能电器。可能已经用平板等离子屏幕和薄晶圆的大型 OLED 电视取代了旧的 CRT。这有力地表明，家里的电器是易变的。房子里的人呢？那是静态的吗？有客人来过？房子里能没有人吗？房子的使用者是易变的。外表怎么样？有没有粉刷过房子，换过窗帘或美化过环境？房子的外观是易变的。这座房子可能与一些公用设施相连，从互联网到电力和安全设施。之前，我们指出了房子里电力的易变性，但是互联网呢？在过去的几年里，可能使用拨号上网，然后转向 DSL，然后是有线电视，现在是光纤或卫星连接。尽管这些选项完全不同，但我们不希望根据连接类型来更改发送电子邮件的方式。我们应该封装所有实用工具库的易变性。图 2-11 显示了沿着第一易变轴的这种可能的分解（即随着时间推移的同一个客户）。

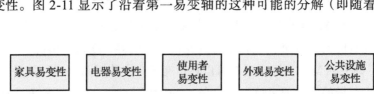

图 2-11　同一所房屋随着时间的流逝

现在，即使在同一时间点，我们的房屋和其他房屋一样吗？其他的房屋有不同的结构，所以房屋的结构是易变的。即使要把我们的房屋复制粘贴到另一个城市，它会是同一个房屋吗[⊖]? 答案显然是否定的。房屋将有不同的邻居，并受到不同的城市法规、建筑规范和税收的影响。图 2-12 显示了沿易变性第二轴（同一时间点的不同客户）的可能分解。

结构易变性	邻居易变性	城市易变性

图 2-12　同一时间点不同的房屋

注意轴的独立性。随着时间的推移，我们所居住的城市确实会改变它的规章制度，但是变化的速度很慢。同样，只要住在同一栋房屋里，出现新邻居的可能性就相当低，但如果在同一时间点将我们的房屋与另一栋房屋进行比较，新邻居的可能性是确定的。因此，将易变性分配到某一个轴上并不是绝对排除，而更多的是不成比例的概率之一。

还需要注意的是，邻居易变性组件可以很容易地处理同一个房屋的邻居随时间的易变性，就像它可以在同一时间点处理不同房屋的易变性一样。将组件分配给轴有助于发现易变性；易变性在同一时间点的不同房屋中更为明显。

最后，与图 2-6 和图 2-7 的分解形成鲜明对比的是，在图 2-11 和图 2-12 中，没有任何烹饪或厨房的分解组件。在基于易变性的分解中，所需的行为是通过封装各种易变性区域之间的相互作用来实现的。烹饪晚餐可能是居住者、设备、结构和公用设施之间相互作用的产物。因为有些东西还需要人与人之间的互动，所以设计并不完整。易变轴是一个很好的起点，但它并不是解决这个问题的唯一工具。

2.3.3　伪装成需求的解决方案

再次考虑房屋支持烹饪的功能需求。这些需求在需求规格说明书中非常常见，许多开发人员只需将其映射到架构中的烹饪组件。然而，烹饪并不是一项需求（尽管它在需求规格说明书中）。烹饪是满足房屋里人们在家里吃饭需求的一种可能的解决方案。可以订购比萨或带家人出去吃饭来满足进食的需要。

客户提供伪装成需求的解决方案极为普遍。由于功能分解，一旦只使用烹饪来部署系统，客户将要求提供比萨选项，从而导致别的组件出现在系统中或使另一个组件臃肿。"外出就餐"的需求很快就会随之而来，从而导致围绕真实需求的功能不断循环。使用基于易变性的分解，在需求分析期间，我们应该确定在为居住者提供食物时的易变性，并为其提供支持。进食的易变性封装在进食组件中，当进食选项改变时，设计不会改变。

⊖　The ancient Greeks grappled with this question in Theseus's paradox (http://en.wikipedia.org.wiki/Ship_of_Theseus).

然而，尽管进食是比烹饪更好，但它仍然是一种伪装成需求的解决方案。如果为了节食，家里的人是否今晚就应该饿着肚子上床睡觉？进食需求和节食需求可能是互斥的。我们可以做任何一个，但不能两个都做。互斥的需求也是司空见惯。

任何房屋的真正需求都是照顾居住者的健康，而不仅仅是保障他们的热量摄入。房屋不应该太冷、太热、太潮湿或太干燥。尽管客户可能只讨论烹饪而从不讨论温度控制，但应该认识到真正的易变性和幸福感，并将其封装在架构里的幸福感组件中。

由于大多数需求规格说明书都充斥着伪装成需求的解决方案，因此功能分解绝对会最大化你的痛苦。我们将永远追求不断演进的解决方案，永远不会意识到真正的潜在需求。

需求规格说明书中有这些伪装成需求的解决方案的事实，实际上也是因祸得福。因为可以将在家做饭的例子概括为一种真正的分析技术，从而发现易变区域。首先指出伪装成需求的解决方案，然后询问是否还有其他可能的解决方案？如果是，那么实际的需求和潜在的易变性是什么？一旦确定了易变性，就必须确定解决该易变性的需求是真正的需求还是伪装成需求的解决方案。完成了所有解决方案的清理后，剩下的可能就是基于易变性分解的最佳选择了。

2.3.4 易变列表

在分解系统和创建架构之前，我们应该简单地编制一个易变区域的候选列表，作为需求收集和分析的自然组成部分。应该持开放的态度来对待这份清单。询问在易变轴上可能会发生什么变化。识别伪装成需求的解决方案，并应用本章后面介绍的附加技术。该列表是跟踪观察结果和整理思想的有力工具。不要承诺实际的设计，我们所做的就是维护列表。请注意，虽然系统的设计时间不应超过几天，但识别正确的易变区域可能需要相当长的时间。

2.3.5 示例：基于易变性的交易系统

利用之前对股票交易系统的需求，我们应该首先准备一份可能出现易变区域的清单，同时获取每个区域背后的理由：

- **用户易变性**。交易员为其投资组合的最终客户服务。最终客户也可能对其资金的现状感兴趣。虽然他们可以给交易员写信或打电话，但更合适的方法是让最终客户登录系统查看当前余额和正在进行的交易。即使需求从未说明任何有关最终客户访问的内容（需求是针对专业交易员的），我们也应该考虑这样的访问。虽然最终客户可能无法交易，但他们应该能够看到自己账户的状态。系统管理员也可能有类似的需求。用户类型存在易变性。

- **客户端应用程序易变性**。用户的易变性往往体现在客户端应用程序和技术类型的易变性上。一个简单的网页可能足以满足外部最终客户查找他们余额的需求。然而，专业交易员更倾向支持多显示器的具有市场趋势、账户明细、市场行情、新闻源、电子表格预测和专有数据的桌面应用程序。其他用户可能希望在各类移动设备上查询交易。

- **安全易变性**。用户的易变性意味着用户如何根据系统进行身份验证的易变性。内部交易员的数量可能很小，从几十人到几百人不等。然而，该系统可能拥有数百万的最终客户。内部交易者可以依赖域账户进行身份验证，但对于数百万通过 Internet 访问信息的客户来说，这是一个糟糕的选择。对于 Internet 的用户，可能需要一个简单的用户名和密码，或者可能需要一些复杂的联合安全单点登录选项。授权选项也存在类似的易变性。安全是易变的。

- **通知易变性**。需求指定系统在每次请求后发送电子邮件。但是，如果邮件被退回怎么办？系统是否支持回退到纸质信函上来？用短信或传真代替电子邮件怎么样？发送电子邮件的需求就是一个伪装成需求的解决方案。真正的需求是通知用户，但是通知传输是易变的。在接收通知的人方面也存在易变性：不管通过哪种传播方式，给单个用户或广播给接收相同通知的多个用户都是如此。也许最终客户更喜欢电子邮件，而最终客户的税务律师则更喜欢书面文件。最初发布通知的人员也存在易变性。

- **存储易变性**。需求指定使用本地数据库。然而，随着时间的推移，越来越多的系统迁移到云上。在股票交易中，没有什么内在的东西可以阻止从云计算的成本和规模经济中获益。使用本地数据库的需求实际上是另一个伪装成需求的解决方案。更好的需求是数据持久性，它可以适应持久性选项中的易变性。然而，大多数用户是最终客户，这些用户实际上执行只读请求。这意味着系统将从使用内存缓存中受益匪浅。此外，一些云产品使用分布式内存哈希表，该表提供与传统基于文件的持久性存储相同的弹性。要求数据持久化会排除最后两个选项，因为数据持久化仍然是一个伪装成需求的解决方案。真正的需求是系统不能丢失数据，或者要求系统存储数据。如何实现这一点是一个实现细节，从本地数据库到云中的远程内存缓存都有很大的易变性。

- **连接和同步易变性**。当前的需求需要一种连接的、同步的、锁定步骤的方式来完成一个 web 表单并按顺序提交它。这意味着交易者一次只能执行一个请求。然而，交易者进行的交易越多，他们赚到的钱就越多。如果请求是独立的，为什么不异步发出它们？如果请求在时间上被延迟（在将来进行交易），为什么不对系统的调用排序以减少负载？当执行异步调用（包括队列调用）时，请求可能会执行得无序。连接性和同步性是易变的。

- **持续时间和设备易变性**。一些用户将在短时间内完成一笔交易。然而，当交易者进行复杂的交易（涉及多个股票和行业，国内或国外市场等）来进行分散和对冲风险时，可以赚取并最大限度地提高收益。建立这样一个交易会很费时，会持续几个小时到几天。这种长时间运行的交互可能跨越多个系统会话，也可能跨越多个物理设备。在交互的持续时间内存在易变性，这反过来会触发所涉及的设备和连接的易变性。
- **交易项易变性**。如前所述，随着时间的推移，最终客户可能不仅希望交易股票，还希望交易大宗商品、债券、货币，甚至期货合约。交易项本身是易变的。
- **工作流程易变性**。如果交易项是易变的，交易中涉及步骤的处理也将是易变的。买卖股票、安排订单等与出售商品、债券或货币有很大不同。因此，交易的流程是易变的。同样，贸易分析的工作流程也是易变的。
- **地区和法规易变性**。随着时间的推移，系统可能会部署到不同的区域。区域设置中的易变性对交易规则、UI 本地化、交易项列表、税收和法规遵从性有着巨大的影响。地区和其中适用的规则是易变的。
- **市场信息源（Feed）波动**。市场的信息源可能会随着时间的推移而改变。不同的信息源有不同的格式、成本、更新率、通信协议，等等。在相同的时间点，针对相同的股票，不同的信息源可能显示略微不同的值。信息源可以是外部的（如 Bloomberg 或 Reuters），也可以是内部的（如用于测试、诊断或交易算法研究的模拟市场数据）。市场信息源是易变的。

1. 关键观察

前面的列表绝不是股票交易系统中所有可能发生变化事物的一个详尽的列表，其目标是指出什么可以改变，以及在寻找易变性时需要采取的思维方式。一些易变区域可能超出项目范围。领域专家可能会将其排除在外，认为这是不可能的，也可能与业务性质的联系过多（例如将股票分拆成货币或外国市场）。然而，根据我们的经验，尽早在分解中找出易变区域并映射它们是非常重要的。在架构中指定一个组件几乎不需要任何成本。稍后，我们必须决定是否分配精力来设计和构建它。然而，至少现在已经知道如何处理这种可能性。

2. 系统分解

一旦确定了易变区域，就需要将它们封装到架构的组件中。图 2-13 描述了这样一种可能的分解。

从易变区域列表到架构组件的转换几乎不是一对一的。有时单个组件可以封装多个易变区域。有些易变区域可能不会直接映射到组件，而是映射到操作概念，如队列或发布事件。在其他时候，区域的易变性可以封装在第三方服务中。

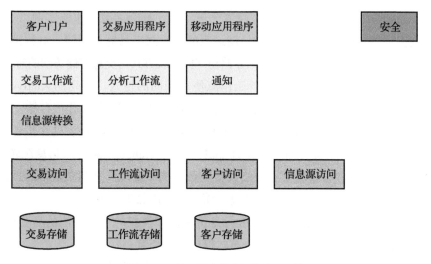

图 2-13　基于易变性分解的交易系统

对于设计，总是从简单和容易的决定开始。这些决策约束了系统，使后续决策更加容易。在这个例子中，一些映射很容易实现。数据存储的易变性被封装在数据访问组件背后，这些组件不会泄露存储在何处以及使用什么技术来访问它。注意图 2-13 中的将存储的关键抽象为 Storage（存储）而不是 Database（数据库）。虽然实现（根据需求）是一个本地数据库，但在架构中并没有排除其他选项，如原始文件系统、缓存或云。如果对存储进行了更改，则将其封装在相应的访问组件（如 Trades Access（交易访问））中，并且不会影响其他组件，包括任何其他访问组件。这使我们能够以最小代价来更改存储。

通知客户端的易变性封装在 Notification（通知）组件中。此组件知道如何通知每个客户端，以及哪些客户端订阅了哪类事件。对于简单的场景，可以使用通用事件发布 / 订阅服务（Pub/Sub）而不是自定义通知组件来进行充分的管理。然而，在这种情况下，可能有一些关于传输类型和广播性质的业务规则。通知组件可能仍然在其下面使用一些发布 / 订阅服务，但这是一个内部实现细节，其易变性也封装在通知组件中。

交易工作流中的易变性封装在 Trade Workflow（交易工作流）组件中。该组件封装了交易内容（股票或货币）的易变性、买卖交易项所涉及的具体步骤、本地市场所需的定制、所需报告的详细信息等。注意，即使交易项是固定的（不是易变的），交易股票的工作流程也会发生变化，这证明了使用交易工作流来封装易变性是合理的。设计还依赖于存储工作流的操作概念（这应该使用一些第三方工作流工具实现）。交易工作流为每个会话检索适当的工作流实例，对其进行操作，并将其存储回 Workflow Storage（工作流存储）中。这个概念有助于封装几个易变性。首先，不同的交易项现在可以有不同的交易工作流。其次，不同的地区可以有不同的工作流程。最后，这可以支持跨多个设备和会话长时间运行的工作流。系统不关心两个调用是相隔几秒还是几天。在每种情况下，系统都会加载工作流实例以处理下一步。这种设计对待连接的、单会话的交易与长期运行的分布式交易完全相同。对称性和一致性是系统架构的优良品质。还要注意，工作流存储访问的封装方式与交易存储访问的封装方式相同。

我们可以对股票交易工作流和分析工作流使用相同的模式。专用的 Analysis Workflow（分析工作流）组件将易变性封装在分析工作流中，可以使用相同的工作流存储。

访问市场信息源的易变性被封装在 Feed Access（信息源访问）中。这个组件封装了如何访问信息源以及信息源本身是内部的还是外部的。Feed Transformation（信息源转换）组件封装了来自不同信息源的各种市场数据的格式甚至数值的易变性。这两个组件通过提供一个统一的接口和格式，将其他组件与信息源分离，而不用考虑数据的来源。

Security（安全）组件封装了对用户进行身份验证和授权的可能方法的易变性。在内部，它可以从本地存储中查找凭据或与某个分布式提供程序交互。

系统的客户端可以是交易应用程序（Trader App A）或移动应用程序（Trader App B）。最终客户可以使用他们自己的网站（Customer Portal（客户门户））。每个客户端应用程序还封装了细节和在目标设备上呈现信息的最佳方式。

> **注意** 前面讨论的对易变区域到架构的映射有点松散。下一章将介绍结构和指导原则，使过程更加确定。

2.3.6　抵制"塞壬之歌"

注意图 2-13 中缺少一个专用的报告组件。出于演示目的，报告没有被列为易变区域（从业务角度而言）。因此，没有任何内容要封装在该组件内。添加这样的组件代表了功能分解。但是，如果我们只做过功能分解，可能会因无法抵制的诱惑而再添加一个报告模块。仅仅因为之前用过报告模块，或者因为已有现成的报告模块，但并不意味着我们需要一个报告模块。

在荷马的《奥德赛》中，这个故事已有 2500 多年的历史，奥德修斯直线航行回家需要经过海妖水域。海妖是美丽有翅膀的仙女般的生物，有天使的声音。它们唱的歌是任何人都无法抗拒的。水手们跳到它们的怀里，海妖把水手们淹死在海浪下吃掉。在遇到"塞壬之歌"的致命诱惑之前，奥德修斯听从建议（架构师）用蜂蜡堵住水手（普通软件开发人员）的耳朵，并把他们绑在桨上。水手们的工作是划船（写代码），他们甚至连听"塞壬之歌"的自由都没有。另一方面，作为领导者，奥德修斯本人并没有堵住自己的耳朵（例如，也许我们真的需要那个报告模块）。奥德修斯把自己绑在船的桅杆上，这样即使他想屈服于海妖，他也无法做到（见图 2-14，某一时期的花瓶图案讲述了这个场景）。我们是奥德修斯，基于易变性的分解就是桅杆。架构师要抵制以前的坏习惯。

图 2-14　绑在船桅杆上

2.3.7　易变性与业务

虽然必须封装易变区域，但并不是所有可能更改的内容都应该封装。换言之，可能改变的事情并不一定是易变的。一个典型的例子是业务的性质，不应该尝试封装业务的性质。对于几乎所有的业务应用程序，应用程序的存在是为了满足业务或其客户的某些需求。然而，业务的性质，以及每个应用程序的扩展，往往是相当恒定的。一家经营了很长时间的公司很可能会继续经营这项业务。例如，联邦快递一直、现在和将来都在从事运输和配送业务。虽然从理论上讲，联邦快递有可能扩展到医疗保健领域，但这种潜在的变化并不是我们应该封装的。

在系统分解期间，我们必须确定要封装的易变区域和不要封装的区域（例如，业务的性质）。有时，在区分这些内容时会有一些困难。判断有可能改变的事情确实是业务性质的一部分而无需封装，则有两个简单的指标。第一个指标是，可能的变化是罕见的。是的，它可能发生，但发生的可能性很低。第二个指标是，封装变更的任何尝试都不划算。没有人可以在缺乏时间和精力投入的情况下，自信地声称自己做出了正确的封装的决定。

例如，考虑在一块土地上设计一个简单的住宅。在未来的某个时候，房主可能会决定把房子扩建成 50 层的摩天大楼。将这种可能的变化封装在住宅设计中，会产生一种与典型的住宅设计截然不同的设计。房屋的地基不是浅形灌注的，而是必须包括几十个摩擦桩的塔基，向下延伸到几百英尺[⊖]，以支撑建筑物的重量。这将使该地基既支持单一家庭住宅，又支持摩天大楼。下一步，电源板必须能够分配数千安培的电流，而且可能需要房子有自己的变压器。虽然自来水公司可以给房子送水，但必须为一个能把水推上50层楼的大型水泵腾出一个房间。污水管道必须能处理50层居民的需要。我们得为单户住宅做这么大的投资。

当完成的时候，地基会把变化封装在建筑物的重量上，电源板将封装单户家庭和50层的需求，等等。然而，这两个指标现在被违反了。首先，我们的城市每年有多少房主把他们的房子改建成摩天大楼？这有多普遍？在一个拥有100万住房的大都市地区，这种情况可能数年才发生一次，这使得这种变化非常罕见，百万分之一都不到。第二，真的有足够的资金（最初分配给单户家庭）来正确执行所有这些封装吗？一个单塔的成本可能比单户建筑都要高。任何试图封装未来向摩天大楼过渡的尝试都将做得很糟糕，既无济于事，也不合算。

把单户住宅改造成50层的大楼是对企业性质的一种改变。房屋不再是一个家庭的业务。现在它的业务是作为一个酒店或办公楼。当开发商为了这种转换而购买该地块时，开发商通常会选择拆除房屋，挖出旧地基，重新开始。业务性质的改变允许我们终止旧系统并从头开始。需要注意的是，业务性质的上下文有些不规则。上下文可以是公司的业务、公司的部门或部门的业务，甚至是特定应用程序的业务附加值。所有这些都代表了不应该封装的东西。

投机性设计

投机性设计（speculative design）是试图封装业务性质的一种变体。遵循基于易变性的分解原理，我们就会发现可能的易变性无处不在，而且很容易就做得过头了。当走到极端时，我们会冒着尝试把任何东西和任何地方都封装起来的风险。设计会有很多构建块，这是不良设计的明显标志。例如图2-15中的项目。

这是一双为潜水准备的女士高跟鞋。虽然一位穿着晚礼服的女士可以穿这双鞋来招待她的客人，但她有多大可能性为自己找借口，立即走到门廊，穿上潜水装备，潜入礁石中？这双鞋和传统的高跟鞋一样优雅吗？在游泳或踩在锋利的珊瑚上时，它们是否和普通的鳍状肢一样有效？虽然可以使用图2-15中的物品，但几乎不可能。此外，由于试图封装从时尚配饰到潜水配饰的鞋子性质的变化，他们所提供的一切都做得非常糟糕，这是我们永远不应该尝试的。如果尝试这样做，我们就掉进了投机性设计的陷阱。大多数这样的设计只是对系统未来变化（即业务性质的变化）的轻率猜测。

⊖　1英尺＝0.3048米。——编辑注

图 2-15　投机性设计

2.3.8　为竞争对手设计

识别易变性的另一个有用技术是尝试为竞争对手（或公司的其他部门）设计一个系统。例如，假设我们是联邦快递下一代系统的首席架构师。我们的主要竞争对手是 UPS。联邦快递和 UPS 都寄送包裹。两者都收取费用、安排取货和送货、跟踪包裹、确保内容，并管理卡车和飞机机群。问自己以下的问题：联邦快递能使用 UPS 正在使用的软件系统吗？ UPS 能使用联邦快递想要建立的系统吗？如果可能的答案是否定的，那么就开始列出实现这种重用或可扩展性的所有障碍。虽然两家公司抽象地执行相同的服务，但它们开展业务的方式是不同的。例如，联邦快递可能会以一种方式规划运输路线，而 UPS 可能会以另一种方式规划运输路线。在这种情况下，装运计划可能是易变的，因为如果有两种方法可以做某事，那么可能还会有更多。我们必须封装运送计划，并为此在架构中指定组件。如果联邦快递在未来某个时候开始计划使用与 UPS 相同的送货方式，那么更改现在被限制在单个组件中，这使得变更变得相对容易，并且只影响该组件的实现，而不影响分解。我们的系统已经是面向未来的了。

相反的情况也是如此。如果我们和竞争对手（甚至更好的是所有竞争对手）以相同的方式开展某些活动或以相同的顺序开展，并且系统没有任何其他方式可以执行这些活动，则无须在架构中为该活动分配组件。如果这样做的话将导致功能分解。当我们和竞争对手做的事情完全相同时，很有可能它代表了业务的性质，正如前面所讨论的，不应该把它封装起来。

2.3.9 易变性和寿命

易变性和寿命密切相关。公司或应用程序以同样的方式执行某操作的时间越长，公司继续以同样方式做该事的可能性就越高。换言之，事物不变的时间越长，它们在改变或被替换之前的时间就越长。必须提出一个设计，以适应这种变化，即使乍一看这种变化与当前需要无关。

甚至可以用一个简单的启发式方法来估计这种变化可能会持续多久：组织（或客户或市场）发起或吸收变化的能力或多或少是恒定的，因为它与业务的性质有关。例如，医院的 IT部门比刚刚起步的区块链初创公司更保守，对变革的容忍度也更低。因此，事物变化的频率越高，它们在未来以相同的速度变化的可能性就越大。例如，如果公司每两年更改一次工资系统，公司很可能在未来两年内更改工资系统。如果设计的系统需要与工资系统对接，并且系统的使用时间跨度超过 2 年，则必须将易变性封装在工资系统中，并计划包含预期的更改。即使从没有明确地通知我们有这样的变更存在，我们也必须考虑工资系统更改的影响。我们应该努力封装在系统生命周期中发生的变更。如果预测的寿命是 5 到 7 年，那么一个很好的起点就是确定在过去 7 年中应用程序区域中发生的所有变化。很可能在相似的时间跨度内也会发生类似的变化。

我们应该以这种方式检查与设计交互的所有相关系统和子系统的寿命。例如，如果企业资源计划（ERP）系统每 10 年更改一次，上一次 ERP 更改是在 8 年前，而我们的新系统的使用期是 5 年，那么很有可能 ERP 会在系统的生命周期内更改。

2.3.10 实践的重要性

在任何事情上，如果我们只花 2% 的时间，无论智力有多高或使用何种方法，我们都很难成为高手。要有惊人的自负才能相信，有人可以每隔几年凭借在白板上画几条线就能确定架构。无论是医生、飞行员、电焊工还是律师，专业人员的基本期望是通过培训才能掌握技能。我们不想做只飞行过几个小时的飞行员所驾驶飞机上的乘客。也不想成为医生的第一个病人。商业航空公司的飞行员在模拟器上花费了几年时间，并由资深飞行员进行数百次飞行训练。医生在接触到第一个病人之前解剖了无数的尸体，即使如此，他们也受到严密的监督。

识别易变区域是一项后天习得的技能。几乎没有一个软件架构师最初接受过基于易变性分解的培训，而且绝大多数系统和项目都使用功能分解（结果很糟糕）。掌握基于易变性分解的最佳方法是实践。这是解决 2% 问题的唯一方法。以下是几种方法：

- 在我们熟悉的日常软件系统上练习，例如典型的保险公司、移动应用程序、银行或在线商店。

- 检查自己过去的项目。事后看来，我们已经知道痛点是什么了。过去那个项目的架构是基于功能分解的吗？什么改变了？这些变化的连锁反应是什么？如果将这种易变性封装起来，我们能更好地应对这种变化吗？
- 看看目前的项目。挽救它也许还不算太晚：它是基于功能设计的吗？我们能列出易变区域并提出一个更好的架构吗？
- 查看非软件系统，如自行车、笔记本电脑、房屋，并确定它们的易变区域。

然后再做一次，再多做几次，实践再实践。在分析了三到五个系统之后，我们应该掌握了通用技术。可悲的是，学会识别易变区域并不是通过观察别人来掌握的。不可能从书本上学会骑自行车，我们得骑几次自行车（然后摔倒）才能学会。基于易变性的分解也是如此。无论如何，在练习中摔倒总比在实验现场出问题要好。

| 第 3 章 |

结　　构

上一章讨论了基于易变性分解的通用设计原则，该原则支配着所有实用系统的设计，从房屋、笔记本电脑、大型飞机到自己的身体。为了生存和繁荣，它们都封装了组成部分的易变性。软件架构师只需要设计软件系统，幸运的是，这些系统具有共同的易变领域。多年来，我在数百个系统中发现了这些常见的易变领域。此外，这些常见的易变领域之间存在典型的交互、约束和运行时关系。如果认识到这些，就可以快速、高效、有效地构建正确的系统架构。

鉴于这种观察，元设计方法为易变领域提供了模板，为交互提供了指导，并推荐了操作模式。这样做，元设计方法就不仅仅是分解，它还可以在大多数软件系统中提供通用准则和结构。我们会好奇这些宽泛的描述如何应用于各种软件系统。原因是好的架构允许在不同的上下文中使用。例如，老鼠和大象有着天壤之别，可它们却使用相同的架构。但是，老鼠和大象的详细设计却大不相同。同样地，元设计方法可以为我们提供系统架构，但不提供其详细设计。

本章主要涉及构建系统的方式及其带来的优势和对架构的影响。我们将看到基于服务语义和相关准则的服务分类，以及如何对设计进行分层。此外，对架构中的组件及其关系使用清晰、一致的命名法还有另外两个好处。首先，它提供了一个良好的起点。虽然我们还是需要为此付出很多努力，但是至少可以从一个合理的点开始。其次，它改善了沟通，因为我们现在可以将设计意图传达给其他架构师或开发人员。即使用这种方式与自己交流也非常有价值，因为它有助于阐明自己的想法。

3.1　用例和需求

　　在深入研究架构之前，先考虑需求。大多数项目，如果他们嫌捕捉需求麻烦，一般就使用功能需求。功能需求只是简单地说明所需的功能，比如"系统应该做 A"。这实际上是一种明确需求的糟糕方式，因为这样会使系统对 A 功能的实现不够严谨。实际上，功能需求会使客户和市场营销之间、市场营销和工程设计之间，甚至在开发人员之间产生诸多误解。这种模棱两可的情况往往会一直存在，直到已经花了相当大的投入来开发和部署系统，那时再来纠正它的代价是昂贵的。

　　需求应该捕获所需的行为，而不是所需的功能。我们应该指定系统是如何交互运行的，而不是它应该做什么，这可以说是需求收集的本质。与大多数其他事情一样，这确实需要额外的工作和精力（人们通常都会尽量避免），因此将需求转化为这种形式将是一个艰难的过程。

期望行为

　　用例是所需行为的一种表达，即系统如何完成某些工作并为业务增加价值。因此，用例是系统中特定的活动序列。用例往往是冗长和描述性的。它们可以描述终端用户与系统的交互，或者系统与其他系统的交互，或者后端处理。这种能力是很重要的，因为在任何设计良好的系统中，即使是规模和复杂性都不高的系统，用户只与系统的一小部分进行交互或观察，这代表了冰山一角。系统的大部分仍在水位线以下，因此我们应该为其生成用例。

　　可以通过文本或图形方式来捕获用例。文本用例很容易生成，这是一个明显的优势。不幸的是，用文本来描述用例不是最好的方式，因为用例可能会过于复杂而无法在文本中高保真地捕获。文本用例的真正问题是，几乎没有人会费心阅读哪怕是简单的文本，这是有充分理由的。阅读是人脑的一种人工活动，因为大脑不容易通过文本吸收和处理复杂的思想。人类已经阅读了 5000 年，但从进化的角度来说，还不足以让大脑进化出快速获取文本表达的思想的能力（不过，还是要感谢读者认真阅读本书）。

　　捕获用例的最佳方法是图形化并带有图表（如图 3-1）。人类处理图像的速度惊人地快，因为几乎大脑的一半是一个巨大的视频处理单元。图表可以利用此处理器将想法传达给我们的听众。

　　但是，图形用例的生成可能会非常费力，尤其是大量使用时。许多用例可能很简单，不需要图就可以理解。例如，图 3-1 中的用例图同样可以用文

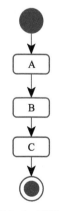

图 3-1　用例图

本很好地表示。我的经验法则：嵌套"if"的存在意味着应该绘制用例图。没有读者能够解析包含嵌套"if"的句子，相反，读者可能会不断地重读用例，或者更有可能拿起纸笔，试图将用例本身可视化。读者这样做是正在解释行为，这也增加了误解的可能性。当读者在我们的文本用例边上乱涂乱画时，你就知道一开始就应该提供可视化的用例。图表还允许读者在复杂的用例中轻松地遵循大量嵌套的"if"。

活动图

元设计方法更喜欢用活动图[一]来表示用例，这主要是因为活动图可以捕获行为的关键时间点，而流程图和其他图则无法做到。你不能在流程图中表示并行执行、阻塞或等待某个事件发生。相比之下，活动图包含了并发性的概念（参见图 3-2）。

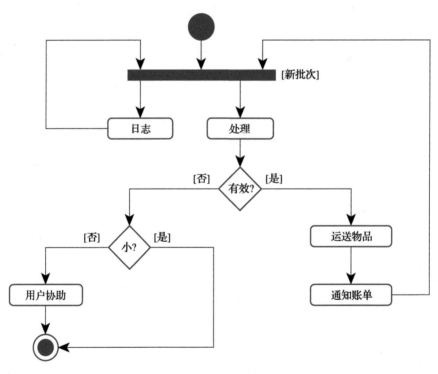

图 3-2　活动图

> **警告**　不要混淆活动图和用例图。用例图[一]是以用户为中心的，应该称为用户用例图。用例图也不包括时间或序列的概念。

⊖　https://en.wikipedia.org/wiki/Activity_diagram

⊖　https://en.wikipedia.org/wiki/Use_case_diagram

3.2　分层方法

软件系统通常是分层设计的，元设计方法在很大程度上依赖于分层。层允许我们进行分层封装。每一层都封装了其自身的上一层和下一层的易变性。层内的服务相互封装易变性，如图 3-3 所示。

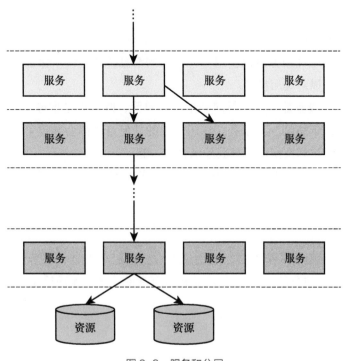

图 3-3　服务和分层

为了享受封装的好处，即使是简单的系统也应该分层设计。理论上，层数越多，封装效果越好。实际的系统只有少数几层，并以实际的物理资源层（如数据存储或消息队列）来终结。

使用服务

跨层的首选方法是调用服务。即使是使用常规类，也可以从元设计方法的结构和基于易变性的分解中获益，但是依赖服务提供了明显的优势。其次考虑的因素是使用哪种技术和平台来实现服务。当使用服务时（只要选择的技术允许），我们将立即获得以下好处：

- **可扩展性**。服务可以以多种方式实例化，包括基于每次调用。因此可以在不增加后端资源负担的情况下容纳大量的客户端，因为只需要与调用数量相匹配的服务实例。

- **安全性**。所有面向服务的平台都将安全性视为头等大事。因此，它们不仅对来自客户端应用程序到服务的所有调用进行身份验证和授权，还包括服务之间的调用。甚至可以使用一些身份传播机制来支持信任链模式。
- **吞吐量和可用性**。服务可以接受队列上的调用，从而可以简单将多余的负载放入队列来处理非常大的消息量。队列的调用还可以通过多个服务实例处理同一个传入队列来提高可用性。
- **响应性**。服务可以将调用限制在缓冲区中，以避免增大系统负荷。
- **可靠性**。客户端和服务可以使用一些可靠的消息传递协议来保证传递，处理网络连接问题，甚至可以对调用排序。
- **一致性**。这些服务都可以参与同一个工作单元，既可以是事务（当基础设施支持时），也可以是一致的协调业务事务。调用链上的任何错误都会导致整个交互中止，而不会根据错误的性质和恢复逻辑将服务耦合在一起。
- **同步**。即使客户端使用多个并发线程，对服务的调用也会自动同步。

3.3　典型分层

元设计方法需要四层系统架构，这些层符合一些经典的软件工程实践。但是，使用易变性来驱动这些层中的分解对我们来说可能是全新的。图 3-4 描绘了元设计方法中的典型分层。

3.3.1　客户端层

架构的顶层是**客户端层**，也称为**表示层**。我觉得"表示"这个词有些误导。"表示"意味着某些信息正在呈现给人类用户，就好像这是顶层所期望的一样。客户端层中的元素很可能是最终用户应用程序，但它们也可以是与我们的系统交互的其他系统。这是一个重要的区别：通过将其称为客户端层，可以照顾到所有可能的客户端，以相同的方式对待它们。所有客户端（无论是最终用户应用程序还是其他系统）都使用相同的系统入口点（所有良好设计的一个重要方面），并遵循相同的访问安全性、数据类型和其他接口要求。这反过来又促进了重用和可扩展性，并使维护更加容易，因为在一个入口点的修复会以相同的方式影响所有客户端。

让客户端使用服务可以更好地将表示与业务逻辑分隔。大多数面向服务的技术对它们允许在端点上使用的数据类型非常严格。这限制了将客户端与服务做耦合，统一对待所有客户端，并且至少在理论上使添加不同类型的客户端更容易实现。

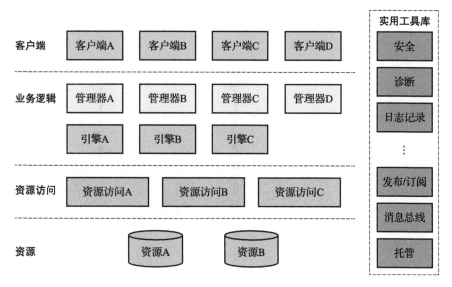

图 3-4　元设计方法中的典型分层

客户端层还封装了客户端中的潜在易变性。系统现在和将来在易变轴上可能有不同的客户端，如桌面应用程序、Web 门户、移动应用程序、全息图和增强现实、API、管理应用程序等。不同的客户端应用程序将使用不同的技术，不同的部署方式，有各自的版本和生命周期，并且可能由不同的团队开发。实际上，客户端层通常是典型软件系统中最不稳定的部分。但是，所有这些易变性都封装在客户端层的各个模块中，并且一个组件中的更改不会影响另一个客户端组件。

3.3.2　业务逻辑层

业务逻辑层封装了系统业务逻辑中的易变性。该层实现了系统的必需行为，如前所述，最好在用例中表达出来。如果用例是静态的，则无须业务逻辑层。但是用例在客户和时间上都是易变的。由于用例包含系统中的一系列活动，因此特定用例只能以两种方式更改：序列本身更改或用例中内的活动更改。例如，考虑图 3-1 中的用例与图 3-5 中的用例。

图 3-1 和 3-5 中的所有四个用例都使用相同的活动 A、B 和 C，但每个序列都是唯一的。这里的主要观察结果是：工作流的顺序或编排可以独立于活动进行更改。

现在考虑图 3-6 中的两个活动图。两者都调用完全相同的序列，但它们使用不同的活动。活动可以独立于序列进行更改。

序列和活动都是易变的，在元设计方法中，这些易变性被封装在称为管理器和引擎的特定组件中。管理器组件封装序列中的易变性，而引擎组件封装活动中的易变性。在第 2

章中，在股票交易分解示例中，Trade Workflow 组件（见图 2-13）是一个管理器，而 Feed Transformation[一]组件是一个引擎。

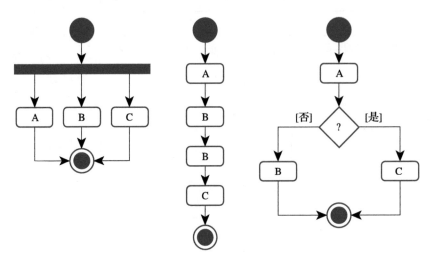

图 3-5　序列易变性

由于用例通常是相关的，因此管理器倾向于封装一系列逻辑相关的用例，例如特定子系统中的用例。例如，在第 2 章的股票交易系统中，分析工作流是一个独立于交易工作流的管理器，每个管理器都有自己的相关用例集来执行。引擎具有更严格的范围，并封装了业务规则和活动。

由于序列中的易变性很大，而序列中的活动没有任何易变性（参见图 3-5），因此管理器可以使用零个或更多引擎。可以在管理器之间共享引擎，因为可以在一个用例中使用某个管理器执行活动，然后在另外的用例中使用别的管理器来执行相同的活动。我们应该在设计引擎时考虑到重用，但是，如果两个管理器使用两个不同的引擎来执行同一个活动，则要么使用了功能分解，要么遗漏了活动的易变性。在本章后面，我们将看到更多有关管理器和引擎的介绍。

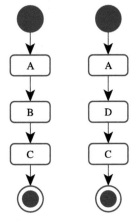

图 3-6　活动易变性

3.3.3　资源访问层

恰当命名的**资源访问层**封装了访问资源时的易变性，该层中的组件被称为资源访问。例如，如果资源是数据库，那么实际上有数十种方法可以访问数据库，而且没有一种方法在各个方面都优于所有其他方法。随着时间的推移，可能会更改访问数据库的方式，因此应该封

　　⊖　Feed 信息源是一种数据格式，网站可透过它将最新的信息传播给用户。——译者注

装所涉及的更改或易变性。注意，我们不应该简单地封装访问资源时的易变性；也就是说，还必须封装资源本身中的易变性，例如本地数据库与基于云的数据库，或内存存储与持久存储。资源的变化也总是会改变 ResourceAccess（资源访问）。

尽管资源访问层背后的动机显而易见，而且许多系统都包含某种形式的访问层，但大多数这样的层最终都会通过创建类似于 I/O 操作或类似于 CRUD 的资源访问契约来暴露潜在的易变性。例如，如果资源访问服务契约包含 Select()、Insert() 和 Delete() 等操作，则基础资源很可能是数据库。如果以后将数据库更改为基于云的分布式哈希表，则类似于数据库访问的契约将变得无用，并且需要新的契约。更改契约会影响使用资源访问组件的每个引擎和管理器。类似地，必须避免像 Open()、Close()、Seek()、Read() 和 Write() 这样的操作，这些操作会显露作为文件的基本资源。一个经过精心设计的资源访问组件在其契约中公开了围绕资源的原子业务动词。

1. 使用原子业务动词

系统中的管理器服务执行一些业务活动序列。反过来，这些活动通常包含一组更细粒度的活动。但是，在某个时刻，活动拥有如此细节层次，以至于它们不能由系统中的任何其他活动表示。元设计方法将这些不可分割的活动称为原子业务动词。例如，在银行，一个典型的用例是在两个账户之间转账。转账是通过贷记一个账户和借记另一个账户来完成的。银行从业务的角度来看，借贷是原子操作。请注意，原子业务动词可能需要从系统角度执行几个步骤。原子性是针对业务而非系统的。

原子业务动词实际上是不可变的，因为它们与业务的性质密切相关，正如第 2 章所讨论的，业务性质几乎不变。例如，自美第奇时代起，银行就开始进行借贷业务。在内部，资源访问服务应该将这些动词从其契约转换为针对资源的 CRUD 或 I/O。通过只公开稳定的原子业务动词，当资源访问服务更改时，只有访问组件的内部更改，而不是位于顶部的整个系统发生更改。

2. 资源访问重用

资源访问服务可以在管理器和引擎之间共享。应该在设计资源访问组件时，将重用性考虑在内。如果两个管理器或两个引擎在访问相同资源时无法使用同一资源访问服务，或者需要特定的访问，则可能是没有封装某些访问易变性，或者没有正确隔离原子业务动词。

3.3.4 资源层

资源层包含系统所依赖的实际物理资源，如数据库、文件系统、缓存或消息队列。在元设计方法中，资源可以在系统内部，也可以在系统外部。通常，资源本身就是一个完整的系统，但在系统里，它只是一个资源。

3.3.5　实用工具库栏

图 3-4 右侧的实用工具库垂直栏包含实用工具库服务。这些服务是几乎所有系统都需要运行的某种形式的公共基础设施。实用工具库可能包括 Security（安全）、Logging（日志记录）、Diagnostics（诊断）、Instrumentation（检测）、Pub/Sub（发布／订阅）、Message Bug（消息总线）、Hosting（托管）等。我们将在本章的后面看到，与其他组件相比，实用工具库需要不同的规则。

3.4　分类指南

就像每个好主意一样，元设计方法可能会被滥用。如果没有实践和批判性思维，就有可能只是在名义上使用了元设计方法分类法，其仍会产生功能分解。遵循本节中提供的简单指导原则，可以在很大程度上降低这种风险。

另一个利用指导原则的场景是初始设计（initiating design）。在几乎所有设计工作的开始，大多数人都被难住了，甚至不知道从哪里开始。准备一些可以启动和验证萌芽设计工作的关键观察结果就非常有帮助。

3.4.1　命名的玄机

服务名称和图表对与他人进行设计交流是非常重要的。在业务和资源访问层中，描述性名称非常重要，因此元设计方法建议使用以下命名约定：

- 服务名称必须是两部分组成的复合词，用帕斯卡命名法表示[⊖]。
- 名称的后缀始终是服务的类型，例如，Manager（管理器）、Engine（引擎）或 Access（访问，用于资源访问）。
- 前缀因服务类型而异。
  - 对于管理器来说，前缀应该是与用例中封装的易变性相关联的名词。
  - 对于引擎，前缀应该是描述已封装活动的名词。
  - 对于资源访问，前缀应该是与资源关联的名词，例如服务提供给消费用例的数据。
- 动名词（动名词是通过在动词上加上"ing"而产生的名词），应仅在引擎中用作前缀。在业务层或访问层的其他地方使用动名词通常表示功能分解。

⊖　帕斯卡命名法，也称为驼峰式命名法，即每个单词的首字母大写的命名格式。考虑到中文读者的阅读习惯，本书将服务名称译为中文，只在服务首次出现时以英文加中文的形式出现。——译者注

- 不应在服务名称的前缀中使用原子业务动词。这些动词应限于与资源访问层接口契约中的操作名称。

例如，在银行设计中，AccountManager（账户管理器）和 AccountAccess（账户访问）是可接受的服务名称。然而，BillingManager（记账管理器）和 BillingAccess（记账访问）这两个名称有功能分解的味道，因为动名词前缀传达的是"执行"的概念，而不是业务流程或访问的易变性。CalculatingEngine（计算引擎）是一个很好的候选名称，因为引擎可以完成诸如汇总、调整、策略化、验证、评分、计算、转换、生成、调节、翻译、定位和搜索之类的操作。相比之下，AccountEngine（账户引擎）这个名称没有任何活动易变性的指示，而且还带有强烈的功能或域分解的味道。

3.4.2 四个问题

架构中的服务和资源层松散地对应于四个问题："谁""什么""如何"和"在哪里"。在客户端中，与系统交互的是"谁"；在管理器中，对系统的需求是"什么"；在引擎中，系统"如何"执行业务活动；在资源访问中，系统"如何"访问资源；在资源中，系统状态"在哪里"（见图 3-7）。

这四个问题大致对应于各个层面，因为易变性胜过一切。例如，如果"如何"的变动很小或没有变动，管理器就可以同时执行"什么"和"如何"。

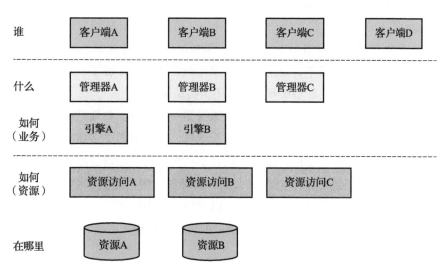

图 3-7 问题与分层

询问和回答这四个问题对于设计工作的两端，启动和验证都是有用的。如果我们是从零开始，不知道从哪里着手，可以通过回答这四个问题来启动设计工作。把所有的"谁"列一个单子，把他们作为客户端的候选项放在一个箱子里。把所有的"什么"列一个单子，把它们作为管理器候选项放到另一个箱子里，依此类推。结果并不完美，例如，所有"什么"的组成部分不一定能合并到各个管理器中，但这是一个开始。

一旦完成了设计，就需要退一步来检查设计。所有的客户端是"谁"，而他们中没有留下"什么"痕迹吗？所有的管理器都是"什么"，其中"谁"和"在哪里"没有一点点关系吗？同样，问题到层的映射也不是完美的。在某些情况下，问题之间可能会有交叉。然而，如果我们确信对易变性的封装是合理的，那么就没有理由进一步怀疑这个选择。如果没有被说服，这些问题可能表明有风险并需要分解、调研。

这四个问题与前面关于服务命名的指导原则很好地结合在一起。如果管理器前缀描述封装的易变性，则更自然地用"什么"而不是"如何"这样的动词来谈论它们。如果引擎前缀是描述已封装活动的动名词，用"如何"而不是"什么"或"在哪里"来谈论它们更为自然，出于类似的原因，资源访问封装了"如何"来访问其背后的资源。

3.4.3　管理器与引擎比

大多数设计最终使用的引擎数比我们最初想象的引擎数要少。首先，要使引擎存在，就必须封装一些基本的操作易变性，即执行某事的方法数量未知。这种易变性是不常见的。如果设计包含大量引擎，则可能无意中进行了功能分解。

在 IDesign 的工作中，我们发现在众多系统中，管理器和引擎倾向于保持黄金分割。如果系统只有一个管理器（不是 God Service⊖），那么可能就没有引擎，或者最多只有一个引擎。想想看：如果系统如此简单，以至于一个像样的管理器就足够了，那么有多大的可能性在活动中有很高的易变性，但是却没有太多的用例类型呢？

一般来说，如果系统有两个管理器，则可能需要一个引擎。如果系统有三个管理器，那么两个引擎可能是最佳数量。如果系统有五个管理器，则可能需要多达三个引擎。如果系统有八个管理器，则说明已经无法做出良好的设计了：大量的管理器强烈地表明我们已经做了功能或域分解。大多数系统永远不会有这么多的管理器，因为它们不会有许多真正独立的、具有自身易变性的用例族。此外，管理器还可以支持多个用例族，通常表示为不同的服务契约或服务的各个方面。这可以进一步减少系统中的管理器数量。

⊖ God service 是指单一且巨大的服务，它实现了大部分业务逻辑。它容易成为性能瓶颈并造成单点失效，即一旦这个服务出现问题，整个系统就无法对外提供任何服务。——译者注

3.4.4　关键观察

使用了元设计方法的建议，我们可以在精心设计的系统中对期望看到的质量进行一些全面的观察。偏离这些观察结果可能意味着还残留着功能分解，或者尚未成形的分解，其中封装了一些明显的易变性，但错过了其他的易变性。

> **注意**　对于架构的各部分使用明确的术语，可以支持此类观察和建议的沟通交流。

1. 自上而下易变性降低

在设计良好的系统中，易变性应该在各层中自上而下地降低。客户端易变性很大。有些客户可能想要这样的客户端，另外一些客户可能想要那样的客户端，而其他客户在不同的设备上可能想要相同的内容。这种自然的高易变性与基础系统的所需行为无关。管理器确实会改变，但不会像客户端那样频繁。当用例（系统所需的行为）改变时，管理器也会改变。引擎的易变性不如管理器。要使引擎发生更改，业务必须更改其执行某些活动的方式，这比更改活动的顺序更为罕见。资源访问服务的易变性更低于引擎。多久更改一次访问资源的方式，或多久去更改资源？

我们可以更改活动及其序列，而不必更改原子业务动词到资源的映射。资源是最不易变动的组成部分，与系统其他部分相比，变化不大。

一个易变性随着层次降低的设计是非常有价值的。较低层中的组件有更多依赖于它们的项。如果最依赖的组件也是最易变的，则系统将崩溃。

2. 自上而下重用性增加

与易变性不同，重用性应该随着分层向下增加。客户端几乎不可重用。客户端应用程序通常是为特定类型的平台和市场开发的，无法重用。例如，Web 门户中的代码无法轻松地在桌面应用程序中重用，并且桌面应用程序不能在移动设备中重用。管理器是可重用的，因为我们可以使用同一个管理器和多个客户端的用例。引擎比管理器更可重用，因为在不同的用例中，相同的引擎可以被多个管理器调用，以执行相同的活动。资源访问组件重用性非常好，因为引擎和管理器可以调用它们。在任何设计良好的系统中，资源都是最可重用的元素。能够在新设计中重用现有资源通常是新系统实施业务批准的关键因素。

3. 近似可消耗型管理器

管理器可以分为三类：昂贵的、可消耗的和近似可消耗的。可以根据管理器变更时你的反应方式来区分管理器的所属类型。如果我们的反应是抵制变更、害怕变更的成本、反对变更，等等，那么管理器显然是昂贵的，而不是消耗型的。昂贵的管理器表明管理器过大，可能是由于功能分解导致的。如果我们对变更请求的反应是不在乎，不去想它，那么管理器是可穿透的、可消耗的。可消耗的管理器一直是一种设计缺陷和架构的一种扭曲。它们的存在通常只是为了满足设计准则，而没有封装用例易变性的任何实际需求。

但是，如果对提议的管理器变更的反应是深思熟虑的，使我们考虑如何通过特定的方式使管理器适应用例中的变更（甚至可能快速估计所需的工作量），那么管理器是近似可消耗的。如果管理器仅仅协调引擎和资源访问，封装序列易变性，那么我们将获得出色的管理器服务，尽管它是近似消耗型的服务。一个设计良好的管理器服务应该是近似可消耗的。

3.5 子系统和服务

管理器、引擎和资源访问都是独立的服务。管理器、引擎和资源访问之间的内聚交互可以构成对外部使用者的单个逻辑服务。可以将这样一组交互服务视为逻辑子系统。将它们组合在一起作为系统的一个垂直部分（图 3-8），其中每个垂直部分实现一组对应的用例。

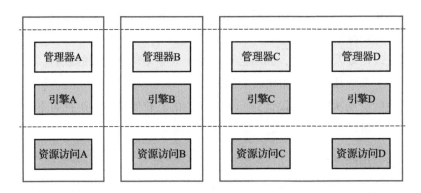

图 3-8 垂直划分的子系统

避免将系统过度划分为子系统。大多数系统应该只有少数几个子系统。同样，应该将每个子系统的管理器数量限制为 3 个。当然也允许我们在一定程度上可以稍微增加系统中所有子系统的管理器总数。

3.5.1 增量构造

如果系统相对简单和小型，那么系统的业务价值（即用例的执行）可能需要架构的所有组件。对于这样的系统，仅仅发布引擎或资源访问组件是没有意义的。

对于大型系统，某些子系统（如图 3-8 中的垂直部分）可以独立存在并提供直接的业务价值。这样的系统的构建成本将更昂贵，并且需要更长的时间才能完成。在这种情况下，分阶段开发和交付系统是有意义的，一次开发一个片段，而不是在项目结束时交付一个大版本。此外，客户将能够向开发人员提供有关增量版本的早期反馈，而不是最终的整个系统。

无论是小型和还是大型系统，正确的构造方法是另一种普遍性原则：

迭代设计，增量构建。

无论什么领域和行业，这一原则都是正确的。例如，假设想把房子建在我们买的一块地上。即使是最好的建筑设计师也无法在一次沟通里就能设计出房子。当定义问题并讨论诸如资金、使用者、风格、时间和风险等约束时，就会有一些来回的讨论。我们将从蓝图的一些粗略裁剪开始，对它们进行细化，评估其含义，并检查备选方案。经过多次迭代后，设计将收敛。到了盖房子的时候，还会反复做吗？我们会从一个双人帐篷开始，到一个四人帐篷，再到一个小棚子，再到一个小房子，最后到一个大房子吗？甚至有这样的想法都是疯狂的。相反，很可能挖掘和铸造地基，然后建造第一层的墙壁，接下来将公用设施连接到结构，再然后建造第二层，并最终添加屋顶。简而言之，我们逐步建造一座简单的房子。对于未来的房主来说，仅仅拥有地基或屋顶是没有价值的。这就是说，房子就像一个增量构建的简单软件系统，在完成之前没有真正的价值。但是，如果建筑物有多个楼层（或多个侧厅），则可以增量地建造它并提供中间值。我们的设计可能允许一次完成一个楼层（或一次完成一个侧厅），类似于大型软件系统的"一次一片"方法。

另一个例子是组装汽车。虽然这家汽车公司可能有一个设计师团队，通过多次迭代来设计一辆汽车，但当需要制造汽车的时候，制造过程并不是从滑板开始，发展成踏板车，然后是自行车，然后是摩托车，最后是汽车。相反，汽车是逐步制造的。首先，工人们把底盘焊接在一起，然后用螺栓固定在发动机缸体上，然后再把座椅、车身和轮胎都加上。他们给汽车上漆，加上仪表板，最后安装内饰。

为什么只能以增量方式构建而不是迭代方式构建，原因有两个。第一，迭代建造非常浪费且很困难（把摩托车变成汽车比仅仅建造汽车要困难得多）。第二，更重要的是，中间迭代没有任何业务价值。如果客户想要一辆汽车送孩子上学，那么客户会用摩托车做什么，客户为什么要为此付钱呢？

增量构建还可以适应时间和预算的限制。如果我们设计了一个四层的梦想之家，但只能负担一栋单层的房子，则有两个选项。第一个选项仍然是建造一个四层的房子，所有的墙壁都用胶合板，窗户用塑料板，浴室用水桶，地板用泥土和茅草屋顶。第二个选项是适当地建造四层房屋的第一层。当积累了足够的资金，就可以建造二层和三层。十年后，当最终完成这座建筑时，它仍然与原来的建筑相匹配。

在架构范围内，随着时间的推移，增量构建的能力取决于架构保持不变和正确。随着功能的分解，我们将面对不断变化的碎片堆。可以合理地假设，那些只知道功能分解的人注定要进行迭代构造。有了基于易变性的分解，你就有机会进行正确的增量构建。

可扩展性

系统的垂直分片也能够适应可扩展性。扩展任何系统的正确方法不是打开系统锤击现有组件。如果我们已正确地设计了可扩展性，那么通常可以不用考虑现有的内容，而将系统作为一个整体进行扩展。继续房屋类比，如果想在未来某个时间给单层房屋增加一个二层，那么一层的设计必须能够承受额外的重量，管道的布置必须能够延伸到二层，依此类推。通过破坏一层来添加二层，然后再建造新的一层和二层被称为返工，而不是可扩展性。基于元设计方法系统的设计是面向可扩展性的：只需添加更多的这些切片或子系统。

3.5.2 关于微服务

我被誉为微服务（microservices）的先驱之一。早在 2006 年，在我的演讲和写作中，我就呼吁构建每个类都是服务的系统[一]。这需要使用一种技术来支持服务的这种细粒度使用。当时我扩展了 Windows Communication Foundation（WCF）来实现这一点，把每个类都当作一个服务，同时又维护了常规类的编程模型[二]。我从来没有把这些服务称为"微服务"。和现在一样，我不认为微服务概念的存在。没有微服务，只有服务。例如，我的汽车上的水泵为我的车提供了关键的服务，而那个水泵只有 8 英寸[四]长。当地自来水公司用来给小镇送水的水泵为小镇提供了非常宝贵的服务，但它有 8 英尺[五]长。大泵的存在并不会突然把我车上的泵变成微型泵：它仍然只是一个泵。服务就是服务，无论其大小。要了解微服务的人工概念的起源，就必须反思面向服务的历史。

历史和关注点

在面向服务的初期，21 世纪初，许多组织只是将其系统作为一个服务整体公开。由于其复杂性，最终使得形成的庞大系统无法维持和扩展。大约 10 年后，业界意识到这种方法是错误的，开始呼吁要对服务进行更细粒度地使用，并称之为微服务。在常用情况下，微服务对应于域或子系统，即图 3-8 中的切片（红框）。如今，这种想法存在三个问题。

○ https://wikipedia.org/wiki/Microservices#History

◎ Juval Löwy, *Programming WCF Services*, 1st ed. (O'Reilly Media, 2007), 543-553.

⊜ Löwy, *Programming WCF Services*, 1st ed., pp. 48-51; Juval Löwy, *Programming WCF Services*, 3rd ed. (O'Reilly Media, 2010), 74-75.

㉓ 1 英寸 = 0.0254 米。——编辑注

㉕ 1 英尺 = 0.3048 米。——编辑注

第一个问题是对服务数量的隐含限制。如果较小的服务比较大的服务更好，为什么要在子系统级别？子系统作为最细粒度的服务单元仍然太大。为什么不让子系统的构建块成为服务呢？我们应该将服务的优势尽可能深入到架构的低层中。在元设计方法子系统中，子系统中的管理器、引擎和资源访问组件也必须是服务。

> **注意**　附录 B 讨论了服务粒度的问题。附录解释了为什么只有很少的大型服务（对应于子系统）是一个糟糕的设计。

第二个问题是整个行业在微服务设计中广泛使用功能分解。单单这个因素就将摧毁每个处于萌芽状态的微服务。那些试图构建微服务的人将不得不在没有获得服务模块化任何好处的情况下，兼顾功能分解和面向服务的复杂性。这种双重打击可能超出了大多数项目所能处理的范围。实际上，我担心微服务将是软件史上最大的失败。可维护、可重用、可扩展的服务是可能的，但不是这样的。

第三个问题涉及通信协议。尽管通信协议的选择更多地与详细设计有关，而不是与架构有关，但选择的效果值得在这里稍作评论。绝大多数微服务栈（截至本文撰写时）使用 REST/WebAPI 和 HTTP 与服务通信。大多数技术供应商和顾问都认可这种做法（也许是因为如果每个人都使用最低标准，这会让他们的生活更轻松）。然而，这些协议是为面向公众的服务而设计的，作为系统的网关。一般原则里，在任何设计良好的系统中，都不应该在内部和外部使用相同的通信机制。

例如，我的笔记本电脑有一个驱动器，提供了一个非常重要的服务：存储。笔记本电脑还使用网络路由器为所有 DNS 请求提供服务，以及提供电子邮件服务的 SMTP 服务器。对于外部服务，笔记本电脑使用 TCP/IP；对于内部服务（如驱动器），它使用 SATA。笔记本电脑利用多个这样专门的内部协议来执行其基本功能。

另一个例子是人体。肝脏提供了一个非常重要的服务：新陈代谢。身体也为客户和组织提供有价值的服务，我们用自然语言（英语）与他们交流。但是，不会用英语来和肝脏交流。相反，我们使用神经和荷尔蒙。

用于外部服务的协议通常带宽低、速度慢、成本高且容易出错。这些属性表明了高度解耦。不可靠的 HTTP 对于外部服务来说可能是完美的，但是应该避免在内部服务之间使用该协议，因为通信和服务必须是完美的。

在服务之间使用错误的协议可能是致命的。如果我们不能很好地使用语言与老板交谈或与客户交谈，这并不是世界末日，但如果身体内部器官不能正确或根本无法与肝脏沟通，我们将会死去。

在专业化和效率方面也存在类似的服务水平问题。在内部服务之间使用 HTTP 类似于使用英语来控制身体的内部服务。即使这些词被准确无误地听到和理解，英语也缺乏描述内部服务交互所需的适应性、性能和词汇。

引擎和资源访问等内部服务应依赖于快速、可靠、高性能的通信渠道。其中包括 TCP/IP、命名管道、IPC、域套接字、服务结构远程处理、自定义内存拦截链、消息队列等。

3.6　开放和封闭式架构

任何分层架构都可以有两种可能的操作模型之一：开放式或封闭式。本节对比了两种方案。通过这些讨论，可以在服务分类的上下文中收集一些其他的设计指南。

3.6.1　开放式架构

在开放式架构中，任何组件都可以调用任何其他组件，而不必考虑组件所在的层。组件可以向上、横向和向下调用。开放式架构提供了终极的灵活性。然而，开放式架构是通过牺牲封装和引入大量耦合来实现这种灵活性的。

例如，假设在图 3-4 中，引擎直接调用资源。虽然这样的调用在技术上是可能的，但当我们希望切换资源或仅仅更改访问资源的方式时，突然之间所有引擎都必须更改。客户端直接调用资源访问服务怎么样？虽然这不像调用资源本身那么糟糕，但是所有的业务逻辑都必须迁移到客户端，对业务逻辑的任何更改都会迫使客户端进行返工。

向上调用也是不可取的。在图 3-4 中，如果管理器调用客户端来更新 UI 中的一些控件怎么办？现在，随着 UI 的变化，管理器也必须对这种变化做出响应。这实际上把客户端的易变性引入了管理器。

横向调用（层内）也会产生过多的耦合。想象一下图 3-4 中管理器 A 调用管理器 B。在这种情况下，管理器 B 只是管理器 A 执行用例中的一个活动。管理器应该封装一组独立的用例。管理器 B 的用例现在是否独立于管理器 A 的用例？注意图 2-5 存在的问题，对管理器 B 的活动方式的任何更改都将影响管理器 A。这种方式的横向调用是在管理器级进行功能分解的结果。

引擎 A 调用引擎 B 如何？引擎 B 相对于引擎 A 是易变活动分离的吗？同样地，功能分解可能是引擎调用链接背后的需要。

当使用开放式架构时，首先设计架构层几乎没有任何好处。一般来说，在软件工程中，为了灵活性而进行封装是一个糟糕的选择。

3.6.2　封闭式架构

在一个封闭式架构中，通过禁止在层之间调用和在层内横向调用来尽量最大限度地发挥层的优势。不允许在层之间调用可以最大化层之间的解耦，但会产生无用的设计。封闭的架构在各层间打开一个缝隙，允许一层中的组件调用相邻较低层中的组件。层中的组件为它的上层组件提供服务，但是它们封装了下面发生的所有内容。封闭的架构通过牺牲封装的灵活性来进行解耦。总的来说，这是一个比其他方式更好的选择。

3.6.3　半封闭/半开放架构

很容易指出开放式架构的明显问题，即允许向上、向下或横向调用。然而，这三宗罪是否都同样严重？它们中最糟糕的是向上调用：这不仅造成了跨层耦合，而且还将较高层的易变性引入了较低层。第二糟糕的违规者是横向调用，因为这样的调用会耦合层内的组件。封闭的架构允许向下调用一层，但是向下跨多个层调用又会怎么样呢？**半封闭/半开放架构**允许向下跨多层调用。同样，这也是一种为了灵活性和性能而进行的封装策略，并且通常要尽量避免的权衡。

值得注意的是，在两个典型案例中，使用半封闭/半开放式架构是合理的。当设计基础设施的关键部分时，会发生第一种情况，必须从中压缩出每一分性能。在这种情况下，向下转换多层可能会对性能产生不利影响。例如，考虑用于网络通信的七层开放系统互连（OSI）模型⊖。当供应商在其 TCP 堆栈中实现该模型时，他们无法承担每一次调用七层所带来的性能损失，并且他们明智地选择了一个半封闭/半开放的堆栈架构。第二种情况发生在几乎不变的代码库中。在这样的代码库中，封装的损失和附加的耦合是无关紧要的，因为我们不必维护太多的代码（如果有的话）。同样，对于几乎不变的代码来说，网络堆栈实现是一个很好的例子。

半封闭/半开放的架构确实有自己的位置。尽管如此，大多数系统都不具备证明这种设计合理性所需的性能诉求，而且它们的代码库也不是从来都不变的。

3.6.4　放宽规则

对于现实中的业务系统，最好的选择总是一个封闭的架构。上一节中关于开放式和半开放式选项的讨论应该能劝阻我们选择其他方法。

虽然封闭式架构的系统是最不耦合和封装性最好的，但它们也是最不灵活的。由于间接性和居间性，以及不建议采用僵化设计，这种不灵活性可能导致拜占庭式的复杂性水平。本书元设计方法放宽了封闭式架构的规则，在不影响封装或解耦的前提下降低了复杂度和开销。

⊖　https://en.wilipedia.org/wiki/OSI_model

1. 调用实用工具库

在封闭式架构中，实用工具库是一个挑战。考虑日志记录，这是一种用于记录运行时事件的服务。如果将日志记录分类为资源，那么资源访问可以使用它，但管理器不能使用它。如果将日志记录放在与管理器相同的级别，则只有客户端可以使用日志记录。安全或诊断也是类似的，而且它们几乎是所有其他组件都需要的服务。简而言之，在封闭式架构的各个层间，没有实用工具库的好的位置。元设计方法将实用工具库放置在层侧面的垂直栏中（参见图 3-4）。该条横跨所有层，允许架构中的任何组件使用任何实用工具库。

我们可能会看到一些开发人员试图滥用实用工具库栏，将他们希望跨所有层的任何组件命名为实用工具库。并非所有组件都可以位于实用工具库栏中，要成为一个实用工具库，该组件必须通过一个简单的检验测试：该组件是否可以合理地用于任何其他系统？例如，智能卡布奇诺咖啡机，它可以使用安全服务来查看用户是否可以喝咖啡。类似地，卡布奇诺咖啡机可能希望记录办公室工作人员喝了多少咖啡，进行诊断，并能够使用发布 / 订阅服务发布一个事件，通知其咖啡不足。这些需求都证明了在实用工具库服务中进行封装的合理性。相比之下，将很难解释为什么卡布奇诺机将抵押贷款利息计算服务作为一个实用工具库。

2. 按业务逻辑调用资源访问

下一条准则可能是隐含的，但必须明确说明，因为它们位于同一层，所以管理器和引擎都可以调用资源访问服务，而不会违反封闭式架构（参见图 3-4）。允许管理器调用资源访问也隐含在定义管理器和引擎的部分中。不使用引擎的管理器必须能够访问底层资源。

3. 管理器调用引擎

管理器可以直接调用引擎。管理器和引擎之间的分离几乎处于详细设计级别。引擎实际上只是战略设计模式⊖的一种表达，用于实现管理器工作流中的活动。因此，管理器到引擎的调用并不像管理器到管理器的调用那样是真正的横向调用。或者，可以将引擎视为位于与管理器不同的或正交的平面中。

4. 管理器到管理器队列

虽然管理器不应该直接横向调用其他管理器，但管理器可以将对别的管理器的调用放到被调用者的消息队列中。实际上有两种解释———一种是技术解释，另一种是语义解释，即为什么这不违反封闭式架构原则。

技术解释涉及队列调用的机制。当客户端调用队列服务时，客户端与该服务的代理进

⊖　Erich Gamma, Richard Helm, Ralph Johnson, and John Vlissides, *Design Patterns: Elements of Reusable Object-Oriented Software* (Addison-Wesley, 1994).

行交互，然后代理将消息放入该服务的消息队列中。队列侦听器实例监听队列，检测到新消息，将其从队列中提取，然后调用服务。使用元设计方法结构，当管理器将对别的管理器的调用放入队列时，代理是对底层资源（即队列）的资源访问；也就是说，调用实际上是向下的，而不是横向的。队列侦听器实际上是系统中的另一个客户端，它还向下调用接收方的管理器。所以实际上没有发生横向调用。

语义解释涉及用例的性质。业务系统通常有一个用例，其会触发另一个用例的潜在的、延后的执行。例如，假设一个系统中，执行用例的管理器必须在月末保存一些系统状态以供分析。在不中断其流程的情况下，这个管理器可以将保存状态后的分析请求排除到另一个管理器。第二个管理器可以在月末将分析请求移出队列并执行其分析工作流。这两个用例是独立的，并且在时间线上是分离的。

5. 开放架构

即使使用了最好的指导原则，我们也会一次又一次地发现开发人员试图通过横向调用、向上调用或提交其他违反封闭式架构的行为来开放架构。不要对这些违规行为置之不理，也不要盲目强求遵守这些原则。这种违规行为的发现几乎总是表明了一些潜在的需求，使得开发人员违反了指导原则。必须以符合封闭式架构原则的方式正确地应对这一需求。例如，假设在设计或代码评审期间，会发现一个管理器直接调用另一个管理器。开发人员可能会试图通过指出另一用例响应原始用例执行的某些需求来证明其横向调用的合理性。然而，第二个管理器可能不太会立即响应。将管理器间的调用放入队列将是一个更好的设计，并避免了横向调用。

在另一评审中，假设检测到管理器调用客户端，这严重违反了封闭式架构的原则。开发人员指出了在发生某些事情时通知客户端的需求来作为理由。虽然这是一个有效的需求，但向上调用不是一个可接受的解决方案。随着时间的推移，其他客户端可能需要被通知，或者其他管理器可能需要通知客户端。我们所发现的是通知者的易变性和接收事件者的易变性。应该使用实用工具库栏中的发布 / 订阅服务来封装这种易变性。当然，管理器可以调用该实用工具库。将来，添加其他订阅客户端或发布管理器是一项微不足道的任务，并且不会对系统产生任何不良影响。

3.6.5 设计禁忌

随着服务和层的定义都清晰后，还可以编制要避免的事项列表，即设计禁忌。在前面几节之后，列表中的某些项可能是显而易见的，但是我经常看到它们，因此得出的结论是它们不是显而易见的。人们反对"禁忌"准则的主要原因是，他们已经创建了功能分解，并设法说服自己它不是功能性的。

如果执行了此列表上的操作，我们很可能会后悔。将任何违反这些规则的行为视为危险信号，并进一步调查以了解遗漏了什么：

- 客户端不要在同一个用例中调用多个管理器。这样做意味着管理器是紧密耦合的，不再代表独立的用例系列、独立的子系统或独立的切片。来自客户端的链式管理器调用表示功能分解，要求客户端将底层功能拼接在一起（参见图 2-1）。客户端可以调用多个管理器，但不能在同一个用例中；例如，客户端可以调用管理器 A 来执行用例 1，然后调用管理器 B 来执行用例 2。

- 客户端不要调用引擎。业务层的唯一入口点是管理器。管理器代表系统，引擎实际上是一个内部的实现细节层。如果客户端调用引擎，则用例排序和相关的易变性将被迫转移到客户端，从而使其受到业务逻辑的污染。从客户端到引擎的调用是功能分解的标志。

- 在同一个用例中，管理器不要将调用排队等待给多于一个管理器。如果有两个管理器响应队列中的调用请求，为什么没有第三个呢？为什么不是全部呢？需要两个（或更多）管理器来响应队列的调用，这强烈表明需要更多管理器（可能所有管理器）来响应，因此应该改用发布 / 订阅实用工具库服务。

- 引擎不接收队列的调用。引擎是实用的，它的存在是为了执行管理器的易变活动。它们本身没有独立的意义。根据定义，队列调用独立于系统中的任何其他调用执行。仅仅执行引擎的活动，与任何用例或其他活动断开连接，没有任何业务意义。

- 资源访问服务不接收队列的调用。与引擎指南非常相似，资源访问服务是为管理器或引擎提供服务的，它们本身没有任何意义。独立于系统中的任何其他内容访问资源没有任何业务意义。

- 客户端不发布事件。事件表示客户端（或管理器）可能希望了解系统状态的更改。客户端不需要通知自己（或其他客户端）。此外，通常需要了解系统内部的知识，才能检测出发布事件的必要性，然而这是客户端不需要了解的知识。但是通过功能分解，客户端就是系统，并且需要发布事件。

- 引擎不发布事件。发布事件需要通知和响应系统中的更改，通常是由管理器执行的用例中的一个步骤。执行活动的引擎无法了解活动的上下文或用例的状态。

- 资源访问服务不发布事件。资源访问服务无法知道资源状态对系统的重要性。任何此类知识或响应行为都应该驻留在管理器中。

- 资源不发布事件。需要资源来发布事件通常是紧密耦合的功能分解的结果。类似于资源访问的情况，这种业务逻辑应该驻留在管理器中。当管理器修改系统状态时，管理器还应发布适当的事件。

- 引擎、资源访问和资源不订阅事件。处理事件意味着某些用例的开始，因此必须在客户端或管理器中完成。客户端可能会将事件通知用户，管理器可能会执行一些后端行为。
- 引擎永远不要相互调用。这样的调用不仅违反了封闭式架构原则，而且在基于易变性的分解中也没有意义。引擎应该已经封装了与该活动相关的所有内容。任何引擎对引擎的调用都表示功能分解。
- 资源访问服务永远不要相互调用。如果资源访问服务封装了原子业务动词的易变性，则一个原子动词不需要另外的原子动词。这类似于引擎不应该互相调用的规则。注意，资源访问和资源（每个资源都有自己的资源访问）之间不需要 1∶1 的映射。通常，必须将两个或多个资源按照一定逻辑连接在一起，以实现一些原子业务动词。单个资源访问服务应该执行连接而不是资源访问服务间的调用。

3.6.6　力求对称

另一个通用的设计规则是所有好的架构都是对称的。想想自己的身体，身体右侧没有长出第三只手，因为进化的压力是来自全方位的，从而增强了对称性。进化的压力也适用于软件系统，迫使系统对不断变化的环境做出响应，或者消亡。然而，对对称性的追求只是在架构层面上，而不是在细节设计上。当然，内脏不是对称的，因为这种内部对称性不会为我们祖先带来进化上的优势（也就是说，系统在暴露内部时会消亡）。

软件系统中的对称性体现在跨用例的重复调用模式中。我们应该期待对称性，而对称性的缺失是令人担忧的。例如，假设一个管理器实现了四个用例，其中三个使用了发布 / 订阅服务发布事件，而第四个没有。对称性的破坏是设计的坏味道。为什么第四个不同？是遗漏了什么还是做得过了？那个管理器是一个真正的管理器吗？还只是一个没有易变性的功能分解组件？对称性也可以被某事物的存在而打破，而不仅仅是因为缺失。例如，如果一个管理器实现了四个用例，其中只有一个用例最终导致了对另一个管理器的队列调用，那么这种不对称也是一种坏味道。对称性对于良好的设计至关重要，因此通常应该在管理器之间看到相同的调用模式。

| 第 4 章 |

组　　合

软件系统之所以存在，主要是能满足客户的需求，从而服务于业务。前面两章讨论了如何将系统分解为组件并创建架构。分解为组件本质上是系统的静态布局，就像蓝图一样。而在执行过程中，系统是动态的，各个组件相互交互。但是，如何知道这些组件在运行时的组合足以满足所有的需求？要想验证设计，就要进行需求分析、系统设计，以及作为架构师对系统增值。正如你将看到的，设计验证和组合是密切相关的。我们可以且必须生成可行的设计，并以可重复的方式对其进行验证。

本章提供了工具，以验证系统不仅满足当前需求，而且能够经受住未来的需求变更。实现该目标首先要认识到需求和变更的本质，以及两者与系统设计之间的关系。反之，这种认知可以对系统设计进行基本观察，并给出如何产生有效设计的实用建议。

4.1　需求与变更

需求变更，接受它吧，这就是需求的一部分。

需求变更太棒了，如果需求是静态的，那我们就都失业了。世界现在很大程度上依赖于软件，但是，开发人员和架构师相比于其他人员来说仍然很少。需求变化越多，对软件专业服务的要求就越高，并且由于软件专业人士的人数有限，他们的报酬和收益也就越高。

4.1.1 憎恨变更

尽管需求变更非常"美妙",但许多业内人士在整个职业生涯中都憎恨这种变更。原因很简单:大多数开发人员和架构师都是根据需求设计系统的。实际上,他们竭尽全力将需求转换为架构中的组件,努力使需求与系统设计之间的亲和力最强。但是,当需求改变时,其设计也必须跟着改变。在任何系统中,对设计的变更都是非常痛苦的,通常是破坏性的,而且代价很高。由于没有人喜欢痛苦,人们憎恨需求变更,直白地说,就是憎恨造成需求变更的任何要素。

4.1.2 设计基本准则

对于这种憎恨变更的解决方案非常简单,但是几乎每个人在职业生涯中都没有发现:

切忌根据需求进行设计。

这个简单的准则与大多数人被教育的准则和实践的准则相反,尽管它应该是显而易见的。任何根据需求进行设计的尝试都会带来痛苦。既然痛苦的感觉如此不好,那就没有理由做这种不明智的事情。人们已经意识到设计流程无法正常工作,而且从未成功过,但是由于缺乏替代方案,他们只能继续采用貌似唯一的选项——根据需求进行设计。

> **注意** 根据需求进行设计的风险并不局限于软件系统。第 2 章讨论了采用根据需求进行设计的方式来建造房屋时令人抓狂的经验。

需求无用论

如第 3 章所述,捕获需求的正确方法是以用例的形式来明确系统所需的行为集。一个像样的系统有几十个用例,而大型系统可能有几百个。同时,软件史上没有人有时间在项目一开始就能正确地描述出数百个用例。

假设在新项目的一开始,拿到了一个包含 300 个用例的文件夹。我们能相信这个集合是正确和完整的吗?当得知实际上是 330 个用例并且遗漏了一些用例时,我们会感到惊讶吗?如果得到了 300 个用例,因为需求规范包含许多重复项,我们会对得知实际上是 200 个用例感到震惊吗?在这种情况下,如果根据需求进行设计,岂不是要做超过 50% 的额外工作?是否不可能拿到一组用例是相互独立的?有缺陷的用例导致我们实施错误行为的风险状况如何?

即使有人奇迹般地花了相当长的时间来正确地捕获活动图中的所有 300 个用例,确认没有丢失的用例,协调了互斥的用例,合并了重复的用例,这项工作也没有什么价值,因为需求会改变。随着时间的推移，会有新的需求出现，一些现有的需求会被删除，其他需求也会在执行中变化。简而言之，任何试图收集完整需求并针对它们进行设计的尝试都是徒劳的。

4.2　可组合设计

在限定满足需求的正确方法之前，必须正确设置满足需求的标准。任何系统设计的目标都是能够满足所有的用例。上一句话中"所有的"一词实际上意味着全部：现在和将来，已知和未知的用例。理想状况就是设置适当的阈值，凡是低于此值的都不满足要求。如果不能通过这个阈值，那么在将来的某个时间点，当需求改变时，我们的设计也不得不改变。一个糟糕设计的特点就是当需求改变时，设计也必须改变。

4.2.1　核心用例

在任何给定的系统中，并不是所有的用例都是独特的，大多数用例是其他用例的变体。所需的主要行为有多种排列方式，例如，常规情况、不完整情况、特定区域内特定客户的情况、错误情况，等等。而用例只有两种类型：核心用例和其他用例。核心用例代表了系统业务的本质。正如在第 2 章中所讨论的，业务的本质几乎不会改变，核心用例也是如此。当然，常规的、非核心的用例将在不同业务客户之间快速变化。虽然客户很可能对常规用例有自己的定制和解释，但所有客户都共享核心用例。

虽然系统可能有数百个用例，但值得庆幸的是，只有少数几个核心用例。在 IDesign 实践中，我们看到系统通常只有极少的核心用例。大多数系统只有两三个核心用例，一般很少超过六个。对你的办公系统或最近参与的项目进行反思，并在头脑中计算出该系统需要处理的真正不同用例的数量，你会发现此数字很小。又或者，为系统提供一个单页的营销手册，并计算用例数量，可能只有三个用例。

查找核心用例

核心用例很难在需求文档中显式地表达出来，正如文档中所描述的那样。数量很少并不意味着就很容易找到核心用例，也很难使其他人就核心用例与常规用例达成一致。核心用例几乎总是其他用例的某种抽象，甚至可能需要一个新的术语或名称来将其与其他用例区分开来。即使给我们一个有许多用例缺失的需求规范，这种有缺陷的文档也将包含核心用例，因为它们是业务的本质。另外，尽管不应该根据需求进行设计，但这并不意味着应该忽视需求。需求分析的重点是识别核心用例（以及易变区域）。作为架构师（和需求负责人一起），通常需要通过一些迭代过程来确定核心用例。

4.2.2　架构师的使命

作为架构师，使命就是确定可以组合在一起以满足所有核心用例的最小组件集。因为所有其他用例仅仅是核心用例的变体，常规用例仅仅代表了组件之间不同的交互，而不是不同的分解。这样，当需求改变时，设计无须改变。

> **注意**　这种观察是基于组件的分解，而不是组件内部代码的实现。例如，当使用元设计方法时，集成组件的代码主要位于管理器中。集成代码可能会随着需求的变化而变化，但这种变化不是架构更改，而是实现变更。此外，从设计的优点上来说，这种实现的变化程度与相应的需求变化是相互独立的。

我称这种方法为"可组合设计"，其宗旨不是满足任何特定的用例。

并没有特别针对任何用例，这不仅仅是因为获得的用例是不完整的、有缺陷的、充满漏洞和矛盾的，还因为它们会发生变化。即使现有的用例不会改变，但随着时间的推移，也会添加新的用例，而有些用例也会被移除。

一个简单的例子就是人体的设计。20 万年前，智人（homo sapiens）出现在非洲平原上，当时的需求还不包括成为软件架构师。在拥有狩猎者的身体时，怎么可能满足今天对软件架构师的要求？答案是，当使用与史前人类相同的组件时，是以不同的方式来整合它们，而没有随时间变化的那个核心用例就是：生存。

1. 架构验证

任何系统的目标都是满足需求，而可组合设计还可以实现其他功能：设计验证。一旦可以为每个核心用例生成服务之间的交互，就可以生成有效的设计，没有必要知道未知的或预测未来。我们的设计现在可以处理任何用例，因为所有的用例都表现为同一个构建块之间的不同交互。不要再寄希望于某个神话般的项目了，幻想有一天有人会把所有的需求都完整地记录下来。没有必要浪费过多的时间来预先确定需求的细节。即使需求严重受损，也可以轻松设计出有效的系统。

验证设计的行为就像生成简单的图表一样简单明了，这些图表演示支持用例的架构组件之间的交互。用元设计方法的术语来说，图 4-1 是一个调用链图。

调用链演示满足特定用例所需的组件之间的交互，可以直接将调用链叠加到分层架构图上。图中的组件通过箭头连接，箭头表示组件之间调用的方向和类型——实心黑色箭头表示同步（请求 / 响应）调用，虚线灰色箭头表示队列调用。调用链图是特殊的依赖关系图，因此在项目设计期间非常有用（如本书后半部分所述）。

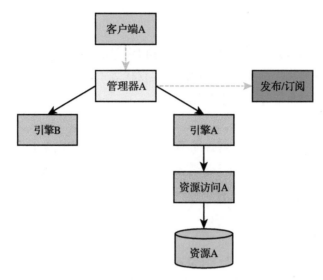

图 4-1　演示支持核心用例的简单调用链

调用链图是检查用例和演示设计如何支持用例的一种简单而快速的方法。调用链图的缺点是它没有调用顺序的概念，无法捕获调用的持续时间，并且当多方对同一类型的组件进行多个调用时，会变得混乱。在许多情况下，组件之间的交互可能很简单，因此无须显示顺序、持续时间或多个调用。对于这些情况，可以确定调用链图足以满足其验证目的。此外，调用链通常更容易让非技术受众理解。

元设计方法中的序列图类似于 UML 序列图[⊖]。但是，它包含了符号差异，以确保图类型之间的通用含义。生命线根据架构层进行着色，箭头样式与调用链图中的相同。图 4-2 相当于图 4-1 的序列图。

在序列图中，用例中的每个参与组件都有一条竖线，表示其生命线。竖线对应于组件执行的某些工作或活动。时间从图的顶部到底部流动，小矩形的长度指示组件使用的相对持续时间。单个组件可以在同一用例中参与多次，甚至可以对同一组件的不同实例使用不同的生命线。水平箭头（实心黑色表示同步，虚线灰色表示队列）表明组件之间的调用。

由于序列图提供了额外的细节级别，因此生成它需要更长的时间，但它通常是展示复杂用例的正确工具，特别是对于技术受众而言。此外，序列图在随后的详细设计中非常有用，有助于定义接口、方法甚至参数。如果要为详细设计制作它，则最好先为设计验证制作它，尽管细节还不多（例如，暂时省略操作和消息）。

⊖　https://en.wikipedia.org/wiki/Sequence_diagram

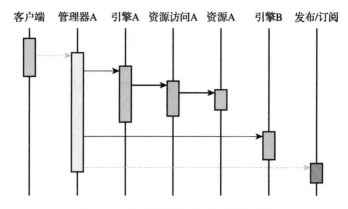

图 4-2　用序列图演示对核心用例的支持

2. 最小集

切记：架构师的使命不仅仅是要识别出一组可以组合在一起以满足所有核心用例的组件，而且要识别出最少的一组组件。为什么最少？最少是什么意思？

通常，架构师应该设计一种架构，使详细设计和实现所需的工作量最小化，而不是最大化。**在架构方面，少即是多**。也就是说，在任何架构中，组件数量都天生受到限制。例如，假设我们获得了一个包含 300 个用例的需求规范。一方面，满足这些需求的单一组件架构形成了最终数量最少的组件，但是由于其内部复杂性，这种整体设计是糟糕的（附录 B 深入讨论了服务规模对成本的影响）。另一方面，如果创建一个由 300 个组件组成的架构，每个组件对应一个用例，由于集成成本高，也不是一个好的设计。在 1 到 300 个组件之间的某个数字就足够了。

当估计中存在不确定性时，使用数量级可能会很有帮助。例如，在具有 300 个用例的系统中，有效设计所需的组件数的数量级是多少？是 1、10、100 或 1000 个组件？无论系统的具体细节如何，都可以直观地知道 1、100 和 1000 是错误的答案，从而得到 10 这个数量级。

典型软件系统中所需的最小服务集在 10 这样的数量级规模（例如，12 和 20 都属于 10 这样的数量级）。这个特定的数量级是另一个通用设计概念。身体有几个数量级的内部组件？车呢？笔记本电脑呢？由于组合数学的缘故，每个答案大约是 10。如果系统通过组合 10 个左右的组件来支持所需的行为，那么即使不允许重复参与组件或部分集，这种组合的数目也是惊人的。因此，即使是少量有效的内部组件也可以支持大量可能的用例。

回到设计良好的软件系统，系统的组件封装了易变的区域。使用元设计方法，即使在大型系统中，通常也只看到 2～5 个管理器、2～3 个引擎、3～8 个资源访问和资源，以及 6 个实用工具库，构建块的总数最多为 12 个。对于任何大于这个数字的内容，都必须将系统分解为在大小上更易于管理的逻辑相关子集（或子系统）。一旦想不出一套更少的构建块，就找到了最佳设计。更好的架构师可以使用甚至更少的组件集也没关系，因为其他架构师没有在设计我们的系统。每个设计工作总是有一个收益递减点，而最小集合就是那个点。

> **注意** 我们无法验证具有单个组件或数百个组件的架构。根据定义，单个大型组件可以完成所有工作，每个用例一个组件也支持所有用例。

3. 设计工作持续时间

我们可能花费数周或数月的时间来确定核心用例和易变区域。但是，这不是设计，而是需求收集和需求分析，这实际上可能非常耗时。一旦确定了核心用例和易变区域，将需要多长时间才能使用元设计方法来生成有效的设计？我们也可以在这里使用数量级：一个小时？一天？一周？一个月？一年？我希望本书的大多数读者选择一天或一周，通过练习，可以将时间缩短到几个小时。如果知道自己在做什么，那么设计就不会花费太多时间。

4.3 这里没有功能

将本章的观察结果与前两章结合起来，揭示了基本系统的设计规则：

功能始终是集成的结果，而不是实现的结果。

这是一条通用的设计规则，支配着所有系统的设计和实现。如第 2 章所述，"通用"一词的本质包括软件系统。

建造汽车的过程就是这一规则的简单证明。汽车具有一项关键功能：必须能将我们从位置 A 运送到位置 B。但如果观察汽车的制造方式，什么时候可以看到此功能？一旦将底盘与发动机缸体、变速箱、座椅、仪表板、驾驶员、道路、保险和燃料集成在一起，该功能就会出现。集成所有这些部件即可产生该功能。

这个规则更令人印象深刻的是它是分形的。例如，我正在笔记本电脑上打印这本书的手稿，这为我提供了一个非常重要的功能：Word Processing（文字处理）。但是在笔记本电脑的架构中有没有一个叫作文字处理的盒子呢？笔记本电脑通过集成键盘、屏幕、硬盘、总线、CPU 和内存来提供文字处理功能。这些组件中的每一个都提供了一个特性：CPU 提供计算，硬盘提供存储。然而，如果研究一下存储的功能，驱动器的设计中是否有一个称为存储的块？硬盘通过集成内部组件（如内存、内部数据总线、介质、电缆、端口、电源调节器和小螺丝钉）来提供存储功能，这些组件将所有东西固定在一起。螺丝钉本身提供了一个非常重要的功能：紧固。但是螺丝钉是如何固定的呢？螺丝钉通过整合螺丝钉头、螺纹及螺杆来进行紧固。这些部件的集成提供了固定功能。我们可以一直沿这种方式深入到夸克，但永远看不到任何功能。

请再次阅读设计规则。如果仍然难以接受，那么我们已经被植入了 Matrix[⊖]，被告知要编写代码来实现功能。但这样做有悖于宇宙的实际组合方式——这里没有功能。

4.4　处理变更

软件系统必须能响应需求变更。大多数软件系统使用功能分解来实现，这使得变更带来的影响被放大了。如果设计是基于功能的，那么根据定义，这种变更永远不会出现在一个地方。相反，它分布于系统的多个组件和各个方面。随着功能的分解，变更是昂贵和痛苦的，所以人们尽量通过推迟变更来避免痛苦。人们把变更请求添加到下一个半年的发布版中，因为人们更愿意接受未来的痛苦而不是现在的痛苦。人们甚至可以直接向客户解释所请求的变更是个坏主意，以此来抵制变更。

不幸的是，抵制变革等于扼杀了整个系统。有生命的系统是客户使用的系统，无生命的系统是客户不愿意使用的系统（即使他们仍然为其付费）。当开发人员告诉客户变更是未来版本的一部分时，希望客户在接下来的六个月内做什么？等待开发人员推出请求的变更？客户希望的不是在六个月后使用该功能，而是现在需要该功能。因此，客户将不得不使用遗留系统、某种外部介质或竞争产品来绕过本系统。由于抵制变更会导致客户放弃使用系统，因此抵制变更正在扼杀该系统。即使从未明确说明这方面，也要对变更的内容或必要部分做出快速响应。

包含变更

处理变更的诀窍不是与之抗争、推迟变更，或者完全搁置变更，而是在于控制它的影响。可以考虑使用基于易变性的分解和第 3 章的结构指南来设计系统。需求变更实际上是对系统所需行为的更改，特别是对用例的更改。在元设计方法中，一些管理器实现了执行用例的工作流。管理器可能会受到变更的严重影响，也许需要放弃该管理器的整个实现，并在其位置创建一个新的实现。但是，管理器集成的底层组件不受对所需行为的变更的影响。

回顾第 3 章，管理器应该是消耗性的。这使我们能够消化变更的成本并加以控制。此外，任何系统中的大部分工作通常都涉及管理器使用的服务：

- 实现引擎是昂贵的。每个引擎代表了对系统的工作流至关重要的业务活动，并封装了相关的易变性和复杂性。

⊖　电影《黑客帝国》的桥段。——译者注

- 实现资源访问非常重要，不仅是因为编写资源访问代码的成本。识别原子业务动词，将其转换为某些资源的访问方法，并将它们作为一个与资源无关的接口进行公开，也需要很大的工作量。

- 设计和实现可伸缩、可靠、高性能和可重用的资源是一项耗时费力的工作。这些任务可以包括设计数据契约、模式、缓存访问策略、分区、复制、连接管理、超时、锁管理、索引、规范化、消息格式、事务、传递失败、有害消息，等等。

- 实现实用工具库总是需要高超的技巧，其结果必须值得信任。实用工具库是系统的基础，世界级的安全性、诊断、日志记录、消息处理、检测和托管都不是偶然产生的。

- 为客户设计卓越的用户体验或方便、可重用的 API 是一项耗时费力的工作。客户端还必须与管理器进行交互并与之集成。

当管理器发生变更时，我们可以抢救并重用所有投入客户端、引擎、资源访问、资源和实用工具库中的工作。通过将这些服务重新集成到管理器中，我们已包含了变更，并且可以快速有效地响应变更。这不就是敏捷的本质吗？

| 第 5 章 |

系统设计示例

前三章介绍了系统设计的通用设计原则。然而，大部分的人都喜欢从案例中学习，因此本章以一个综合性的案例来说明前几章中概念的应用，该案例研究描述了一个名为 TradeMe 的新系统设计，用来替代一个旧系统。该案例直接源自一个为客户设计的真实系统，尽管其中的特定业务细节已被清除和模糊化，但系统的本质没有改变。从商业分析到分解：作者没有掩盖问题，也没有试图美化局面。正如第 1 章所述，设计不应花费太多的时间。在这种情况下，由经验丰富的设计架构师和学徒组成的两人设计团队在不到一周的情况下完成了设计。

这个案例研究的目的是用来展示产生设计的思维过程和演绎方法。这些通常很难单独学习，但是在观察别人如何做，并思考它是怎么发生的过程中就比较容易理解了。本章首先对客户和系统做了概述，然后以几个用例的形式来展示需求。对易变区域和架构的识别依赖于元设计方法结构。

> **警告** 不应教条地将此示例用作模板。每个系统都是不同的，都有自己的制约因素，需要各自进行设计考量和权衡。作为架构师，其价值体现在为手头的系统制定正确的设计，这需要实践和批判性思维。在本章中，我们应该关注设计决策的基本原理，就像第 2 章所描述的，使用此示例开始实践。

5.1　系统概述

TradeMe 是一个将技工与承包商和项目相匹配的系统。技工可以是水管工、电工、木匠、焊工、测量师、油漆工、电话网络技术员、园丁和太阳能电池板安装工等，他们都是独立工作的个体户。每个技工都有一定的技能水平，比如电工，他们是获得过监管机构的认证可以完成某些任务的。技工的报酬率根据各种因素而变化，比如学科（焊接工人的报酬高于木匠）、技能水平、经验年数、项目类型、地点，甚至天气。影响其工作的其他因素包括监管合规问题（如最低工资或雇用税）、风险溢价（如摩天大楼外部工程或高压工程）、特殊任务（如焊接大梁或电网连接）的行业人员资格认证、报告要求等。

承包商是总包方，他们需要临时的技工，从一天到几个星期不等。承包商通常有一个由多面手组成的基础团队，并在系统外全职雇用他们，使用 TradeMe 从事专门工作。在同一个项目上，不同的时间段需要不同的技工（有的需要一天，另外的可能要一周）。技工可以在一个项目上来来往往。

TradeMe 系统允许技工注册，列出他们的技能，他们的一般可用地理位置，以及他们期望的费率。该系统还允许承包商注册，列出他们的项目，所需的行业和技能，项目的位置、他们愿意支付的费率、参与期限和项目的其他属性。承包商甚至可以要求（但不坚持）他们想与之合作的特定技工。

除上述因素外，承包商愿意支付的费率取决于供需关系。当项目闲置时，承包商将提高价格。当技工闲着时，技工会降低价格。对项目期限或所要求的承诺也有类似的考虑。对于一个技工来说，理想的项目是那些通常支付很高的费用，而且持续时间很短的。一旦技工接受了一个项目，他们就必须在承诺的时间内留下来。承包商可以提供更多的报酬来要求更长的承诺。一般来说，这一制度允许市场力量设定费率并找到均衡点。

这些项目都是建筑建设项目，该系统也可能在新兴市场（如油田或海洋造船厂）使用。

TradeMe 系统帮助技工和承包商找到彼此，系统处理请求并将所需的技工派往工地。它还跟踪工时和工资，以及要向当局报告的其他情况，从而节省了承包商和技工自己来处理这些任务的麻烦。

该系统将技工与承包商分隔开来，它从承包商那里筹集资金并支付给技工。承包商不能绕过系统直接雇用技工，因为技工是系统独家拥有的。

TradeMe 系统的目标是为技工找到最优惠的费率，为承包商找到最有效的服务。它靠买卖上的小价差来赚钱。另一个收入来源是技工和承包商支付的会费，这项费用每年收取一次，但可能会改变。因此，技工和承包商都被称为系统中的会员。

目前，9 个呼叫中心负责处理大部分任务，每个呼叫中心都是针对特别的区域、法规、建筑规范、标准和劳动法的。呼叫中心配备一些被称为"代表"的客户代表，现在，这些代表主要依靠经验来优化所有项目和现有技工的日程安排。有些呼叫中心按照自己的业务方式运营，而其他呼叫中心则由相同的业务方式运营。

还有多个竞争的应用程序倾向于寻找最便宜的技工，一些承包商更喜欢这种系统。承包商根据价格而不是可用性选择技工可能是一个日益增长的趋势。

5.1.1　遗留系统

部署在欧洲呼叫中心的旧系统，其全职用户依赖于连接到数据库的两层桌面应用程序。技工和承包商都会打电话来，由代表输入详细信息，甚至进行实时匹配。一些用于管理成员关系的早期 Web 门户网站绕过了旧系统，直接访问数据库。各个子系统是孤立的，效率很低，几乎每一步都需要大量的人工干预。用户需要使用多达五个不同的应用程序来完成他们的任务。这些应用程序是独立的，需要手工来完成集成工作。客户端应用程序充满了业务逻辑，并且 UI 和业务逻辑之间缺乏分离，因此无法将应用程序更新为时尚的用户体验。

每个子系统都有自己的存储库，用户必须对它们进行研究才能理解所有的内容。这个过程很容易出错，给新用户带来昂贵的培训成本并增加入职上手的时间。

旧系统容易受到攻击，其随意的安全方法使其易受到攻击。旧系统的设计从来没有考虑到安全性，就此而言，它根本不是设计出来的，而是有机地生长起来的。

旧系统无法容纳一些新功能和所需的功能：

- 移动设备支持
- 自动化程度更高的工作流程
- 与其他系统的连接
- 迁移到云端
- 欺诈检测
- 工作质量调查，包括将技工的安全记录纳入费率和技能水平
- 进入新市场（如在造船厂的部署）

企业和用户都对旧系统无法跟上时代步伐而感到沮丧，并且有源源不断的期望增值功能涌现。例如继续教育功能，被证明是必需的功能之一，所以它是在旧系统的基础上拼凑而成的。旧系统为技工分配认证等级和政府要求的测试，并跟踪技工的进度。尽管外部教育中心提供培训和注册证书，但用户必须手动将它们录入旧系统中。虽然与核心系统无关，但技工和企业对这项业务非常感兴趣，因为认证功能有助于防止技工转向竞争对手。

旧系统在遵守各地的新法规方面遇到了挑战。因为系统对于其当前的业务上下文是高度独特的，处理任何变动都是非常困难的。由于公司负担不起为每个地区提供一个唯一的系统版本，它促使系统降格到跨地区的最低水平。这进一步增加了用户在手工工作流程方面的负

担，降低了效率，增加了培训时间和成本，并导致业务机会的丢失。

总体而言，该系统在所有地方共有约 220 名代表，可伸缩性和吞吐量都不成问题，但响应速度是一个问题，虽然这只是旧系统的一个副作用。

5.1.2　新系统

鉴于旧系统设计不当的问题，公司管理层希望正确地设计一个新系统。新系统应尽可能地自动化工作。理想情况下，公司希望有一个单独的小型呼叫中心，作为自动化流程的备份，该呼叫中心将跨区域使用同一系统。虽然该系统部署在欧洲，但有人要求在英国⊖甚至加拿大（即欧盟以外）部署该系统。投资新系统的另一个驱动因素是竞争对手拥有更灵活、更高效的系统，以及卓越的用户体验。

虽然承包商可以为项目配备多种供应商来源（包括竞争产品），但公司不做优化或集成业务，所以与竞争产品整合和项目的优化就超出了系统的范围。将市场扩大到包括 IT 或护理等其他行业也超出了范围，加入这些市场将重新定义业务性质，该公司的强项是将技工与建筑项目相匹配，而不是一般的人员配备。

5.1.3　公司

该公司认为自己是一个技工经纪人，而不是一个软件组织，软件不是它的主营业务。在过去，该公司并不认可开发好软件的意义，所以它没有在流程或开发实践中投入大量精力。该公司过去尝试建立替代系统的努力均以失败告终。公司确实拥有大量的财务资源。过去的惨痛教训已说服管理层开启新的篇章，并采取一种稳健的方法进行软件开发。

5.1.4　用例

旧系统或新系统都没有现成的需求文档，客户只提供了图 5-1 到图 5-8，描述了一些用例。这些可能是核心用例，也可能不是；它们只是系统所需行为的描述。在很大程度上，这些用例反映了旧系统应该做的事情。由于设计团队正在寻找核心用例，他们忽略了低级用例，例如输入财务细节、向承包商收取费用、向技工付款等。甚至一些用例（如继续教育）都没有具体说明。此外，显然还可以额外补充一些由企业提供的用例。

⊖　虽然设计工作是在英国脱欧之前进行的，但英国脱欧是当时意料之外的大规模变革的一个典型例子，而新系统却无缝地适应了这种变化。

注意　如第 4 章所述，我们很少会收到一组完美的用例（TradeMe 系统也不例外），甚至很难获得一个像样的用例列表。本章的主要目标之一就是在这种不确定性下，说明如何产生一个有效的设计。

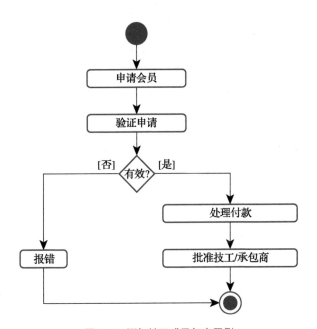

图 5-1　添加技工或承包商用例

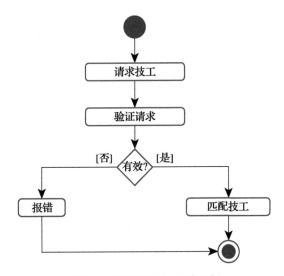

图 5-2　申请技工或承包商用例

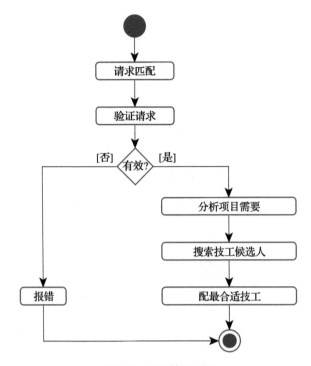

图 5-3　匹配技工用例

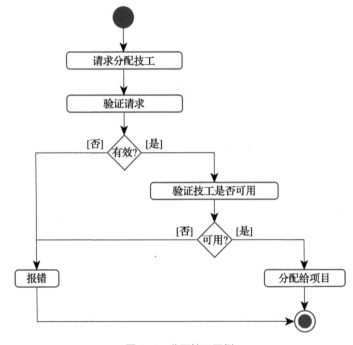

图 5-4　分配技工用例

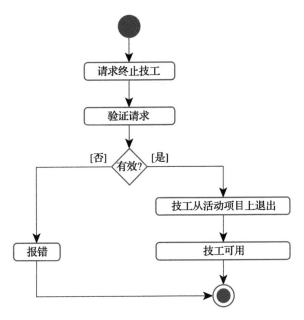

图 5-5　终止技工用例

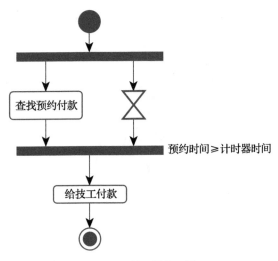

图 5-6　技工付款用例

1. 核心用例

大多数公司提供的用例看起来不像核心用例，而是一个简单的功能列表。回想一下，核心用例代表了业务的本质。该系统的本质不是增加一个技工或承包商，或创建一个项目，或给技工付款。所有这些任务都可以通过多种方式完成，它们几乎没有增加业务的价值，也没有将系统与竞争对手区分开来。相反，在本章开场的第一句话给出了该系统存在的理由：

"TradeMe 是一个将技工与承包商和项目相匹配的系统。"表面上看起来满足这个的唯一用例是匹配技工用例（图 5-3）。

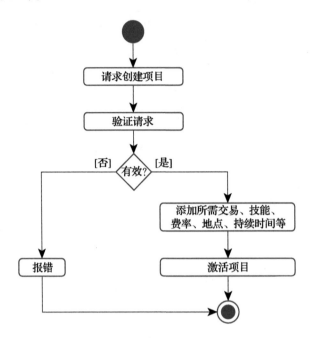

图 5-7　创建项目用例

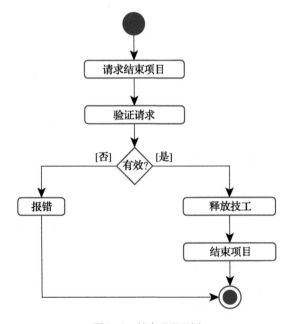

图 5-8　结束项目用例

> **注意** 对于设计验证，即使只需要支持核心用例，但这并不意味着应该忽略其他用例。演示设计多样性的一个好方法是展示系统支持所有用例以及企业可能需要系统的任何操作的方便性。

2. 简化用例

客户很少以有用的格式提出需求，更不用说以有利于良好设计的方式来呈现了。我们必须不停地转换、澄清和合并原始数据。在设计过程的早期，可以识别交互的区域，而将它们很自然地映射到子系统或层。例如，在 TradeMe 中，所有用例至少有三种角色：用户、市场和会员。用户可以是后台数据输入代表或系统管理员。或许只有管理员才可以终止一个技工，但是图 5-5 中缺乏该信息。

在活动图中使用"泳道"显示角色、组织和其他相应实体之间的控制流是很有用的。例如，图 5-9 提供了图 5-5 中的终止技工用例的另一种表达方法。

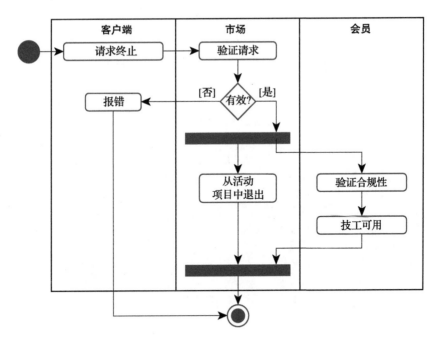

图 5-9　使用泳道图细分活动图

通过将活动图细化为交互区域，我们就可以转换原始用例。通过添加必需的决策框或同步条，这也有助于澄清系统所需的行为。在本章后面可以看到如何使用泳道图来启动和验证设计。

5.2　反设计工作

第 2 章提到反设计工作，作为一种有效的技术，通过故意设计最差的系统来从功能分解中摆脱出来。因为反设计支持用例，良好的反设计工作会产生有效的设计，但它不提供封装并且是紧耦合的。这样的设计通常让别人觉得很自然（他们会做出类似的内容），反设计倒有些功能分解的味道。

5.2.1　巨型系统

一个简单反设计的例子是"上帝服务"——需求中所有功能聚焦的垃圾场，所有的实现在一个地方。这种设计是很常见的，它甚至有一个名字叫巨型系统，现在大多数人从惨痛的教训中已意识到不能这样来设计。

5.2.2　颗粒化构建块

图 5-10 显示了反设计的另一个例子：太多的构建块。实际上，用例中的每个活动在架构中都有一个相应的组件，数据库访问或数据库本身都没有进行封装。

图 5-10　反设计中的服务大爆炸

由于具有如此多的细粒度模块，客户端就要实现用例的业务逻辑，如图 5-11 所示。使用业务逻辑污染客户端代码会导致客户端臃肿，整个系统就迁移到了客户端上，如图 2-1 所示。

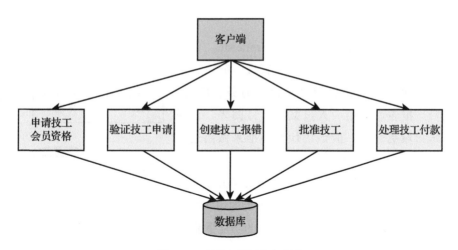

图 5-11　污染和臃肿的客户端

或者，我们可以让服务相互调用，如图 5-12 所示。但是，以这种方式将大量功能服务链接在一起会产生耦合，如图 2-5 所示。在图 5-12 中还要注意向上和侧向调用的开放式架构问题。

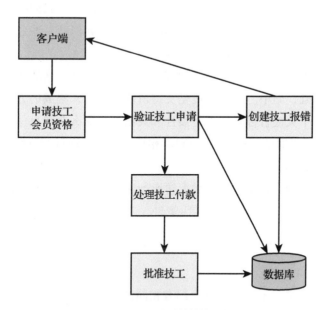

图 5-12　反设计的链接服务

5.2.3　域分解

另一个经典的反设计是沿着域进行分解，如图 5-13 所示。在这里，系统按照技工、承包商和项目的领域划分。

即使是一个相对简单的系统，如 TradeMe，也有着无限可能的额外域分解，如账户、管理、分析、批准、分配、证书、契约、货币、争议、财务、履行、立法、工资、报告、申请、人员配备、订阅等。谁说项目域比账户域更合适？应该用什么标准来做出这样的判断？

除了第 2 章中讨论的诸多缺点外，域分解几乎不可能通过支持用例来验证设计。例如，对技工的请求将同时出现在项目和技工域服务中。由于跨域的功能重复，就会导致功能内涵的二义性。

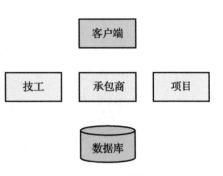

图 5-13　反设计的域分解

5.3　业务对齐

最重要的是要认识到该架构并不是为了自身而存在，架构（和系统）必须为业务服务，服务业务是任何设计工作的指路灯。因此，必须确保架构与业务未来的愿景和业务目标保持一致。此外，还要保持从业务目标到架构的完整双向可跟踪性。我们必须能够轻松指出架构在某些方面如何支持每个业务目标，以及架构的每个方面如何从某些业务目标派生出来。其他内容则是毫无意义的设计和孤立的业务需求。

如前几章所述，生成设计的架构师必须首先识别易变区域，然后将这些区域封装在系统组件、操作概念和基础设施中。组件集成是支持所需的行为，集成的方式是实现业务目标的方式。例如，如果一个关键目标具有可扩展性和灵活性，那么在消息总线上集成组件是一个很好的解决方案（稍后将对此进行更多介绍）。相反，如果关键目标是性能和简洁，那么引入消息总线会造成太多的复杂性。

本章的其余部分详细介绍了将业务需求转换为面向 TradeMe 设计的步骤。这些步骤首先捕获系统愿景和业务目标，然后驱动设计决策。

5.3.1　愿景

很少有人会在所有情况下对系统行为都有相同的愿景。有些人可能根本就没有愿景，其他人可能有不同于其余人的愿景，或者只为他们狭隘的利益服务的愿景。有些人可能误解了业务目标，TradeMe 背后的公司因未能跟上不断变化的市场而受到无数额外问题的阻碍。这些问题反映在现有的系统、公司的结构和软件开发的方式上。新制度必须正面而不是零碎地解决这些问题，因为仅仅解决其中的一些问题不足以取得成功。

业务第一步是让所有相关方就共同愿景达成一致。愿景必须驱动一切，从架构到承诺。以后所做的一切都必须为这一愿景服务，并以此作为合理性的判断。当然，其有利也有弊的，这就是为什么从愿景开始是个好主意。如果某件事不符合愿景，那么它往往与政见和其他次级或第三级问题有关。这为我们提供了一个极佳的方式来排斥那些不支持商定愿景的无关需求。在 TradeMe 的案例中，设计团队将愿景提炼为一句话：

用于构建应用程序以支持 TradeMe 市场的平台。

好的愿景既简洁又明确，就像读法律声明一样。

注意，TradeMe 的愿景是构建一个平台，在此之上构建应用程序。这种平台心态解决了业务所渴望的多样性和可扩展性，可能适用于我们所设计的系统。

5.3.2　业务目标

在就愿景达成一致（且只有这样）后，可以将愿景逐项细化为具体目标。应该拒绝所有不符合愿景的目标，只包括支持愿景所必需的所有目标，这两类很容易辨别出来。当罗列目标时，应该采用业务视角。千万不要让工程或营销人员来掌控对话，或技术目标或特定需求。设计团队从 TradeMe 系统概述中提取了以下目标：

1. **统一存储库和应用程序**。旧系统的效率太低，需要大量的人工干预来保持系统更新和运行。

2. **快速满足新需求**。旧系统的功能周转时间是非常糟糕的。新的平台必须支持非常快速、频繁的定制，例如基于特定的技能、一周时间、项目类型以及这些不同要素的组合进行裁剪。理想情况下，从编码到部署，这种快速周转的大部分都应自动化。

3. **支持跨国家和跨市场的高度定制**。由于法规、立法、文化和语言的差异，本地化是一个极大的痛点。

4. **支持全面的业务可见性和责任制**。在旧系统中不存在欺诈检测、审计跟踪和监视等功能。

5. **对技术和法规有前瞻性**。系统必须预见变化，而不是永远处于反应状态。公司设想这就是 TradeMe 击败竞争对手的方式。

6. **与外部系统集成**。尽管与前面的目标有些相关，但这里的目标是实现高度自动化，而不是之前费力的手动流程。

7. **优化安全性**。系统必须得到适当的保护，实际上每个组件的设计都必须考虑到安全性。为了满足安全目标，开发团队必须在软件生命周期中引入安全活动（如安全审核）并在架构中支持它。

注意　节约开发成本不是该系统的目标。虽然没有人喜欢浪费金钱，但这里列出的条目是企业的痛点所在，公司可以负担得起一个昂贵的解决方案来实现这些目标。

5.3.3　使命陈述

可能会让人感到意外的是，仅阐明愿景（企业将获得什么）和目标（企业为什么需要愿景）往往是不够的。人们通常沉迷于细节之中，无法将这些点联系起来。因此，还应该指定一个使命陈述（如何执行）。TradeMe 的使命陈述是：

设计并构建一组软件组件，开发团队可以将这些组件组装成应用程序和特性。

此使命陈述特意不将开发特性确定为使命，使命不是去构建特性，而是去构建组件。现在，基于易变性分解更容易证明能服务于使命陈述，因为所有的点都关联起来了：

愿景→目标→使命陈述→架构

事实上，我们只是强迫业务指导设计正确的架构。这与典型的驱动力相反，架构师请求管理层避免功能分解。通过让架构与业务的愿景、目标和使命陈述保持一致，使业务驱动正确的架构要容易得多。一旦使得他们在愿景、目标和使命陈述上达成一致，他们就会和我们同仇敌忾。如果希望业务人员支持架构工作，就必须演示架构如何为业务服务。

5.4　架构

误解和混淆是软件开发中的通病，常常导致冲突或未满足的期望。对于同一件事，市场营销可能使用不同于工程师的术语；更糟的是，营销即使使用相同的术语，却意味着不同的东西，这种模棱两可的情况可能多年都不会被发现。在深入研究系统设计之前，请通过编译域术语的简短词汇表来确保每个人的理解都是一致的。

5.4.1　TradeMe 词汇表

一个好的编译词汇表的方式是从回答"谁（Who）""什么（What）""如何（How）"和"在哪里（Where）"这四个经典问题开始的。我们可以通过检查系统概述、用例和客户访谈笔记（如果有的话）来回答这些问题。对于 TradeMe，这四个问题的答案如下：

- **谁（Who）**
  - 技工
  - 承包商
  - TradeMe 客户代表
  - 教育中心
  - 后台程序（如付款计划程序）
- **什么（What）**
  - 技工和承包商会员资格

　　○ 建筑项目的市集（marketplace）

　　○ 继续教育证书和培训

- **如何（How）**
  - ○ 搜索
  - ○ 合规
  - ○ 访问资源
- **在哪里（Where）**
  - ○ 本地数据库
  - ○ 云端
  - ○ 其他系统

回想一下从第 3 章开始，通常这四个问题的答案即使不能映射到架构的组件上，也能映射到层上。问题"什么"的列表特别有趣，因为它强烈暗示了可能的子系统或前面提到的泳道。在寻找易变区域的时候，我们可以从泳道和问题的答案开始并进行分解工作。这并不排除有额外的子系统，也不意味着这些子系统一定是根据易变性分解的所有子系统，如果一个"什么"的内容不是易变的，那它就不值得在架构中产生一个组件。在这一点上，它所提供的只是一个很好的起点来解释设计。

5.4.2 TradeMe 易变区域

像在前几章中明确的，分解的核心是确定易变区域。以下列表重点介绍了 TradeMe 的一些候选易变性以及设计团队要考虑的因素：

- **技工**。这是系统中的易变区域吗？很难断定说，如果需要向技工添加属性，那么即使是一个纯功能的架构，也会受到很大的影响。换句话说，技工是可变的，但不是易变的。这适用于技工的任何属性子集（如技能集等）。也许孤立的技工不是易变分子，也许存在一种更普遍的，如会员管理或规章制度，这些与技工是有密切关系的。以这种方式讨论易变候选者，甚至挑战他们，这一点很重要。如果无法说清楚易变性是什么，为什么易变，以及易变在可能性和影响方面构成的风险，那么就需要进一步研究。将技工识别为易变区域预示沿着域线分解的区域（如图 5-12 所示）。
- **教育证书**。认证过程是否易变？如果是，从业务和系统的角度来看，真正的易变性究竟是什么？在这种情况下，在将项目所需认证法规与经过适当认证的技工相匹配的工作流程中产生了波动。认证本身只是技工的一个属性，从业务的角度来看，认证管理永远是作为一个技工经纪人核心附加值的补充。
- **项目**。项目的易变性是否值得配备一个单独的管理器。Project Manager（项目管理器）

暗示着项目的上下文。而系统需要管理的某些活动可能不需要正在进行项目的上下文来执行，所以 Market Manager（市场管理器）可能更符合一些。例如，可能要求市场在不考虑特定项目的情况下提出匹配请求，或者可能需要涉及多个项目的匹配。也许为了维持一个有价值的技工，我们想付一笔定金给他而不管是什么项目。将项目标识为易变性展现为域分解。其易变性的核心是市集，而不是项目。

推荐某些易变区域，然后检查由此产生的架构，这无可厚非。如果产生一个相互交织或是不对称的架构，那么设计可能就不太好了，直觉会判断出设计的好坏。

有时，易变区域可能位于系统之外。例如，由于支付方式的多样性，支付很可能是一个不稳定的领域。但 TradeMe 作为一个软件项目并不是要实现支付系统，付款是系统核心价值的辅助。该系统可能会使用一些外部支付系统作为资源，资源可能是整个系统，每个系统都有自己的易变性，但这些都超出了系统的范围。

设计团队制作了以下可影响架构的区域列表，该列表还标识了封装易变区域的架构的相应组件。

- **客户端应用程序**。该系统应允许几个不同的客户端环境各自演进。客户端服务于不同的用户（技工、承包商、市集代表或教育中心）或后台进程，例如与系统定期交互的计时器。这些客户端应用程序可以使用不同的 UI 技术、设备或 API（教育门户仅仅是一个 API），可以本地或通过互联网访问（技工与代表），可以连接或断开连接，等等。正如预期的那样，客户端有大量的易变因素，每个易变客户端环境都封装在其自己的客户端应用程序中。
- **管理会员**。在增加或取消技工和承包商的活动中，甚至在他们获得利益或折扣时都存在易变性。会员管理随着地域或时间推移而变化，而这些易变性被封装在 Membership Manager（会员管理器）中。
- **费用**。TradeMe 所有可能的赚钱方式，结合成交量和价差，都封装在市场管理器中。
- **项目**。项目需求和大小不仅会发生变化，而且变化无常，影响所需的行为。小项目可能需要与大项目不同的工作流，系统将项目封装在市场管理器中。
- **争议**。在与人打交道时，往好了说会产生误解，往坏了说会发生彻头彻尾的欺诈。处理争议解决的变动封装在会员管理器中。
- **匹配和批准**。这里开始出现两种变动。如何找到符合项目需求的技工易变性被封装在 Search Engine（搜索引擎）中，而搜索标准的易变性及其定义封装在市场管理器中。
- **教育**。在将培训课程与技工匹配以及寻找可用课程或所需课程方面存在变动。管理教育工作流的变动被封装在 Education Manager（教育管理器）中，搜索课程和证书封装在搜索引擎中，而法规认证的合规性封装在 Regulation Engine（法规引擎）中。
- **法规**。随着时间的推移，任何一个国家的法规都可能改变。此外，这些规定还可以来自公司内部。这种变动性被封装在法规引擎中。

- **报告**。系统需要遵守的所有报告和审计需求都封装在法规引擎中。
- **本地化**。两个明显的易变性与本地化有关,客户端的 UI 元素封装了语言和文化中的易变性。对于 TradeMe,相关方认为这是一个足够好的解决方案。在其他情况下,本地化本身有足够强的易变性,值得有自己的子系统(例如,管理器、资源等)。本地化甚至可能影响资源的设计。各国之间法规易变性被封装在法规引擎中。
- **资源**。资源可以是外部系统(如付款系统)的门户,也可以是存储技工和项目列表的各种元素。存储本身就是易变的,可能从云端数据库到本地存储再到整个其他系统。
- **资源访问**。资源访问组件封装了访问资源的易变性,如存储的位置、类型和访问技术。资源访问组件将原子业务动词,如"支付"(支付技工)转换为访问相关资源(如存储和支付系统等)。
- **部署模型**。部署模型是易变的,有时数据不能离开某地理区域,或者公司可能希望在云中部署部分或整个系统。这些易变性封装在子系统和消息总线实用工具库的组合中。这种模块化可组合交互模式在系统操作概念中的优势将在后面描述。
- **认证和授权**。系统可以通过多种方式对客户端进行身份验证,无论是用户还是其他系统,并且有多种表示凭据和身份的选项。授权几乎是开放式的,有许多方法来存储角色或表示声明。这些易变性封装在安全实用工具库组件中。

请注意,易变区域到架构组件的映射不是 1∶1 的。例如,前面的列表将三个易变区域映射到市场管理器上。回想第 3 章,管理器封装了一系列逻辑相关用例的变动性,而不仅仅是单个用例。对于市场管理器来说,这些市场用例是管理项目、将技工与项目匹配以及收取匹配费用。

弱易变性

另外两个较弱的易变区域未反映在架构中:

- **通知**。客户端与系统的通信方式以及系统与外部世界的通信方式可能是易变的。消息总线实用工具库的使用封装了这种易变性。如果公司非常需要电子邮件或传真等开放式传输形式,那么可能就需要一个通知管理器。
- **分析**。TradeMe 可以分析项目的需求,并验证所要求的技工,甚至在第一时间推荐他们。通过这种方式,TradeMe 可以优化项目的技工分配。该系统可以以各种方式分析项目,这种分析显然是一个易变区域。然而,设计团队拒绝将分析作为设计中的一个易变区域,因为优化项目并不是公司的业务范畴。因此,提供优化属于推测性设计,所需的任何分析活动都归并到市场管理器中。

5.4.3 静态架构

图 5-14 展示了架构的静态视图。

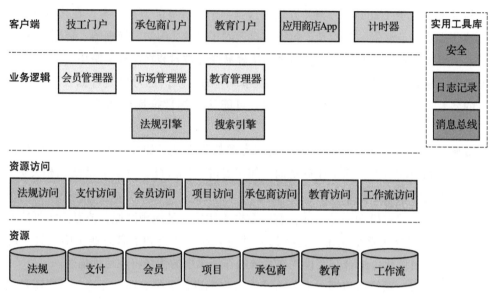

图 5-14 TradeMe 架构的静态视图

1. 客户端

客户端层包含会员、技工和承包商等各种类型的门户，还有一个门户网站供教育中心发布或验证技工凭据，以及一个应用程序供后端用户来管理应用商店。此外，客户端层还包含外部进程，如调度器或计时器，这些进程定期启动系统的某些行为。它们包含在架构中仅供参考，但不是系统的一部分。

2. 业务逻辑服务

在业务逻辑层中，会员管理器和市场管理器封装了前面讨论的相应的易变性。简而言之，会员管理器管理会员用例执行中的易变性，而市场管理器负责与应用商店相关的用例。请注意，会员用例（如添加或删除技工）在逻辑上彼此相关，并且不同于与应用商店相关的用例，例如将技工与项目匹配。教育管理器封装了与继续教育相关的用例执行的易变性，例如协调培训和审查教育证书。

只有两个引擎封装了前面列出的一些剧烈变动，法规引擎封装了不同国家之间甚至同一国家随时间变化的法规和合规易变性。搜索引擎将产生匹配的易变性封装起来，这种匹配可以通过多种方式来实现，从简单的速率查找、安全和质量记录考虑到分配中的人工智能和机器学习技术。

3. 资源访问和资源

管理应用商店时所需的实体（如支付、会员和项目）都有一些存储和相应的资源访问组件，还有在接下来会探讨的工作流存储。

4. 实用工具库

系统需要三个实用工具库：安全、消息总线和日志记录，未来任何的实用工具库（如测试设备）也将进入实用工具库栏。

消息总线

消息总线只是一种队列式的消息发布 / 订阅机制（如图 5-15 所示）。任何发布到总线上的消息都会被广播到任意数量的订阅方。因此，消息总线提供了一种通用的，队列式 N 对 M 的通信机制，其中 N 和 M 可以是任何非负整数。如果消息总线关闭或发布方连接中断，消息就在消息总线前排队，当连接恢复时再进行处理，这提供了可用性和健壮性。如是订阅方关闭或连接中断（如移动设备），则消息被发送到每个订阅方专用的队列中，并在订阅方可用时再进行处理。如果发布者和订阅者都已连接且可用，则消息是异步处理的。

消息总线技术的选择与架构关系不大，因此不在本书的讨论范围之内。但是，特定消息总线提供的特定功能可能会极大地影响实现的难易程度，所以选择合适的消息总线要进行仔细的考量。并非所有的消息总线都是平等创建的，包括来自品牌供应商的消息总线。消息总线至少必须支持队列、复制消息和多播、消息头和上下文传播、确保消息的发布和提取、脱机工作、连接中断的工作、传递失败处理、处理失败处理、有害消息处理、事务处理，高吞吐量、服务层 API、多协议支持（特别是基于非 HTTP 的协议）和可靠的消息传递。相关的可选功能可能包括消息过滤、消息检查、自定义拦截、检测、诊断、自动部署、与凭据存储的轻松集成以及远程配置。没有一个消息总线产品能提供所有这些功能，为了降低选择不当的风险，应该先从一个简单、易用、免费的消息总线开始，并使用该消息总线实现最初的架构。这种策略可以帮助更好地理解所需的质量和属性，并对它们进行优先级排序。只有这样，我们才能选择真正满足需求的最佳消息总线。

将消息总线添加到架构中并不能消除架构中通信模式的约束，例如，应禁止客户端之间通过总线的直接通信。

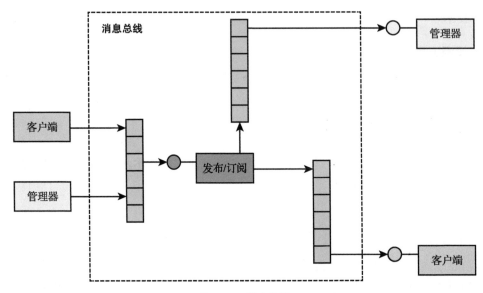

图 5-15　消息总线

5.4.4　操作概念

使用 TradeMe，所有客户端和所有管理器之间的通信都通过消息总线实用工具库进行，图 5-16 说明了这个操作概念。

在这种交互模式中，客户端和子系统中的业务逻辑通过消息总线彼此解耦。消息总线的使用通常支持以下操作概念：

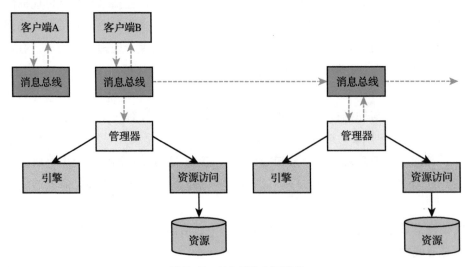

图 5-16　抽象系统交互模式

- 所有通信都使用一种公共媒介（消息总线），这个封装隔离了消息的性质、参与方的位置和通信协议。
- 用例发起者（如客户端）和用例执行者（如管理器）从未直接交互。如果它们彼此不知道对方的存在，那么它们可以独立演进，从而促进可扩展性。
- 多个并发客户端可以在同一用例中交互，每个客户端执行其用例的一部分。跨客户端和系统之间的用例执行不需要加锁。这反过来又会促进时间线分离和沿时间线的组件分离。
- 因为消息总线背后的队列每秒可以接受大量消息，高吞吐量成为可能。

消息即应用程序

消息总线支持的操作概念当然不错，但本身并不能证明复杂性的增加是合理的。选择消息总线的主要原因是它支持 TradeMe 最重要的操作概念：消息即应用程序的设计模式。

当使用这种设计模式时，是找不到“应用程序”的，没有可以指向并标识为应用程序的组件或服务集合。相反，该系统包含一个松散的服务集合，这些服务通过消息总线彼此发送和接收消息，尽管这是次要考虑因素。这些信息相互关联，处理消息的每个服务都会执行一些工作单元，然后将消息发送回总线。其他服务随后将检查消息，其中一些（或其中一个，或一个也没有）将决定执行某些操作。实际上，一个服务发布的消息会触发另一个服务在服务发布方不知情的情况下执行某些操作，这达到了完全意义上的解耦。

通常，相同的逻辑消息可以遍历所有服务。这些服务可能会向消息添加其他上下文信息（如在消息头中），修改之前的上下文，将上下文从旧消息传递到新消息，等等。这样，服务将充当消息的转换函数。消息即应用程序模式最重要的方面是应用程序所需的行为是这些转换加上各个服务所做的本地工作的汇总。任何所需行为的变化只会导致服务响应消息方式发生变更，而无须架构或服务本身变动。

TradeMe 的业务目标证明了使用此模式是合理的，因为它具有所需的可扩展性。公司可以通过添加消息处理服务来扩展系统，从而避免对现有服务的修改和工作实现的风险。这正确地支持了第 3 章中的指示，即应该始终以增量方式而不是迭代方式来构建系统。前瞻性设计的目标在这里也得到了很好的实现，因为这种模式中没有任何东西将系统与当前的需求捆绑起来。这种模式也是集成外部系统的一种优雅方式，这也是业务目标之一。

前瞻性设计

使用在消息总线上集成粒度服务和消息即应用程序的设计模式是为将来做好系统准备的最佳方式之一。通过“为将来做好系统准备”，我特别提到了软件工程的下一个时代——使用参与者模型。在接下来的十年里，软件行业可能会采用一种非常细粒度的，称

> 为参与者的服务。虽然参与者是服务，但它们是非常简单的服务。参与者驻留在参与者的图形或网格中，它们仅使用消息相互交互。由此产生的参与者网络可以执行计算或存储数据。程序不再是参与者代码的集合；相反，程序或所需的行为由通过网络的消息进程组成。要改变程序，只需要更改参与者网络，而不是参与者本身。
>
> 　　通过这种方式构建系统提供了一些基本的好处，例如与现实业务模型的亲和性更高、高并发性而无须加锁，以及能够构建当前无法实现的系统，例如智能电网、指挥控制系统和通用 AI。使用当前的技术和平台，再结合"消息即应用程序"以及参与者模型（如果不是大多数的话）。例如，在 TradeMe 中，技工和承包商是参与者。项目是这些参与者的网络，其他参与者（如市场管理器）组成网络。今天采用 TradeMe 架构，使公司为未来做好准备，又不会影响现在。

　　与生活中的一切一样，实现这种模式是有代价的。并不是每个组织都能证明使用该模式或者使用消息总线是合理的。成本几乎总是以额外的系统复杂性和活动部件、学习新的 API、部署和安全问题、复杂的故障场景等形式出现。而好处是得到一个面向需求变更、可扩展性和重用的分离系统。一般来说，当可以投资于一个平台并获得组织自上而下和自下而上的支持时，应该使用这种模式。在许多情况下，将客户端到服务器的调用都队列化的简单设计更适合开发团队，要根据开发人员和管理人员的能力和成熟度来调整架构。毕竟，改变架构要比改变组织容易得多。一旦组织能力成熟，就可以采用完整的消息即应用程序模式。

5.4.5　工作流管理器

　　借助元设计方法，管理器将易变性封装在业务工作流程中。一般倾向于简单地在管理器中对工作流进行编码，然后在工作流程更改时更改管理器中的代码。此方法的问题在于，工作流中的易变性可能会导致开发人员连编码都来不及赶上（以时间和精力来衡量）。

　　TradeMe 中的下一个操作概念是使用工作流管理器。在第 2 章有关股票交易系统的讨论中，我曾提过这一概念，但本章将其编写为另一种操作模式。TradeMe 中的所有管理器都是工作流管理器，它是一项服务，可以允许创建、存储、检索和执行工作流。从理论上讲，它只是另一种管理器。但是，实际上，此类管理器几乎总是利用某种第三方工作流执行工具和工作流存储。对于每次客户端调用，工作流管理器不仅加载正确的工作流类型，而且还加载具有特定状态和上下文的特定实例来执行工作流程，将其持久化并回到工作流存储中。每次加载和保存工作流实例都支持长时间运行的工作流。在保持状态感知的同时，管理器也不必与客户端保持任何形式的会话。在同一工作流执行中，来自同一用户的每次调用可以来自不同连接上的不同设备，并带有管理器应当加载和执行的工作流实例的唯一 ID，以及有关客户端的信息，例如其地址（如 URI 等）。

要添加或更改特性，只需添加或更改所涉及管理器的工作流，而不必改动每个参与服务的实现。这是用一种干净的方式来提供作为集成方面的特性（如第 4 章所述），并且是系统使命陈述的一个具象表示，帮助说明架构如何支持业务。

使用工作流管理器的真正必要性在于系统必须应对高易变性。使用工作流管理器，只需编辑所需的行为并部署新生成的代码。此编辑的性质特定于所选的工作流工具。例如，某些工具使用脚本编辑器，而另外一些工具则使用类似于活动图的可视工作流，并生成甚至部署工作流代码。

在正确的安全措施下，甚至可以让产品负责人或终端用户编辑所需行为。这极大地减少了功能交付的周期时间，并使软件开发团队可以专注于核心服务，而不是追随需求变更。

TradeMe 的业务需要证明使用这种模式是合理的，因为特性快速变化的目标是不可能由一个小而分散的团队使用手工编码的方式来满足。使用工作流管理器可以满足系统的另一个目标：实现跨市场的高度定制。

再次，仔细评估这个概念是否适用于特定的情况。确保工作流的易变性水平证明额外的复杂性、学习曲线以及对开发过程的改变是合理的。

选择工作流工具

工作流工具的技术选择与架构关系不大，因此不在本书的讨论范围之内。但是，如果架构需要调用它，最好选择正确的工作流工具。表面上看，存在数十种工作流解决方案，其中各种工具提供了非常广泛的特性。至少，工作流工具应支持工作流的可视化编辑、持久化和补充工作流实例、从跨多个协议的工作流中调用服务、将消息发布到消息总线、将跨多个协议的工作流作为服务公开、嵌套工作流、创建工作流库，定义可在以后进行自定义的重复工作流模式的通用模板，并调试工作流。具有回放，检测和分析工作流的能力，并能将其与诊断系统集成也很不错。

5.5 设计验证

在开始工作之前，必须了解设计是否能够支持所需的行为。正如第 4 章所描述的，为了验证设计，需要展示设计可以通过集成封装在服务中的各种易变领域来支持核心用例。通过为每个用例显示相应的调用链或序列图来验证设计，可能需要多个图来完成一个用例。

重要的是要证明设计不仅对自己有效，而且对他人有效。如果不能验证架构，或者验证过于模棱两可，则需要返回到绘图板上。

如前所述，公司为 TradeMe 提供的少数用例只包括一个核心用例的内容：匹配技工。

TradeMe 的架构是模块化的，并且与所有用例解耦，设计团队可以证明它支持所有提供的用例，而不仅仅是核心匹配技工用例。下一节将说明 TradeMe 用例的验证和新系统的操作概念。

5.5.1　添加技工 / 承包商用例

添加技工 / 承包商用例涉及几个易变领域：技工（或承包商）客户端程序、添加会员的工作流、合规性和使用的支付系统。可以通过向图中添加泳道来重新排列和简化图 5-1 中的用例，如图 5-17 所示。

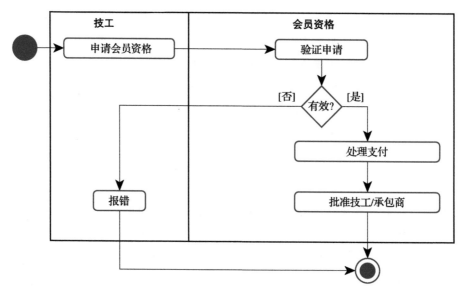

图 5-17　带泳道的添加技工 / 承包商用例

图 5-17 显示用例的执行需要客户端程序和会员子系统之间的交互。这在图 5-18 的实际调用链中很明显（添加承包商用例是与承包商的应用程序 Contractors Portal（承包商门户）相同的）。遵循 TradeMe 的操作概念，在图 5-18 中，客户端程序（在本例中指的是会员直接申请时的 Tradesman Portal（技工门户）或后端客户代表添加会员时的 Marketplace App（应用商店 App）将请求发布到消息总线。

收到消息后，会员管理器（它是一个工作流管理器）将从工作流存储中加载相应的工作流。这要么启动一个新的工作流，要么对现有的工作流进行补充后以继续执行工作流。一旦工作流完成了请求的执行，会员管理器就会发送消息回消息总线，表明工作流的新状态（如完成），或者表明可能其他管理器可以在工作流处于新状态时开始执行。客户端还可以监视消息总线并更新用户的请求。会员管理器咨询正在验证技工或承包商的法规引擎，将技工或承包商添加到 Members（会员）商店，并通过消息总线更新客户端。

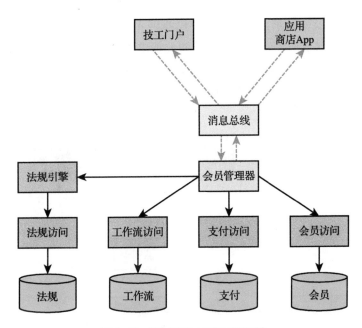

图 5-18　添加技工 / 承包商调用链

5.5.2　请求技工用例

请求技工用例包括两个有趣的领域：承包商和市场（图 5-19）。在请求的初始验证之后，这个用例会触发另一个用例匹配技工。

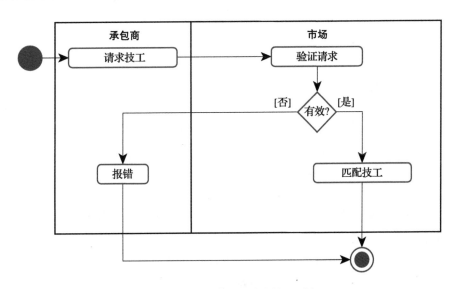

图 5-19　带泳道图的请求技工用例

调用链如图 5-20 所示，承包商门户或应用商店 App 的内部用户向总线发送消息来请求技工。市场管理器收到了这个信息，并加载与此请求相对应的工作流，并执行相应的操作。例如与法规引擎协商此请求的有效性，或请求更新项目中的技工。然后，市场管理器可以向消息总线发送有人正在请求技工的消息。这将触发匹配和分配工作流，这些都在时间线上分离。

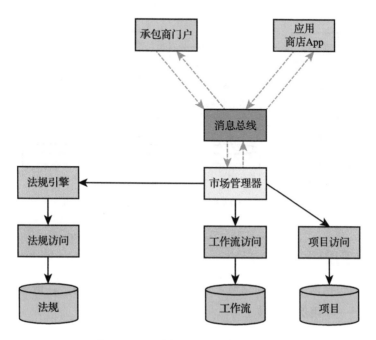

图 5-20　请求技工调用链（直到匹配）

5.5.3　匹配技工用例

匹配技工的核心用例涉及多个有趣领域。首先是谁发起了触发匹配技工用例的请求，如图 5-20 所示，该发起者可以是客户端（承包商或应用商店代表），但也可以是计时器或启动匹配工作流的任何其他子系统。其他有趣的领域是市场、法规、搜索以及最终的会员，如图 5-21 所示。

一旦意识到法规和搜索都是市场的要素，就可以将活动图重构为如图 5-22 所示那样。这样就可以轻松映射到子系统的设计中。

图 5-23 描绘了相应的调用链。同样，此调用链与其他调用链是对称的，因为第一个动作是加载适当的工作流并执行它。调用链对消息总线和会员管理器的最后一次调用触发了

分配技工用例。

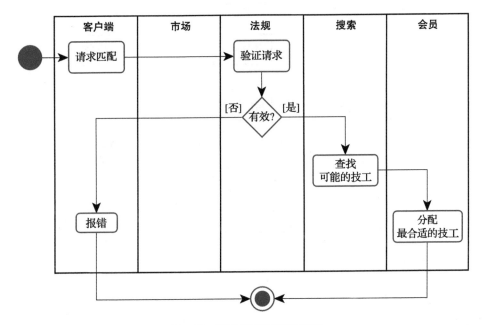

图 5-21　带泳道的匹配技工用例

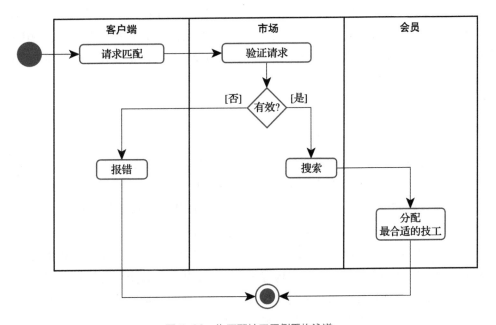

图 5-22　为匹配技工用例重构泳道

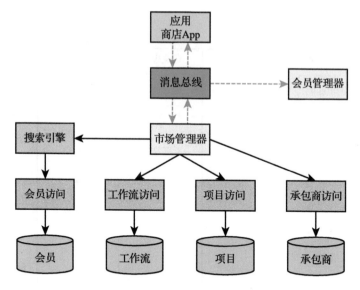

图 5-23　匹配技工用例的调用链

注意该设计的可组合性。例如，假设公司在分析项目需求时确实要处理剧烈的变动，用于查找匹配项的调用链允许将搜索与分析分离。我们可以添加一个 Analysis Engine（分析引擎）来封装独立的分析算法集。企业甚至可以利用 TradeMe 来获取一些商业智能，以回答诸如"我们能做得更好吗？"之类的问题。例如，类似图 5-23 的调用链可以用于更复杂的场景，如"分析 2016 年至 2019 年之间的所有项目"，组件的设计根本不需要改变。这些用例的数量可能是开放的，这就是重点：我们拥有一个开放的设计，可以扩展以实现这些未来场景中的任何一个，一个真正的可组合设计。

5.5.4　分配技工用例

分配技工用例涉及四个有趣的领域（图 5-24）：客户、会员、法规和市场。注意，用例与它的触发者是独立的，不管触发者是实际的内部用户还是来自另一个子系统的请求消息。例如，在自动匹配和分配的情况下，匹配技工用例可以作为工作流的直接延续触发分配用例。同样，重构活动图之后，就很容易映射到子系统（图 5-25）。

与之前所有的调用链类似，图 5-26 显示了会员管理器是如何执行最终导致将技工分配给项目的工作流的。这是会员管理器和市场管理器之间的协作，每个管理器都管理着各自的子系统。注意，会员管理器并不知道市场管理器的存在，它只是向总线发送了一条消息。市场管理器收到该消息，并根据其内部工作流来更新项目。反过来，市场管理器也可能会向消息总线发送消息，以触发其他用例，例如发布项目报告，或为承包商计费，或任何其他事情。

这就是"消息即应用程序"设计模式的核心：逻辑"分配"消息在服务之间穿插，在运行时触发本地行为。客户端还可以监视消息总线，并且可以告知用户作业正在进行中。

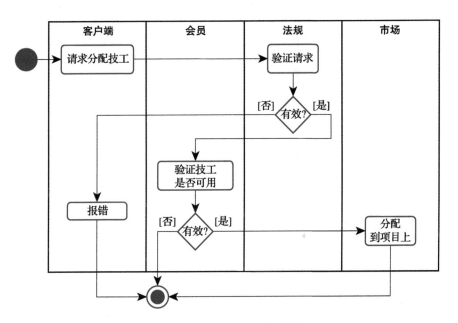

图 5-24　分配技工用例的泳道

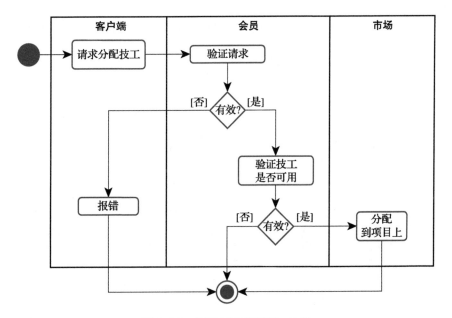

图 5-25　分配技工用例的统一泳道

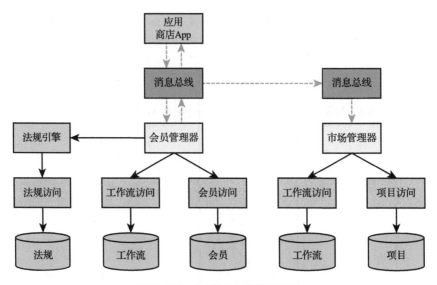

图 5-26　分配技工用例的调用链

5.5.5　终止技工用例

在之前的用例中，初始的泳道图包含了法规区域，随后将其合并到会员子系统中。由于这是重复发生的模式，因此图 5-9 显示了终止技工用例的重构图。该图仍然提供了足够的差异，以允许清晰地映射到设计中。

图 5-27 显示了终止技工的调用链。市场管理器启动终止工作流，并将终止通知会员管理器。

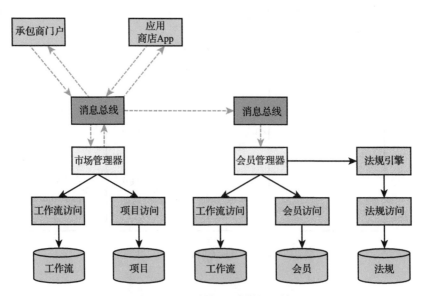

图 5-27　终止技工用例的调用链

任何错误条件或偏离"正常路径"的情况都将从会员管理器添加灰色虚线箭头到消息总线，并最终返回到客户端。图 5-28 是演示此交互的序列图，没有资源访问服务和资源之间的调用。

最后，图 5-27 中的调用链图（或图 5-28 中的序列图）假设在项目完成时触发终止用例，并且承包商终止指定的技工。但这也可能是由技工从技工门户向会员管理器发送消息触发的，这将导致调用链朝相反的方向流动（会员管理器到市场管理器，再到客户端应用程序），这再次证明了设计的多功能性。

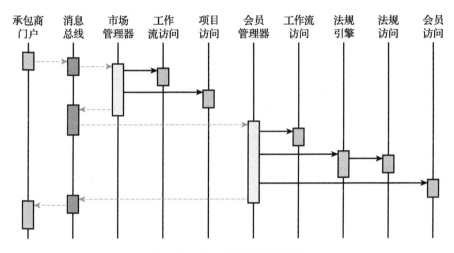

图 5-28　终止技工用例的序列图

5.5.6　支付技工用例

其余的用例紧密地遵循到目前为止描述的用例的交互和设计模式，因此这里只显示对它们的简要描述。还要注意调用链中的高度自相似性或对称性。图 5-6 显示了支付技工用例，其验证调用链如图 5-29 所示。

与之前的调用链不同，付款是由客户已经在使用的调度器或计时器触发的。调度器与实际组件分离，并不了解系统内部：它所做的只是向总线发送一条消息。当更新 Payment（支付）存储并访问外部支付系统（TradeMe 的一种资源）时，PaymentAccess（支付访问）将进行实际支付。

5.5.7　创建项目用例

在另一个简单的用例中，市场管理器通过执行相应的工作流来响应创建项目的请求（参见图 5-30 和图 5-7 中的用例图）。不管这需要多少步骤或有多少错误，工作流管理器模式的本质是允许根据需要进行任意数量的排列。

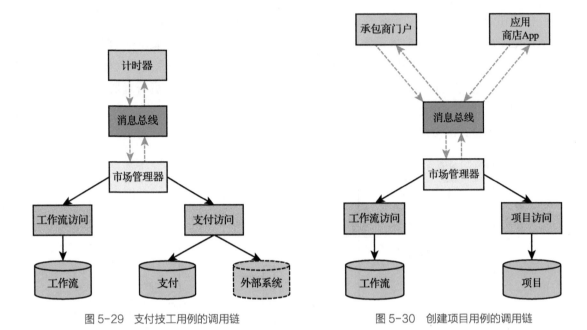

图 5-29　支付技工用例的调用链　　　　　　　　图 5-30　创建项目用例的调用链

5.5.8　结束项目用例

结束项目用例同时涉及市场管理器和会员管理器（参见图 5-31 和图 5-8 中的用例）。同样，TradeMe 通过这两个主要抽象之间的交互来完成这个任务，交互作用与图 5-27 中所示的相同。

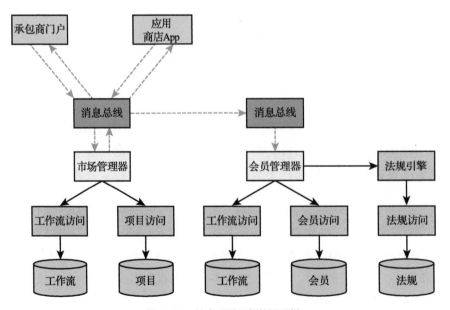

图 5-31　结束项目用例的调用链

> **注意**　第 13 章演示了基于本章描述的架构为 TradeMe 项目的项目设计。与系统设计的演示一样，这是一个综合的案例研究，它在确定项目设计时遍历各种排列，从而为项目提供最佳的时间、成本和风险。

5.6　接下来会是什么

　　这个冗长的系统设计案例研究总结了本书的第一部分。掌握系统设计只是成功的第一个要素，接下来是项目设计。我们应该趁热打铁，系统设计之后便做项目设计，最好紧跟其后，连续开展设计工作。

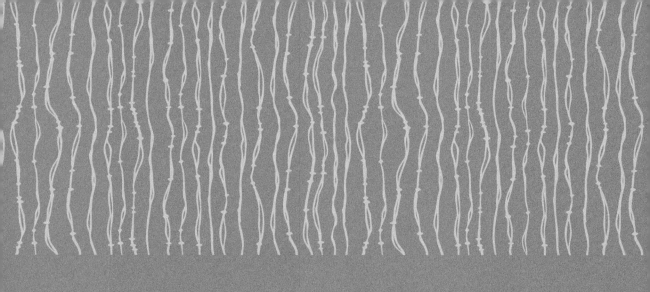

第二部分

项目设计

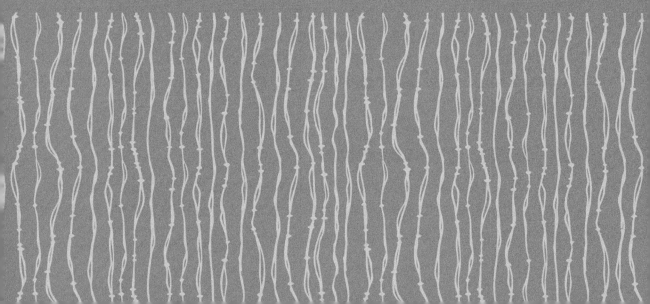

|第6章|

动　机

　　在设计软件系统的同时，还必须设计项目来构建该系统。这包括准确计算计划的持续时间和成本，设计几个不错的执行选项，安排资源，甚至验证该计划以确保其合理性和可行性。项目设计需要了解服务和活动之间的依赖关系、整合关键路径、人员配备分布以及所涉及的风险。所有这些挑战都源于系统设计，恰当地应对这些挑战是一项工程任务。因此，就由软件架构师作为负责的工程师来设计该项目。

　　我们应该将项目设计看作系统设计工作的延续，将系统设计和项目设计结合起来会产生一种非线性效应，可以大大提高项目成功的可能性。同样重要的是，要注意项目设计不是项目管理的一部分。相反，项目设计对项目管理的作用就像架构对编程一样。

　　这本书的第二部分全是关于项目设计的。以下各章介绍了传统思想，以及我的原创、经过实战验证的技术和方法，涵盖了现代软件项目设计的核心知识体系。本章介绍了项目设计的背景和基本动机。

6.1　项目设计的背景和基本动机

　　没有项目是有无限的时间、金钱或资源的。所有合理的项目计划总是用时间换取金钱，或者是用金钱来换取时间。对于任何给定的项目，都有许多可能的进度和成本组合。假设有一个或四个开发人员，假设有两年或六个月的期限，或者试图降低风险和最大化成功概率，这都将是不同的项目。

设计项目时，我们必须向管理层提供几个可行的权衡过进度、成本和风险的选项，允许管理层和其他决策者选择最符合他们需求和期望的解决方案。在项目设计中提供选择是成功的关键，寻找一个平衡的解决方案或者最佳方案是一项高度工程化的设计任务。说它是"工程化的"，不仅仅是因为它涉及设计和计算，更是因为工程是需要权衡和适应现实的。

项目设计的挑战在于，即使是相同的约束集也没有单一的正确解决方案，因为任何系统都有几种可能的设计方法。与旨在降低成本和风险的项目相比，那些满足激进计划的项目成本通常会更大，风险和复杂性也更高。不存在"某种项目"，只有特定的选项。我们的任务就是将那些几乎数不清的可能性范围缩小到几个不错的项目设计选项，例如：

- 构建系统最便宜的方法
- 交付系统最快的方法
- 履行承诺最安全的方法
- 进度、成本和风险的最佳组合

接下来的章节将展示如何确定良好的项目设计选项，如果不提供这些选项，就容易和管理层产生冲突。我们经常会在系统设计上下功夫，然后把它呈现给管理层，而管理层却武断地下命令，"你有一年时间和四个开发人员来开发该系统"。但是一年时间、四个开发人员，和成功交付系统所需要素之间没有什么必然的关联，所以成功的机会也是渺茫的。如果我们呈现了相同的架构，也提供了三到四个不同的项目设计选项，并且所有这些选项都是可行的，只是反映了不同进度、成本和风险之间的权衡，那么会议将会朝着完全不同的方向发展，其讨论的焦点将会是选择哪一个选项。

必须提供一个能够让管理层做出明智决策的环境，其核心就是只给他们提供好的选择，无论他们选择哪一个选项，都将是一个不错的决定。

6.1.1　项目设计和项目稳健

项目设计就像黑暗中的探照灯，让我们对项目的真实范围有预见性。项目设计迫使管理者在工作开始之前就仔细考虑工作，识别出代表所有活动的未知关系和限制，并识别出构建系统的几种选项。它让组织确定是否想要完成该项目。毕竟，如果实际的成本和持续时间将超过可接受的限度，为什么最初会筹建这个项目，然后等到钱或时间耗尽的时候再取消项目呢？

一旦项目设计到位，就可以消除常见的成本赌博、开发死亡行军、对项目成功的一厢情愿的想法以及极其昂贵的试错行为。工作开始后，一个设计良好的项目为决策者提供了评估和思考建议的变更对进度和预算影响的根基。

6.1.2　组装说明

项目设计涉及的不仅仅是正确的决策，项目设计也可作为系统组装说明。打个比方，我们会买一套设计精良却不带组装说明书的宜家家具吗？不管这件物品有多舒适或方便，只要一想到要弄明白几十个销子、螺栓、螺钉和板的位置以及顺序，我们就会望而却步。

软件系统要比家具复杂得多，但是架构师通常假定开发人员和项目经理可以即刻组装系统，并在组装过程中发现问题。这种临时方法显然不是组装系统最高效的方法，我们会发现在接下来的章节中，项目设计改变了这种情况，因为了解交付系统需要多长时间和花费多少的唯一方法是首先确定如何构建它。因此，每个项目设计选项都有自己的一套组装说明。

6.2　软件项目的需求层级

1943 年，亚伯拉罕·马斯洛发表了一篇关于人类行为的重要著作，被称为马斯洛的需求层次[⊖]。马斯洛根据人类需求的相对重要性对其进行了排序，并提出只有当一个人满足了较低层次的需求时，他才能对满足较高层次的需求产生兴趣。这种层次方法可以描述另一类复杂的软件项目。图 6-1 以金字塔的形式显示了软件项目的需求层次结构。

项目需求可以分为五个层次：物理、安全、可重复性、工程、技术。

1. 物理。这处在项目需求金字塔中的最低水平，处理物理生存问题。就像一个人必须有空气、食物、水、衣服和住所一样，一个项目必须有一个工作场所（可以是虚拟的）和一个可行的商业模式。项目必须有计算机来编写和测试代码，以及分配执行这些任务的人。项目必须获得适当的法律保护，项目不得侵犯现有的外部知识产权，但也必须保护其自身的知识产权。

2. 安全。一旦物理需求得到满足，项目就必须有足够的资金（通常以分配资源的形式）和足够的时间来完成工作。工作本身必须在可接受的风险下进行，不能太安全（因为低风险项目可能不值得做），也不能太冒险（因为高风险项目可能会失败）。总之，这个项目必须是合理安全的。项目设计在需求金字塔的安全层次上运作。

3. 可重复性。项目可重复性描述了开发组织一次又一次地成功交付的能力，是控制和执行的基础。它确保如果事先制订计划并严格按照进度开展且控制成本，我们将交付完成这些承诺。可重复性反映了团队和项目的可信度。为了获得可重复性，必须管理需求，根据计划管理和跟踪项目进度，采用质量控制措施（如单元测试和系统测试），建立有效的配置管理系

⊖　A. H. Maslow, "A Theory of Human Motivation," *Psychological Review* 50, no. 4 (1943): 370-396.

统，并积极管理部署和操作。

4. **工程**。一旦项目工作的可重复性得到保证，软件项目就可以首次将注意力转移到软件工程的最具吸引力的方面，这包括架构和详细设计、质量保证活动（如根本原因分析和系统层面上的纠正措施），以及使用强化操作程序的预防工作。本书的第一部分致力于系统设计，就在金字塔的工程层次上运作。

5. **技术**。在这个层次上是开发技术、工具、方法、操作系统和相关的核心技术方面。这正是需求金字塔的巅峰，只有在较低的需求得到充分满足后，它才能充分发挥其潜力。

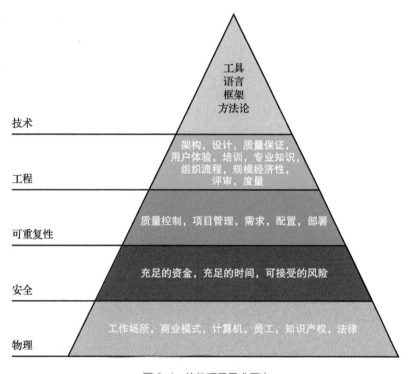

图 6-1　软件项目需求层次

在需求层次结构中，较高层次的需求服务于较低层次的需求。例如，根据马斯洛的理论，食物是比就业更低层次的需求，因此大多数人工作是为了吃饭，而吃饭却不是为了工作。同样，技术服务于工程需求（如架构），工程需求服务于安全需求（由项目设计所提供）。这也意味着，按时间顺序排列，必须先设计系统；之后才能设计项目来构建该系统。

要验证金字塔模型，我们可以列出一个典型软件项目成功的所有必要因素，然后对它们进行优先级排序，最后将它们分组到需求层次对应的类别中。

作为实验过程，可以考虑以下两个项目。第一个是紧耦合的设计，维护成本高，重用程度低，而且很难扩展。但是有足够的时间来完成这项工作，项目人员配备也得当。第二个项目有一个令人惊叹的架构，它是模块化的、可扩展和可重用；满足了所有的需求，并且是经得起未来考验的。然而，团队人手不足，即使有人可用，也没有足够的时间来安全地开发系统。扪心自问：我们想参与哪个项目？

毫无疑问，答案是第一个。因此，在需求金字塔中，项目设计必须处在比架构更低的层次（即更基础）。许多软件项目失败的一个典型原因是需求金字塔倒过来了。想象图 6-1 倒置。开发团队几乎只关注技术、框架、库和平台；在架构和设计上几乎不花精力；完全忽略了时间、成本和风险等基本问题。这使得需求金字塔不稳定，这样的项目失败也就不足为奇了。通过使用项目设计工具来投资需求金字塔中的安全层级，将项目的需求分层，通过为上层提供稳定的基础，来推动项目成功。

| 第 7 章 |

项目设计综述

本章介绍在项目设计过程中用到的方法和技术。一个好的项目设计包括人员计划、项目范围界定及工作量估算、功能开发与集成计划、项目任务的详细时间计划、成本计算、计划的可行性分析与验证，以及建立执行与跟踪机制。

本章包含了项目设计所涉及的大多数概念，其中的一些细节以及几个重要的概念将会在后续的章节介绍。然而，即使本章仅仅是一个综述，也包括了成功的软件项目设计与交付所涉及的所有关键元素，同时阐述了开发流程对于软件设计活动的重要意义，后续的章节则侧重于技术层面的介绍。

7.1 定义成功

在继续阅读之前，读者必须知道项目设计是关于什么是成功以及如何取得成功的。整个软件行业都有一个糟糕的记录，那就是改变了行业关于成功的独特定义：今天的成功就是任何不招致公司在当下破产的事情。基于如此低的一个标准，整个局面放任自流，充斥着低劣的质量、虚假的数字和沮丧的客户。笔者对于成功有不一样的定义，尽管这个定义自身的标准也较低。这个成功的定义是兑现承诺。

如果项目时间计划是一年，成本计划是 100 万美元，期望项目执行结果最终就是一年而不是两年，项目成本就是 100 万美元而不是 300 万美元。在软件行业，即使成功的这种标准如此低，很多人也缺乏达到成功所需的技能和训练。本章节的内容全部都是关于如何实现成功的。

一个更高的标准是以最快速、最低成本及最安全的方式来交付项目。这样的高标准所需的技术在后续的章节中介绍。如果要更进一步提高标准，要求系统架构在几十年内保持完好，而且在整个产品生命周期内是可维护、可重用、可扩展和安全的，这就不可避免地需要用到本书第一部分所阐述的设计思想。这是因为，通常来说，人们总需要在学会跑之前学会走，先从最初级的成功标准开始，逐步提升。

汇报成功

本书的第一部分陈述了一个通用的设计规则：功能永远是集成的结果，而不是实现的结果。因此，任何早期服务都没有功能。在特定的时候，当完成了足够多的集成工作，就可以开始看到功能。我们称之为系统。系统不太可能出现在项目最后，因为可能有一些额外的收尾工作，比如系统测试和部署。系统通常出现在靠近结束的地方，因为需要大部分的服务和客户端。当使用元设计方法时，意味着只有当管理器、引擎、资源访问以及实用工具库等集成后，才能支持客户端要求的行为。

系统是集成的产品，并非所有的集成都发生在管理器内部。有些集成发生在管理器完成之前（例如引擎与资源访问的集成），另外有些集成发生在管理器之后（例如客户端与管理器的集成）。还有一些显性的集成活动，比如为某项服务开发一个客户端来取代模拟器，然后将客户端与真正的服务集成。

系统总是出现在项目即将结束时，这样做的问题在于会受到管理层的质疑。大多数的软件开发管理人员并不知道本书中的设计概念，他们仅仅想得到功能，却从不会停下来考虑一下，如果一个功能出现得过早、过快，那它并没有为业务或者客户增加太多的价值，因为公司或者团队并没有花费太多的精力在功能上面。通常管理层用功能作为标尺来衡量进度和成功，并且当进度不明显时倾向于取消项目。因此，项目面临一个严重的风险：项目的进度可能完美地符合时间计划，但由于系统仅出现在项目末尾，如果项目的进度报告是基于功能，这等于是在要求被取消。解决方案非常简单：

决不要基于功能来做进度报告，而是基于集成来做进度报告。

基于元设计方法的项目在项目过程中会有很多集成，小且可行。这样，项目总有不断的好消息来帮助建立信心，防止项目被取消。

> **注意**　这种进度报告方式在其他行业中也很普遍。例如，为了减轻房主对进度的担忧，承包商建造房屋时会向房主展示地基、固定在地基上的墙壁、与公用设施相连，等等，这并不是因为房主对这些细节真的感兴趣。

7.2　项目初始人员配备

好的架构不会自行出现，不会偶然发生，也不会花了足够的时间和金钱就出现。良好的架构必须是软件架构师全心投入、呕心沥血的结果。因此，对于任何软件项目，最明智的第一步就是为项目找到合适、有能力的架构师。没有比这个更重要的了，因为对于一个项目来说最重要的风险无外乎是架构师对架构不承担任何责任，这种风险远远超过了项目面临的任何其他初始风险。比起这种风险，开发人员的技术敏锐程度、技术的成熟度或开发环境的先进程度都显得无关紧要。如果系统设计有缺陷，一切将无意义。还是用房子来说，能指望仅用最好的材料、最好的施工人员、最好的位置，而没有任何架构设计或有缺陷的设计就建起一栋房子吗？

7.2.1　一个架构师，非一群架构师

架构师需要花费时间来收集和分析需求，确定核心用例和易变区域，并进行系统和项目设计。尽管设计本身并不耗时（架构师通常可以在一两个星期内完成系统和项目设计），但可能会等上几个月才可以开始系统和项目设计。

大多数管理者不会完全跳过设计过程，也不愿花上三到四个月的时间来设计。他们更希望通过更多的架构师来加快设计工作。但是，需求分析和体系结构是耗时的脑力活动。安排更多架构师并不会加快进度，反而可能使事情变糟。架构师通常是有经验并自信的人，习惯于独立工作。安排多个架构师只会导致他们彼此竞争，而不是更好地做系统和项目设计。

有一种解决架构师间冲突的方法是任命设计委员会。不幸的是，消灭一个事物的最可靠方法也是任命一个委员会对其进行监督。另一个选项是简化系统并为每个架构师分配一个特定的区域进行设计。这种方法可能导致该系统最后变成奇美拉（Chimera）——希腊神话中的怪物，它具有狮子的头、龙的翅膀、牛的前腿和山羊的后腿。尽管 Chimera 的每个部分都设计完美，极尽优化，但 Chimera 作为一个整体时不如龙的飞行、不如狮子的速度、不像牛一样能拉车、不及山羊能爬。Chimera 缺乏设计完整性——一样的道理，当多个架构师一起工作时，每个人只对自己那部分负责。

一个架构师对于设计完整性绝对至关重要。这种认知可以扩展成一般规则，即保证设计

完整性的唯一方法是只让一个架构师负责这个设计。反之亦然，即如果没有任何人能负责这个设计并从头到尾可视化，则系统将不具有设计完整性。

此外，在拥有多个架构师的情况下，往往没有人负责子系统之间的设计、跨子系统甚至跨服务的设计。结果就是没有人对整体系统设计负责。当没有人对某件事负责时，事情就不会完成，或完成的质量很差。

当只有一个架构师时，架构师负责整个系统设计。归根结底，承担责任是赢得管理层尊重和信任的唯一途径。尽心尽责的架构师总能赢得尊重。当没有人负责时，就如同一群架构师被安排在一起做架构设计，毋庸讳言，那简直是管理者对架构师及其设计工作的不尊重。

> **警告**　一位负责任的架构师并不意味着该架构师的设计可以免除其他专业架构师的评审。对设计负责并不意味着孤立地工作或避免建设性的建议。架构师应寻求此类评审，以验证其设计。

初级架构师

大多数软件项目只需要一个架构师，无论项目大小如何，都是如此，这对于成功至关重要。但是，大型项目很容易使架构师承担各种职责，从而使架构师无法专注于关键目标：设计系统并防止设计在开发过程中偏离。此外，架构师在项目中还需承担技术指导、需求评审、设计评审、系统中每个服务的代码评审、设计文档更新、对来自市场的功能需求的讨论等工作。

管理层可以通过为项目分配一名（或多名）初级架构师来解决架构师工作量过载的问题。初级架构师承担一些次要任务，使架构师可以专注于系统和项目的设计并确保整个项目的开发过程符合设计。有了清晰的职责范围，架构师和初级架构师之间不太可能形成竞争关系。配备初级架构师也是为组织培养和指导下一代架构师的好方法。

7.2.2　核心团队

尽管架构师对项目至关重要，但不能孤立工作。在项目的第一天，项目就必须有一个核心团队。核心团队由三个角色组成：项目经理、产品经理和架构师。这三个角色可能会是三个人也可能不是。如果不是三个人的组合，你可能看到的是一个人既是架构师也是项目经理，或一个项目经理和几个产品经理的组合。

虽然职务名称可能有所不同，但大多数组织和团队都有这些角色。这些角色定义如下：

- **项目经理**。项目经理的工作是避免团队受组织的影响。大多数组织，即使是小型组织，也会产生过多的噪音。如果这种噪音进入了开发团队，则可能会使团队瘫痪。一个好的项目经理就像防火墙一样，对外可以阻挡噪声，只允许必要的沟通。对外项目经理跟踪进度并将状态报告给管理层和其他项目经理，协商条款并处理跨组织的约束；对内项目经理分配工作任务、计划活动，并确保项目按计划、按预算和按质量进行。除项目经理外，组织中的任何人都不得分配工作或过问开发人员的工作状态。

- **产品经理**。客户也是源源不断的噪声源，产品经理应充当客户的代理。例如，当架构师需要澄清所需的行为时，不应是架构师追着客户询问，而应该是产品经理提供答案。产品经理还需解决客户之间的冲突（通常表示为互斥需求）、协商需求、定义优先级并沟通期望。
- **架构师**。架构师是技术经理，充当项目的设计主管、过程主管和技术主管。架构师不仅设计系统，还在整个开发过程中照看着系统。架构师需要与产品经理一起进行系统设计，并与项目经理一起进行项目设计。与产品经理和项目经理的协作是必不可少的，而架构师则要对这两项设计工作负责。作为流程主管，架构师必须确保团队在逐步构建系统的过程中严格按照系统和项目设计及对质量的承诺。作为技术主管，架构师通常必须决定完成技术任务的最佳方式（做什么），同时将细节决定权（如何做）留给开发人员。这需要架构师持续的亲自指导、培训并参与评审。

核心团队的这种定义中最明显的遗漏可能是开发人员。开发人员（和测试人员）是贯穿项目的临时资源，在项目之间按需进行分配，对作为计划活动和资源分配的非常重要的这一点本章会另作讨论。

与开发人员不同，由于项目从始至终都需要这三个角色，因此核心团队会留在整个项目中。但是，这些角色在项目中的活动是随时间而不断调整的。例如，项目经理从与项目相关者的谈判转变为向项目相关者汇报状态，而产品经理从收集需求转变为向客户演示功能。架构师从设计系统和项目转变为提供持续的技术和流程指导，例如提供设计和代码评审服务并解决技术冲突。

1. 核心使命

最初，核心团队的任务是设计项目，也就是针对项目将需要多长时间和多少花费等问题给出可靠的答案。如果没有项目设计，就不可能得出这些关键估算。而要进行项目设计就不能没有架构，在这方面，可以说架构是完成项目设计的一条必要途径。由于架构师需要在架构上与产品经理合作，且在项目设计上与项目经理一起工作，因此项目在开始时就需要核心团队。

2. 模糊前端

核心团队在引向开发的模糊前端中设计项目。模糊前端是所有技术项目中的通用术语[⊖]，

⊖　https://en.wikipedia.org/wiki/Front_end_innovation

指的是项目的开始。前端始于对项目的最初想法，一直到开发人员启动构建。前端通常比大多数人认为的时间长得多：在人们参与项目时，前端可能已经进行了数年。对于前端的确切持续时间，不同的项目差异很大。前端的持续时间在很大程度上取决于项目的制约因素。项目越受限制，前端的持续时间就越短。反之，制约因素越少，就应该花更多的时间来研究、思考未来如何发展。

软件项目总是有各种各样的制约因素，比如时间、范围、工作量、资源、技术、遗留代码、业务环境，等等。这些制约因素可以是显性的也可以是隐性的。投入些精力来验证显性制约因素和发现隐性制约因素对项目至关重要，忽视这些制约因素会导致系统和项目设计的失败。根据以往经验，由于项目的制约因素，一个软件项目在前端应该花费整个项目的 15% 到 25% 的时间。

7.3　明智的决定

在不知道项目确切的时间计划、成本和风险的情况下就批准项目，这听上去非常匪夷所思。毕竟，人们不会不知道价格就买房子，也不会知道了价格就下手买，而不考虑能否负担得起保养费用和税费。在任何行业都一样，只有在知道了要投入的时间和成本范围之后才会去做决定。然而我们看到许多软件项目不计后果地运行，而对项目所需的时间和成本一无所知。同样令人匪夷所思的是，在组织承诺项目所需时间和金钱之前就开始配备人员。事实上，在承诺之前就对项目进行人员配备会迫使项目不管负担能力如何都要进行下去。这种情况下，正确的做法是要避免项目草率开始，否则组织只会浪费大量的钱。急于投入资源的做法几乎总是带来糟糕的功能设计、缺乏计划，即毫无成功希望。

成功的关键是基于合理的设计和范围计算来做出有根据的明智决策。尤其是在处理复杂的软件系统时，一厢情愿和依靠直觉都非常不靠谱。

> **注意**　无法做出有关时间和成本的明智决策，对于与软件团队合作的业务相关方而言，会带来一种无尽的痛苦。负责任的业务人员只是想知道所涉及的成本以及何时可以实现价值。对于这些问题避而不谈只会在团队和管理层之间制造紧张气氛、不信任甚至敌意。业务人员习惯于计划和预算，他们希望软件专业人员也具备相关的专业知识。

7.3.1　计划，不计划

项目设计的结果是一组计划，而不是一个计划。如上一章所述，项目计划不是时间和成本的单一组合。构建任何系统总是有多种可能的方法，只有一种正确的时间、成本和风险之组合。架构师可能希望从管理层得到项目的设计参数，而只需根据一种组合去做设计。问题在于，管理层常常三缄其口或心口不一。

　　例如，有一个 10 人年的项目，即所有任务活动的工作量总和为 10 人年。假设管理层要求系统开发的成本达到最低。极端情况就是这样的项目将需要一个人工作 10 年，显然管理层不太可能愿意等待 10 年时间。假设管理层要求以最快的方式完成系统开发。即使 3650 人工作 1 天（抑或 365 人工作 10 天）可行，管理层也不太可能在如此短的时间内雇到这么多人。同样，管理层绝不会要求以最稳妥的方法来完成项目（因为任何值得做的事情都存在风险，而完全没有风险的项目又不值得做），当然也不会故意选择最冒险的方式来做项目。

7.3.2　软件开发计划评审

　　能够满足管理层模棱两可愿望的唯一方法是提供一系列可供选择的方案，而每种方案都是时间、成本和风险的可行组合。在一个专门的会议（非官方名称：Feed Me / Kill Me 会议）上向管理层介绍这些方案。顾名思义，会议的目的是让管理层选择项目设计方案，要么一并承诺所需的资源（"喂给我"），要么不做这个项目（"杀死我"）。言归正传，会议的名称叫作软件开发计划（Software Development Plan，SDP）评审。如果流程中没有 SDP 评审点，区别也不大：只需召开会议（任何经理都不能拒绝主题为"SDP 评审"的会议）。

　　一旦确定了所要的方案，管理层就必须在 SDP 文档上签署大名。该文档现在成为项目的"人寿保险单"，因为只要不偏离计划的参数，就没有任何理由取消这个项目。这确实需要适当的跟踪（如附录 A 所描述）和项目管理。

　　如果没有可选方案，那么在这种情况下正确的决定只能是终止项目。一个注定失败的项目，一个从一开始就没有获得足够的时间和资源的项目，做下去对任何人都没有好处。继续这样的项目终将耗尽时间或金钱，不仅浪费了资金和时间，还浪费了将这些资源分配给其他可行项目的机会成本。参加一个永远没有机会的项目也不利于核心团队成员的职业发展。人们想要在短短数年内取得进步、获得成就，那么参与的每个项目都必须为此目标添砖加瓦，以求羽翼丰满。在失败的项目上浪费一两年的时间会大大限制自己的职业发展。所以，在开发开始之前终止此类项目对所有相关方都是有益的。

7.4　服务和开发人员

　　有了项目设计（当然是在管理层选定了特定的设计方案之后），团队才能开始开发系统。通常，这需要将服务（或模块、组件、类等）分配给开发人员。确切的分配方法在本章稍后介绍。现在，应该始终以 1:1 的比例向开发人员分配服务。1:1 的比例并不意味着开发人员只能致力于一项服务，而是如果在任何时候进行跨部门团队工作时，看到的都是开发人员从事一项且仅一项服务。

对于开发人员而言，完成一项服务再转移到下一项服务是完全可以的。但是，一个开发人员同时周旋于多个服务，或一个以上的开发人员在同一服务上同时工作，这是绝对不可以的，因为这种分配服务的方式只能导致项目失败。不好的分配方式有以下几种情况：

- **每个服务有多个开发人员**。将两个（或更多的）开发人员分配给同一个服务的原因不是开发人员过剩，而是为了追求尽快完成工作。但是，两个人不能真正同时做同一件事，因此必须使用以下方案：

  ○ **序列化**。开发人员可以串行工作，以便一次只有一个开发人员在工作。由于前后工作交接的需要，这带来一定的成本并需要更长的时间，也就是说，后面的开发人员接手该服务，需要花些时间弄清楚该服务前面发生了什么。这恰恰违反了当初分配两个开发人员的目的。

  ○ **并行化**。开发人员可以并行工作，然后集成他们的工作。与仅由单个开发人员在这个服务上工作相比，此方案将花费更长的时间。例如，假定将估计需要一个月工作量的服务分配给并行工作的两个开发人员。有人可能会想当然地认为工作将在两周后完成，但这是一个错误的假设。首先，并非所有工作单元都可以通过这种方式拆分。其次，开发人员将不得不再分配至少一周的时间来集成他们的工作。如果开发人员并行工作并且在开发过程中没有合作，则完全不能保证集成能够很顺利。即使可以顺利集成，由于集成导致的一些更改，也会使集成前的测试白费工夫。在整体上的测试也将需要额外的时间。总而言之，至少需要一个月（甚至更多）的时间。同时，在有依赖关系的服务上工作的其他开发人员，如果期望两周后就能准备就绪，不得不做好再次延迟的准备。

- **一个开发人员在多个服务上工作**。将两个（或多个）服务分配给一个开发人员的方法同样不好。假设将两个服务 A 和 B（分别估计为一个月的工作量）分配给一个开发人员，并且预计该开发人员将在一个月后完成这两项工作。由于工作量为两个月，因此不仅一个月后服务不能完成，而且完成过程将花费更长的时间。在一个开发人员工作在 A 服务上时，就不能在 B 服务上投入精力，这导致依赖 B 服务的开发人员要求该开发人员将精力投入到 B 服务上。这个开发人员可能会切换到 B 服务，但是依赖 A 服务的开发人员也会提出同样要求。所有这些来回切换都极大地降低了开发人员的效率，将开发时间拉长到超过两个月。最后，也许在三个或四个月后，A 和 B 服务才可能完成。

每个服务分配一个以上的开发人员或一个开发人员分配多个服务会给整个项目罩上不断延迟的阴云，这主要是因为延迟的依赖关系造成了相互影响。同样，这也会使时间估算变得异常困难。唯一能维持责任制且有可能帮助达到预期的方案是将服务 1:1 分配给开发人员。

> **注意**　服务对开发人员的 1∶1 分配并不妨碍结对编程。即使结对编程使单个服务的开发人员数量增加了一倍，也不会串行化其工作或并行工作。

7.4.1　设计和团队效率

当使用 1∶1 的方式分配服务给开发人员时，可以看出，服务之间的交互与开发人员之间的交互是同构的。如图 7-1 所示。

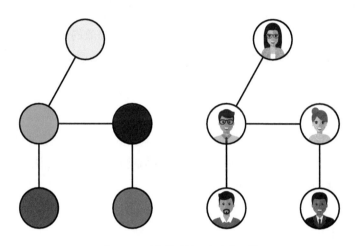

图 7-1　系统的设计是团队的设计

服务之间的关系、交互和沟通决定了开发人员之间的关系和交互。使用 1∶1 分配时，系统的设计就是团队的设计。

接下来，我们来看图 7-2。尽管服务的数量及其大小与图 7-1 相比没有明显区别，但毋庸讳言这不是一个好的设计。

一个好的系统设计会努力将模块之间的交互次数降到最低——与图 7-2 中发生的情况完全相反。松耦合的系统设计（例如图 7-1 中的设计）已将交互的数量减至最少，以至于消除一个交互会使系统无法运行。

图 7-2 中的设计显然紧密地耦合在一起，同样也反映了团队的运作方式。比较图 7-1 和图 7-2 中的团队，加入哪个团队更好呢？图 7-2 中的团队是一个压力很大、脆弱的团队。团队成员可能具有地域性，并且反对变化，因为每次更改都会像引发涟漪效

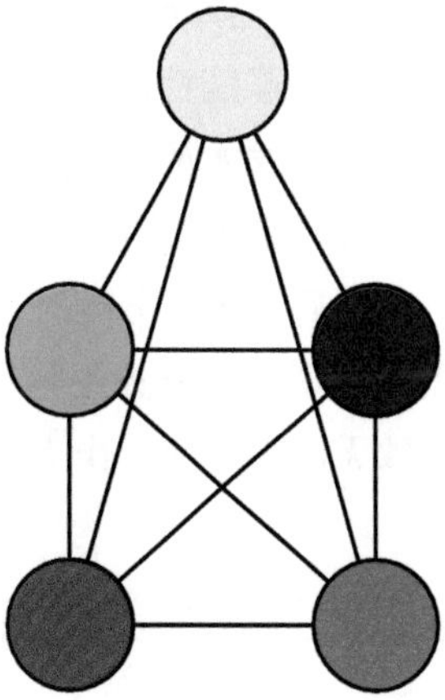

图 7-2　紧密耦合的系统和团队

应一样破坏他们的工作以及其他人的工作。他们不得不花费大量时间开会来解决问题。相比之下，图 7-1 中的团队可以在本地解决问题并将其囊括进来。每个团队成员几乎都是彼此独立的，不需要花费很多时间协调彼此的工作。简而言之，图 7-1 中的团队比图 7-2 中的团队效率更高。因此，拥有更好系统设计的团队会更有希望在预定时间内完成任务。

最后一点至关重要：大多数管理者对系统设计不以为然，因为架构的好处（可维护性、可扩展性和可重用性）带来的是长远的利益。未来的收益并不能帮助管理者解决眼下资源匮乏和时间紧迫的现实问题。如果非得说好处，就是可以帮助管理者缩小工作范围，从而赶在截止日期前完成工作。由于系统设计无法帮助解决眼前困境，管理者可能会拒绝对设计进行任何有意义的投资。可悲的是，这样做会使管理层失去完胜的所有机会，因为要满足一个激进的项目期限的唯一方法是采用一流的设计，从而组成最高效的团队。我们在努力获得管理者对设计工作的支持时，请务必阐明：好的系统设计如何帮助解决当下问题、实现眼前目标，并且长远利益和价值也会应运而生。

人际关系与设计

尽管设计影响团队效率的方式是不言而喻的，但团队反过来也会影响设计。在图 7-1 中，如果两个开发人员互不沟通，那他们负责的那个区域将会很薄弱。应该将两个耦合服务分配给两个彼此能有效地沟通合作的开发人员。

7.4.2　任务连续性

分配服务（或诸如 UI 开发之类的活动）时，请尝试维护**任务连续性**，即分配给每个人的任务之间的逻辑连续性。通常，此类任务分配遵循服务依赖关系图。如果服务 A 依赖于服务 B，则将 A 分配给 B 的开发人员。好处是已经熟悉 B 的 A 开发人员需要的准备时间少一些。保持任务连续性的一个重要但经常被忽略的优势是，使项目目标和开发人员成功的准则统一起来。开发人员有动力对 B 做充分的工作，以避免在需要做 A 时遇到麻烦。当然完美的任务连续性几乎不太可能，但这应该是可追求的目标。

最后，进行分配时，请考虑开发人员的个人技术偏好。例如，让安全专家设计 UI，让数据库专家实施业务逻辑，让初级开发人员实现诸如消息总线或诊断之类的实用工具，可能会导致无法很好地工作。

7.5　工作量的估算

估算工作量是要回答需要花费多长时间来完成项目的问题。估算有两种类型：单独的活动估算（估计分配给一个人的工作量）和总体项目估算。两种类型的估算没有关系，因为项目的总持续时间不是所有任务的工作量总和除以人员数量。这是由人力使用的固有低效、活动之间的内部依赖以及可能需要采取的缓解风险的措施所造成的。

在许多软件团队中，进行工作量估算最多只被认为是一个不错的习惯，最坏的情况下，会被认为是无用的练习。不能准确估算软件行业的工作量有以下几个原因：

1. 活动时长的不确定性，甚至活动清单的不确定性，这是估计准确性较差的主要原因。不要混淆因果关系：不确定性是原因，而较差的估计准确性是结果。我们必须主动减少不确定性，如本章稍后所述。

2. 软件开发中很少有人接受过简单有效的估算技术的培训。大多数人只能依靠偏见、猜测和直觉。

3. 许多人倾向于高估或低估来弥补不确定性，这导致结果更差。

4. 大多数人在列出活动时往往只看到冰山一角。可想而知，如果至关重要的活动都被忽略了，那么这样的工作量估算一定不准确。当忽略跨项目中的活动以及忽略活动中的内部阶段时，亦是如此。比如，估算者可能列出的只是编码活动，或者编码内部活动，但没有列出设计或测试活动。

7.5.1　经典错误

如前所述，人们倾向于高估或低估工作量以弥补估算中的不确定性。对于想要项目成功运行而言，这两者都是致命的。

根据帕金森定律（Parkinson's Law），高估永远不会有好处[⊖]。比如，如果给开发人员三周时间来执行为期两周的活动，则开发人员就只会工作两周，然后闲置一周。或者相反，开发人员将在该活动上工作三周。由于实际工作仅消耗在这三周中的两周，开发人员将在额外的一周中完成一些花里胡哨的小功能和外观改进，这些并不是设计中的一部分，都是非必需或不必要的工作。这种锦上添花大大增加了任务的复杂度，而增加的复杂度也大大降低了成功的概率。结果开发人员往往需要四周或六周才能完成当初的任务。该项目中其他希望在三周后收到代码的开发人员现在也不得不推迟进度。此外，该团队现在可能拥有多年（跨越多个版本）的代码模块，该模块也不必要地增加了复杂度。

低估也会导致失败。毫无疑问，给开发人员两天的时间来执行为期两周的编码活动将避免任何镀金工作。问题在于，开发人员将尝试些快速但不恰当的方式，比如偷工减料，对已知好的实践视而不见。这就像要求外科医生进行快速手术或委托承包商超速盖房一样，会引发不恰当的行为。

⊖　Cyril N. Parkinson, "Parkinson's Law," *The Economist* (November 19, 1955).

可悲的是，对于任何复杂的任务，不会出现快而糟糕的结果。取而代之的是，要么"快速干净"要么"低速低效"。由于丢弃从测试到详细设计再到文档的软件开发中的最佳实践，开发人员会尝试以最糟糕的方式执行任务。因此，即使假设工作正确执行，开发人员也将无法在两周时间内完成活动，而由于质量低下和复杂度的增加，开发人员更可能在四周或六周（或更长时间）内完成。与高估工作量的结果一样，项目中的其他开发人员所需要的原本两天之后的代码也会被大大延迟。此外，该团队就此不得不维护一个以最坏的方式完成的模块，这个模块可能会持续多年并且跨越多个版本。

成功的可能性

尽管这些结论可能是常识，许多经典错误的严重性却被很多人忽视。图 7-3 以定性方式绘制了成功概率与估算的函数关系。比如，对于一个为期一年的项目，通过一定的架构和项目设计，项目的正常估算是一年，如图 7-3 中的 N 点所示。如果我们给这个项目一天、一周或一个月的时间，成功的概率会是多少？显然，对于如此激进的估算，成功的概率将为零。那 6 个月将会怎样？对于为期一年的项目在 6 个月内完成的可能性非常低，但也不是零，因为还有奇迹出现的可能。工作量估算在 11 个月又 3 周时的成功概率实际上非常高，而且 11 个月的也很高。但是，9 个月内完成的可能性很低。因此，正常估计值的左侧有一个临界点，过了该临界点处，成功概率以非线性方式急剧提高。同样，这个为期一年的项目可能会持续 13 个月，甚至 14 个月也是合理的。但是，如果给这个项目 18 或 24 个月的时间，会将项目置于死地，因为根据帕金森定律，工作会被拖到估算的时长，并且导致复杂度增加，该项目终将失败。因此，正常估算右边还有另一个临界点，过了该临界点，成功的可能性再次以非线性方式快速跌落。

图 7-3 说明了一个好的正态工作量估算对项目的成功是至关重要的，因为这种估算以非线性方式让成功的可能性达到最大。过去，当我们低估或高估工作量时，很可能伤人伤己。这些不仅是常见的经典错误，而且是首要错误。

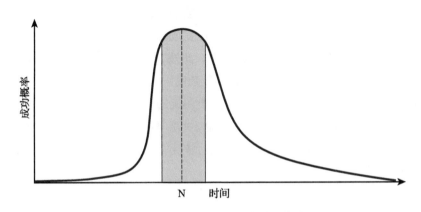

图 7-3　成功概率与工作量估算的函数关系

7.5.2　估算技术

即使数十年来许多其他行业中都在使用一些有效的估算技术，软件行业的工作量估算也一直不尽如人意。我至今还没有看到一个团队能够正确地进行估算，并且在项目设计和承诺方面也脱颖而出。本节不会尝试回顾所有这些估算技术，而是重点介绍我多年来发现的最简单也最有效的一些方法和技术。

1. 准确度而不是精度

好的工作量估算是准确的，但不是精确的。比如，一个需要 13 天完成的项目活动有两种估算：10 天或 23.8 天。虽然第二个估算值要精确得多，但显然第一个估算值更好，因为更准确。估算的准确度比精度更重要。再说，大多数软件项目大大偏离了交付承诺时间（有时是最初估算的倍数），因此当涉及这些项目时，估算到小时或天这样的精度是没有意义的。

估算还必须与项目跟踪粒度相匹配。如果项目经理每周跟踪项目，则少于一周的任何估算都是没有意义的，因为这小于测量分辨率，这样做就像是用卷尺测量房屋大小，而估算却到微米级。

即使活动的持续时间实际上为 13 天，也最好将其估计为 15 天而不是 12.5 天。任何具备一定规模的项目都可能会有几十项活动。为了估算的准确度，有些活动很可能被（略微）高估，而有些活动很可能被（略微）低估。但是，平均下来估算可以非常准确。如果想精确一点，则可以累加误差，因为估算中的误差不可以相互抵消。此外，如果要求人们提供精确的估计，他们将无休止地纠结和思考。如果是要求准确的估计，则估计将变得容易、简单且快速。

2. 减少不确定性

不确定性是导致估算遗漏的主要原因。重要的是不要将未知与不确定相混淆。例如，虽然一个人的死亡确切日期是未知的，但远非不确定，整个保险行业（人寿保险）具备估计该日期的能力。尽管就个人而言，这一估计可能并不准确，但人寿保险行业拥有足够的客户和数据使其足够准确。

当要求人们进行估算时，应该帮助他们克服对估算的恐惧。很多人因过去不好的估算体验而害怕估算，甚至可能会以"我不知道"或"估算根本没用"来拒绝估算。这种态度可能表示害怕陷入困境或试图避免进行估算工作，抑或对估算技术的无知和缺乏经验，而不是根本无法估算。

面对不确定性，可以采取以下步骤：
- 首先确定估算粒度：活动是更像一天、一周、一个月还是一年？在已知估算粒度的情况下，使用 2 的倍数将其缩小再进行放大。例如，如果第一个问题的答案是以一个月作为估算粒度，请继续询问更像是两周、一个月、两个月还是四个月。第一个答案排除了八个月的可能（因为八个月的估算更多是一年的估算粒度），也不可能是一个星期，因为根本不在同一个估算级别上。

- 做出明确的决定，列出项目中的不确定性领域，并集中精力进行估算。将大的活动分解成小活动，不仅更易于管理，也可大大提高估算的准确度。
- 在开拓性的探索工作上投入些精力，有助于深入了解问题的本质并减少不确定性，回顾团队或组织的历史，并从过去估算和实际对比中吸取经验。

3. PERT 估算

一种专门处理高不确定性的估算技术来自计划评估和审查技术（Program Evaluation and Review Technique，PERT）⊖。对于每种活动，都提供三种估算：最乐观、最悲观和最可能。以下公式提供了最终估算值：

$$E = \frac{O + 4 \times M + P}{6}$$

式中，E 是计算得出的估算值；O 是乐观估计；M 是最可能的估计；P 是悲观估计。

例如，如果一项活动的乐观估计为 10 天，悲观估计为 90 天，最有可能估计为 25 天，则该活动的 PERT 估计为 33.3 天：

$$E = \frac{10 + 4 \times 25 + 90}{6} = 33.3$$

7.5.3　总体项目估算

总体项目估算主要有助于验证项目设计，在启动项目设计时也很有用。当详细的项目设计完成时，就将其与总体项目估算进行比较，两者不一定完全匹配，但应相近并可相互验证。例如，如果详细的项目设计为 13 个月，而总体项目估算为 11 个月，则说明详细的项目设计是有效的。但是，如果总体估算为 18 个月，则说明两个数字中至少有一个是错误的，必须调查差异的根源。总体项目估算还可以用来处理前期约束很少的项目。对于一片空白的项目，有很多未知数，因此很难设计，这时可以使用总体项目估算反过来框住某些活动范围，以帮助启动项目设计过程。

1. 历史记录

有了总体项目估算，跟踪记录和历史数据就会显得尤为重要。即使项目间只有中等程度

⊖　https://en.wikipedia.org/wiki/Program_evaluation_and_review_technique

的可重复性（参见图 6-1），也不大可能比组织过去的类似项目交付得快多少或慢多少。生产能力和效率的主要因素是组织的本性，自身独特的成熟度，这并不会在一夜之间就有明显改变或在项目之间有明显区别。如果一个公司过去要花一年的时间来交付一个类似的项目，那么将来很可能还是会花一年的时间。也许在其他地方能在 6 个月内完成此项目，但在同一公司总需要一年的时间。不过，还是有好消息的：可重复性也意味着在此公司不大可能要花上两三年的时间来完成该项目。

2. 估算工具

一项用于总体项目估算的很棒却又鲜为人知的技术是，利用项目估算工具。这些工具通常假定大小和成本之间存在某种非线性关系，例如幂函数，并且使用大量先前分析过的项目作为训练数据。基于项目的属性或历史记录，有些工具甚至使用蒙特卡罗（Monte Carlo）模拟来缩小变量范围。笔者使用此类工具已有数十年之久，这类工具是可以估算出准确结果的。

3. 宽带估算

宽带估算是对宽带 Delphi[⊖]估算技术的改版。宽带估算使用多个单独的估算的平均值来确定总体项目估算，然后在这估算之上和之下添加一个估算带。根据超出估算带范围之外的估算去深入了解项目的性质并以此优化估算，不断重复此过程，直到估算带和项目估算收敛为止。

开始任何宽带估算工作之前，首先要召集一大批项目利益相关者，包括开发人员、测试人员、管理者，甚至是支持人员，多元化的团队对宽带估算技术至关重要。要争取达到新人、老人、坚决拥护者、专才、通才、创新者以及劳动者的大融合，利用这个多元化团队在知识、信息、经验、直觉和风险评估方面的协同工作形成合力。一个好的团体人数在 12 至 30 人之间。团队可以少于 12 人，但是从统计上来说不足以产生好的结果。参加人数超过 30 人，又很难在一次会议中完成估算。

会议开始时，先简要描述项目的当前状态和阶段、已经完成的工作（例如体系结构）以及其他上下文信息（例如体系结构），以便不属于核心团队的利益相关者对项目整体有足够的了解。然后每个参与者需要估算该项目的两个数字：需要多长时间以及需要多少人。让估算者在纸条上写下这些数字及其名字。收集这些纸条，将其输入电子表格中，然后计算每个值的平均值和标准偏差。现在，确定至少是从平均值中去除一个标准偏差及其以上的估算值（时间和人员），即那些超出范围的偏离值（因此称为技术）。

与其从分析中剔除偏离值（大多数统计方法中的通用做法），不如向给出偏离值的人征求意见，因为他们可能知道其他人忽视的方面。这是识别不确定性的好方法。当偏离值的估计

⊖　Barry Boehm, *Software Engineering Economics* (Prentice Hall, 1981).

理由都被考虑进来后，就可以进行另一轮估算。重复此过程，直到所有估算值都落在一个标准偏差内，或者该偏差小于估算粒度（例如一个人或一个月）。宽带估算通常要经过三轮才会收敛。

> **警告** 在宽带估算会议期间，重要的是要保持如大学那样自由的氛围。那些提出偏离值（高估值和低估值）的人都应该被涉及该过程的人所知，并且不能将他们的估算视为对管理层和组织的批评。

4. 提醒

总体项目估算，无论是通过历史记录、估算工具还是通过宽带方法进行的，即使不是很准确，也往往是趋于准确的。通过比较各种总体估算，来确保拿到了较好的估算。不幸的是，即使这些总体估算是准确的，也只是帮助验证详细的项目设计工作量且增加了项目设计的工作量。总体项目估算只是锦上添花，可用于合理性检查，因为总体项目估算本身并不能做什么。比如一个项目非常确定需要 18 个月的时间和 6 个人，但是这个估算并不能让人们了解如何利用这些资源按计划完成该项目，必须通过项目设计才能了解。

7.5.4 活动估算

有了项目中各个活动的估计时长就可以开启项目设计了。在估算单个活动之前，必须准备一份项目中所有活动的详尽清单，包括编码和非编码活动。从某种意义上说，即使该活动列表是对实际活动集的预估，减少不确定性的基本原理在这里也仍然适用。避免将注意力只集中在系统架构所指示的结构化编码活动上，而应积极地查看整个冰山延伸到水下的那部分。花些时间列清楚活动，并要求其他人来修改该活动清单，以便可以将其与自己的活动清单进行比较。让同事进行评审、评论和质疑这个活动清单，往往可收获惊喜，发现遗漏的活动。

由于准确度优于精度，因此最佳实践是在任何活动估算中始终使用 5 天的时间粒度。耗时一两天的活动不应纳入计划。3 天或 4 天的活动估计为 5 天。活动时间为 5、10、15、20、25、30 或 35 天。估计在 40 天或以上的活动可以分解成较小的活动以减少不确定性。每项活动使用 5 天可使项目很好地适应周的界限，并减少活动跨周分割造成不必要的浪费。这种做法也符合现实情况——新活动很少在星期五启动。

减少不确定性对一般大小的活动也有利。强迫自己除了编码之外还要力求分解每个活动，例如学习曲线、测试客户端、安装、集成点、同行评审和文档。同样，通过避免专注于编码而检查整个工作范围，可以大大减少单个活动估算的不确定性。

估算对话

在要求他人进行估算时，需要与他们进行正确的估算沟通模式。千万不要说出"你只有两周的时间"这样的话来指定时长，这不仅是毫无根据的，而且活动的所有者也不认为实际上要在两周内完成。当人们没有负起责任时，就看不到进展和质量。也要避免使用诸如"需要两个星期，对吗？"之类的引导性提问，尽管这比之前的指定估算值要好一些，但会引导对方估算时偏向于这个值。即使对方同意，也不会对这个估算负责。一个好的提问应是一个开放的问题："需要多长时间？"也不要接受即刻给出的答案，要鼓励估算者三思后再回答，因为我们希望估算者竭力思考并列出所有相关内容再给出估算值。我们必须保持一颗不断追求更准确的估算的初心，以最大限度地提高成功的可能性和人们的责任感（参见图 7-3）。

7.6 关键路径分析

要计算项目的实际持续时间以及项目的其他关键方面，则需要找到项目的关键路径。关键路径分析是最重要的项目设计技术。但是，没有以下先决条件则无法作关键路径分析：

- **系统架构**。必须将系统分解为服务和其他构建块，例如客户端和管理器。即使架构很差，我们也可以以此设计项目，但肯定不理想。糟糕的系统设计会不断变化，项目设计也会随之发生变更。系统架构的有效性是至关重要的，时间会证明这一点。
- **所有项目活动的列表**。活动列表必须同时包含编码和非编码活动。从架构上可以直接得出大多数编码活动的列表。如先前所讨论的，非编码活动列表也是业务的必然产物，比如一家银行软件公司总有合规和监管的活动。
- **活动工作量估算**。在活动列表中准确估算每个活动的工作量。使用多种估算技术来努力提升准确度。
- **服务依赖关系树**。使用调用链来识别架构中各种服务之间的依赖关系。
- **活动依赖性**。除了服务之间的依赖关系之外，还必须列出所有活动如何依赖于其他活动（编码和非编码均如此）的列表。根据需要添加明确的集成活动。
- **计划假设**。清楚了解项目可用的资源，或更准确地说，计划采用的人员配备方案。如果有几种这样的方案，那么每种方案都将有不同的项目设计。计划中的假设包括在项目的哪个阶段需要哪种类型的资源。

7.6.1 项目网络图

项目网络图是以图形方式将项目中的活动安排到网络图中。网络图显示了项目中的所有活动及其依赖关系。首先，需要从调用链在系统中的传播路径得出活动依赖关系。对于已验证的每个用例，都应该有一个调用链或序列图，显示系统构建块之间的一些交互如何支持每个用例。如果一个图中有客户端 A 调用管理器 A，而另一个图中有客户端 A 调用管理器 B，则客户端 A 依赖于管理器 A 和管理器 B。通过这种方式，可以系统地发现体系结构组件之间的依赖关系。图 7-4 显示了在一个架构例子中代码模块的依赖关系图。

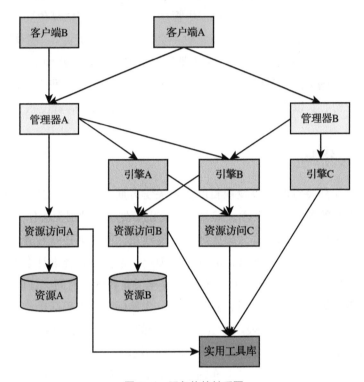

图 7-4　服务依赖关系图

图 7-4 中显示的依赖关系图有几个问题。首先，它是高度结构化的，并且缺少所有非结构化的编码和非编码活动。其次，图形庞大，对于大一点的项目在视觉上会变得过于拥挤和难以管理。最后，应该避免将活动分组在一起，就像图中的实用工具库一样。

应该将图 7-4 中的图变成图 7-5 中所示的详细抽象图。现在，该图包含所有活动，包括编码和非编码，例如架构和系统测试。还可以添加一个标识活动的旁注，以方便查看。

活动时间

活动的工作量估算并不能确定该活动何时完成，何时完成还取决于对其他活动的依赖关系。完成每个活动的时间是该活动的工作量估算与在项目网络中启动该活动的时间。到这个活动的时间或准备开始进行该活动的时间，是到该活动的所有网络路径的时间的最大值。

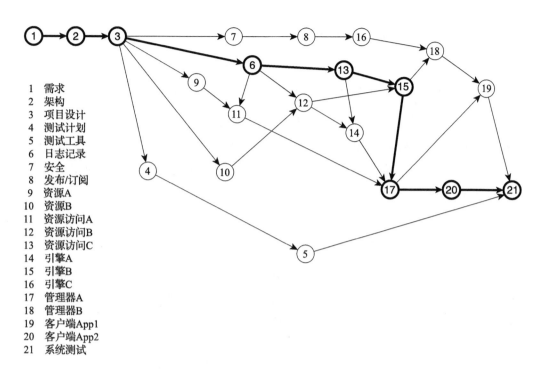

1　需求
2　架构
3　项目设计
4　测试计划
5　测试工具
6　日志记录
7　安全
8　发布/订阅
9　资源A
10　资源B
11　资源访问A
12　资源访问B
13　资源访问C
14　引擎A
15　引擎B
16　引擎C
17　管理器A
18　管理器B
19　客户端App1
20　客户端App2
21　系统测试

图 7-5　项目网络图

可以使用以下递归公式来计算项目 i 中的活动完成时间:

$$T_i = E_i + \text{Max}\,(T_{i-1},\, T_{i-2}, \cdots,\, T_{i-n})$$

式中，T_i 是完成活动 i 的时间；E_i 是活动 i 的工作量估算值；n 是直接引起活动 i 的活动数。

前面每个活动的时间都可以以相同的方式得到。使用回归分析，可以从项目中的最后一个活动开始找到网络中每个活动的完成时间。例如，考虑图 7-6 中的活动网络。

在图 7-6 的图中，活动 5 是最后一个活动。因此，定义完成活动 5 的时间的一组回归表达式为

$$T_5 = E_5 + \text{Max}\,(T_3,\, T_6)$$
$$T_6 = E_6$$
$$T_3 = E_3 + \text{Max}\,(T_2,\, T_4)$$
$$T_4 = E_4$$
$$T_2 = E_2 + T_1$$
$$T_1 = E_1$$

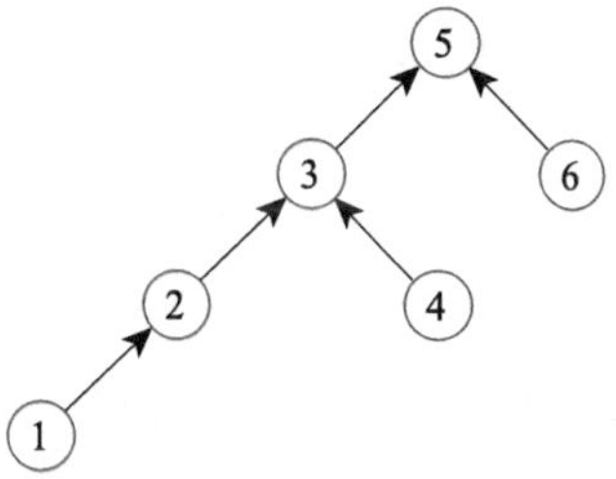

图 7-6　用于时间计算的项目网络示例

请注意，完成活动 5 的时间取决于先前活动的工作量估算，并取决于网络拓扑。例如，

如果图 7-6 中的所有活动都具有相同的时长，那么

$$T_5 = E_1 + E_2 + E_3 + E_5$$

但是，如果估计除活动 6 以外的所有活动都在 5 天之内，而活动 6 估计在 20 天之内，则：

$$T_5 = E_6 + E_5$$

对于小的项目网络图，可以用手工计算活动时间（如图 7-6），但是对于大型网络，手工计算就会很快显得力不从心了。计算机擅长解决回归问题，因此可以使用工具（例如 Microsoft Project 或电子表格）来计算活动时间。

7.6.2　关键路径

通过计算活动时长，可以确定项目网络中最长的路径。在这种情况下，最长路径是指持续时间最长的路径，而不一定是活动数量最多的路径。例如，图 7-7 中的项目网络有 17 个活动，每个活动的估计时长都不同（图 7-7 中的数字只是活动 ID，未显示持续时间）。

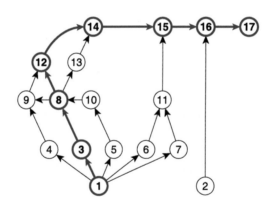

图 7-7　确定关键路径

根据每个活动和依赖关系的工作量估算，使用之前给出的公式并从活动 17 开始计算时长。网络中的最长路径以粗体显示，称为关键路径。使用不同的颜色或粗线突出显示网络图中的关键路径。计算关键路径是回答系统开发需要多长时间的唯一方法。

由于关键路径是网络中的最长路径，因此关键路径也表示可能的最短项目时长。关键路径上的任何延迟都会延迟整个项目，直接影响是否能按时交付。

任何项目都无法超越其关键路径。换句话说，必须沿着关键路径以最快的方式构建系统。任何项目中都是如此，而无论技术、架构、开发方法、开发流程、管理风格和团队规模如何。

在任何有多个活动且多个人在进行的项目中，活动网络中也只有一条关键路径。不管关键路径有没有被关注到，关键路径总是在那里。没有关键路径分析，开发人员就不太可能沿着关键路径构建系统，工作可能会慢得多。

> **注意** 尽管到目前为止的所有讨论都将项目的关键路径称为单个路径，但一个项目绝对有多个关键路径（所有持续时间相等）的可能，包括将所有网络路径都作为关键路径。具有多个关键路径的项目非常危险，因为这些路径上的任何延迟都会延迟项目。

7.6.3 分配资源

在项目设计期间，架构师为每个项目设计的不同方案分配抽象的资源（例如开发人员 1），只有在选择了特定的项目设计方案之后，项目经理才能分配真正的资源。

由于关键路径上的任何延迟都会延迟项目，因此项目经理应首先将资源分配给关键路径。棋高一着的做法就是始终将最好的资源分配给关键路径。"最好"是指最可靠、最值得信赖的开发人员，即那些从未有失败交付的开发人员。避免先将开发人员分配给关注度高但非关键性的活动，或者将其分配给客户或管理层最关心的活动。首先将开发资源分配给非关键性活动并不能加速项目。减慢关键路径的速度必然会减慢整个项目的进度。

1. 人员配备水平

在项目设计期间，对于每个项目设计方案，架构师都需要估算出该项目总共需要多少资源（例如开发人员）。架构师会反复估算所需的人员配备水平。如图 7-7 中的确定了关键路径的项目网络，假定每个节点都是一个服务。项目第一天需要多少开发人员？如果仅有一个开发人员，那么根据定义，该开发人员应是最好的开发人员，因此，单个最好的开发人员进入活动 1。如果有两个开发人员，则可以将第二个开发人员分配给活动 2，即使该活动要很久后才需要。如果有三个开发人员，那么第三个开发人员最好的情况处于闲置状态，而最坏的情况是打扰从事活动 1 的开发人员。因此，在项目的第一天需要多少个开发人员的问题的答案是最多两个开发人员。

接下来，假设活动 1 已完成，那现在需要多少开发人员？答案最多为六个（活动 3、4、5、6、7 和 2 可用）。但是，六个开发人员并不是理想的选择，因为当关键路径走到活动 8 或活动 12 时，只需要三个甚至两个开发人员。活动 1 完成后，最好只要四个开发人员，而不是六个开发人员。只使用四个而不是六个开发人员有两个明显的优势。首先，减少项目成本。四个开发人员的项目比六个开发人员的项目成本少 33%。其次，由四个开发人员组成的团队要比由六个开发人员组成的团队效率更高。规模较小的团队将减少沟通成本，并可减少彼此干扰。

仅基于此准则，由三个甚至两个开发人员组成的团队将比由四个开发人员组成的团队更好。但是，在进一步研究图 7-7 的网络图时，可能会发现无法仅由三个开发人员来构建系统并保持相同的开发时间。缺少开发人员将导致项目陷入困境，关键路径上的开发人员需要等待一个尚未完成的非关键活动（例如，活动 15 等待活动 11），这使非关键活动上升为关键活动，从而产生一条新的更长的关键路径。我们称这种情况为亚临界人员配备。当项目进入亚临界状态时，就会错过最后期限，因为旧的关键路径不再适用。

真正的问题不是需要多少资源。在项目的任何时候都要问的问题是：

可以让项目沿关键路径不受阻碍地进行的最低资源配置水平是什么？

回答好这个问题可以保证项目的关键人员配备，并以最低的成本和最有效的方式交付项目。请注意，关键的人员配备水平在项目的生命周期中是变化的。

在没有项目设计的情况下，想让项目沿关键路径畅通无阻地开展，又想达到资源最有效的配置几乎不可能。在这种对项目人员配备需求一无所知的情况下，只会导致极其浪费且效率低下的过剩人员配备。如前所述，以这种方式工作不可能以最快的速度完成项目，也不可能以成本最低的方式构建系统。我的经验是，配备过剩人员可能比最低成本配置水平的情况高很多倍。

2. 基于浮动时间的分配

回到图 7-7 中的网络图，一旦确定仅由四个开发人员来开发系统，就会面临一个新的挑战：在何时何地如何分配这四个开发人员？例如，随着活动 1 的完成，可以将开发人员分配给活动 3、4、5、6 或 3、5、6、7 或 3、4、6、2，依此类推。即使使用简单的网络，可能性的组合范围也是大得惊人。这些选项中的每一个都有自己的可能的下游分配。

幸运的是，任何这些组合都不必尝试。来看图 7-7 中的活动 2，实际上，可以将分配给活动 2 的资源推迟到必须开始活动 16（位于关键路径上）的那一天，减去活动 2 的估计持续时长。活动 2 可以"浮动"到顶部（保持未分配状态且无法开始），直到与活动 16 相遇。这时可以延迟完成这些活动而不影响项目的时间。关键活动没有浮动时间（或更准确地说，浮动时间为零），因为这些活动的任何延迟都会延迟项目。在为项目分配资源时，请遵循以下规则：

始终基于浮动时间分配资源。

要弄清楚活动 1 完成后如何分配上一个示例中的开发人员，请计算活动 1 完成后可能进行的所有活动的浮动时间，然后根据浮动时间从低到高分配四个开发人员。首先，将开发人员分配给关键路径，不是因为关键路径很特殊，而是因为关键路径具有最低可能的浮动时间。现在，假设活动 2 具有 60 天的浮动时间，活动 4 具有 5 天的浮动时间。这意味着，如果将进入活动 4 的时间推迟了 5 天以上，则会影响项目的时间。相比之下，最多可以将活动

2 推迟 60 天，因此可以将下一个开发人员分配给活动 4。在未分配活动 2 的间隔时间内，可以消耗活动的浮动时间。也许等到活动 2 的持续时间变为 15 天时，才可以为该活动分配开发人员。

经典陷阱

正如汤姆·德马科[○]所观察到的，当给项目配备人员时，大多数组织即使出于最好的意愿，也在变相激励经理们做错事。只有在项目设计之后或者在架构完成的基础上，管理者才能正确地做人员分配。项目设计活动一般很快就可构建得出模糊前端。这本身可能需要几个月的时间来确定工作范围、进行原型设计、评估技术、采访客户、分析需求，等等。直到项目经理能够根据计划做人员分配，才要启动人员招聘，否则招来的工程师将无事可做。然而，连续几个月空荡荡的办公室和办公桌，让人觉得经理工作懈怠。经理担心当（不是如果）项目延迟时（正如软件项目众所周知的那样）会受到责备，因为经理在项目开始时没有招聘开发人员。为了避免承担这样的责任，一旦模糊前端开始，经理将开始招聘开发人员，以避免空置办公室。这些开发人员就会无所事事，玩游戏、读博客、花费长时间进行午休。不幸的是，这种行为反映经理的能力比空荡荡的办公室更糟糕，因为现在情况是经理不知道如何委派和管理，以及组织也要为此付出代价。

经理会再次担心如果项目延迟，将会由自己负全责。一旦前端启动后，即使在项目缺少健全的体系结构或关键路径分析的情况下，经理就迫不及待地为项目分配人员，将功能 A 分配给第一个开发人员，将功能 B 分配给第二个开发人员，等等。然而当几周或几个月后架构师完成架构和项目设计，它们变得无关宏旨，因为开发人员一直在开发完全不同的系统和项目。这个项目将严重错过时间表，并超出既定预算，这不仅仅是因为缺乏架构和关键路径分析，还因为发生了系统的功能分解和团队的职能分解。

第 2 章中关于系统分解的论点很容易映射到团队分解。现在，这个项目有了系统设计和团队设计最糟糕的结合。经理将继续恳求高层管理者给予更多的时间和资源。当项目延迟（同样大多数项目都在软件行业），经理并不会显得比组织里的其他经理差。

当已经知道如何按时和按预算交付项目时，再来一次要容易得多。虽然组织可能永远不会理解它是如何工作的（或者为什么其他管理者尝试总不起作用），但事实是无可争辩的。第一次走这条路线，没有成功的往绩做参考时，确实艰难重重。这时最好的办法就是直面眼前的陷阱，明知山有虎，偏向虎山行，把解决问题作为项目设计的一部分，如第 11 章所述。

[○]　Tom Demarco, The Deadline (Dorset House, 1997).

这个过程本质上就是迭代，这是因为最初很难决定最低级别的人员配备，而且因为使用基于浮动时间的人员配备会改变活动的浮动时间。首先试着在项目中分配一定资源级别的人员，例如 6 个开发人员，然后基于浮动时间分配这些人员。每次当开发人员完成分配的活动时，都会检查活动网络图以找到最近的、可启动的活动，并选择浮动时间最小的活动来分配。如果这次成功地完成了人员配备，就再试一次，这一次适当降低人员配备级别，如 5 个甚至 4 个人员。与可分配人员相比，在某种程度上将有多余的活动。如果这些未分配的活动具有足够高的浮动，则可以推迟为它们分配人员，直到有人员可以分配。当然，当这些活动处于未分配状态时，就一直在消耗它们的浮动时间。如果活动变得非常关键，那么就不能使用该人员配备级别来开发项目，而不得不寻求更高级别的资源配置。

基于浮动时间的分配的另一个关键优势是降低风险。浮动时间越少的活动风险越大，越有可能延误项目。为这些活动优先分配人员可以使项目以最安全的方式完成项目人员配备，并降低项目的总体风险。同样，如果没有项目设计，一个项目经理或一组开发人员将几乎无法根据浮动时间进行人员分配，这样会导致速度慢、成本高而且高风险。

3. 网络和资源

到目前为止，讨论的重点是利用活动之间的依赖关系来构建网络的方法。然而，资源也会影响网络结构。

例如，如果将单个开发人员分配给图 7-7 所示的所有活动，实际的网络图应该是一个长串，而不会像图 7-7 那样。对单个资源的依赖极大地改变了网络图。因此，网络图实际上不仅仅是一个活动网络，而首先是一个依赖网络。如果拥有无限的资源和非常灵活的人员配备，那么可以只看活动之间的依赖关系。一旦开始消耗浮动时间，就必须在网络结构中考虑对资源的依赖关系。这里的关键观察是：

资源依赖的确是依赖。

实际上将资源分配给项目网络是多变量的活动。分配资源时，必须考虑以下因素：计划假设、关键路径、浮动时间、可用资源、制约因素。

即使对于简单的项目，这些都会导致不同的项目设计方案。

7.7　安排活动

总之，项目网络、关键路径和浮动时间的分析可以帮助我们计算项目的持续时间，以及每个活动相对于项目启动的开始时间。然而，网络中的信息基于工作日来呈现，而不是日期，但需要转换为具体的日期以完成活动进度计划。这个可以通过工具（如 Microsoft Project）轻松完成。在工具中定义所有活动，然后将依赖项添加为前置任务，并根据计划分配资源。一旦选择了项目的启动日期，工具将规划所有活动进度。输出还可能包含甘特图，但这顺便从工具中收集到一些关键的信息：项目中每项活动的计划开始日期和完成日期。

> **警告** 孤立地看甘特图是有问题的，可能会给管理层带来完整计划和控制的错觉。甘特图只是项目网络的一个视图，它不包含整个项目设计。

人员配备分布

项目所需的人员配备不是随时间一成不变的。项目开始，只需要核心团队。一旦管理层选择了项目设计方案并批准了项目，就需要添加人员，例如开发人员和测试人员。

由于依赖关系和关键路径的影响，并非一次全部需要所有资源。同理，并非所有资源都一次性全部释放。核心团队在整个过程中都是必需的，但是在项目的最后一天不应该需要开发人员。理想情况下，应该在项目开始后随着越来越多的活动逐步引入开发人员，并随着项目逐渐完成逐步释放开发人员。

这种逐步投入和释放人员的方法有两个明显的优点。首先，可以避免许多软件项目经历的盛宴或饥荒状态的循环。即使该项目具备所需的平均人员配备水平，在项目过程中也有可能经历人员有时不足而有时过剩的问题。这种无事可干和紧张加班的状态不断循环会令人沮丧并导致效率很低。其次（更重要的是），分阶段资源配置提供了实现规模开发的可能性。如果你在组织中有几个进行的项目，则可以让开发人员退出一个项目，同时进入另一个项目。以这种方式工作会使生产率提高到百分之几百，实现事半功倍。

> **注意** 跨项目逐步引入和释放资源的前提是健全的系统和项目设计，以确保一致的系统结构可以解耦特定开发人员与特定组件。

1. 人员配备分布图

图 7-8 是典型的人员配备分布图，描绘了一个设计合理且人员配备恰当的项目。前面那段是项目开始阶段，在此期间核心团队将负责系统和项目的设计。此阶段以 SDP 评审结束。如果项目终止在这个阶段，后续人员配备将为零，并且核心团队可以释放进入其他项目。如果该项目获得批准，则会进行第一次的人员增加，这时的人员配备（含其他资源）处在能够启动其他活动的最低级别。当那些活动可启动时，该项目可以吸收更多的人员。到达某个时间点，项目就引入了所需的所有资源，达到了人员配备的高峰。项目满负荷的人员配备的状况会持续一段时间，而后趋于尾声。现在，该项目可以逐步释放资源，剩下的资源分配给依赖性最强的活动。该项目以系统测试和发布所需的人员配备水平而结束。

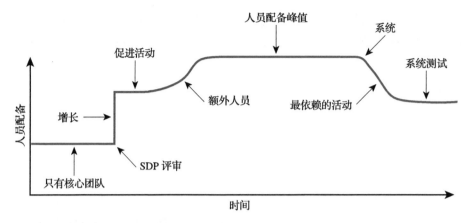

图 7-8　正确的人员配备分布图

图 7-9 是依据图 7-8 的项目行为而制定的人员配备分布图。为了得到类似图 7-9 所示的图，首先我们要为项目配备人员，按时间顺序列出所有**关键日期**（活动开始和结束的确定日期）；然后就可以计算关键日期之间每个时间段内每种资源类别需要多少人员。不要忘记在人员配备分布中包括那些非特定但又必需的活动，例如核心团队、编码活动之间的质量控制和开发人员。在电子表格中，这种堆积条形图做起来很简单。本书的在线资源包含这些图表的几个示例项目和模板。

由于关键日期之间可能没有规则的间隔，因此人员配备分布图中的条形图在时间分辨率上可能会有所不同。但是，在大多数具有足够活动的一定规模项目中，图表的整体形状应遵循图 7-8 的形状。通过检查人员配备分布图，还可以快速并有效地反馈项目设计的质量。

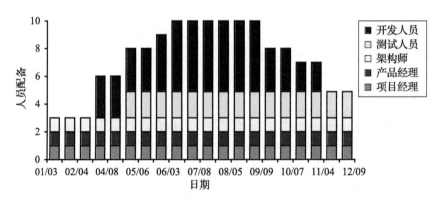

图 7-9　人员配备分布示例

2. 人员配备错误

从人员配备分布图可看出一些常见的项目人员配备错误。如果图看起来是矩形的，则表示人员配备是持续增加的——这种错误已经警告过。在图中间出现一个巨大峰值的人员配备分布（如图 7-10 所示）也是红色预警：这样的峰值总是预示着浪费。

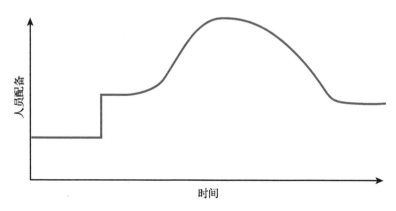

图 7-10　人员配备分布峰值

当你只是在短时间内有用人需求时，请考虑一下在招聘员工时需要付出的成本。在之后培训员工关于领域、架构和技术层面的知识时也要额外花费精力。峰值通常是由于项目中没有消耗足够的浮动时间，导致资源需求激增。如果这个项目用一些浮动时间来换取资源，曲线会平滑些。图 7-11 描述了一个示例项目，其人员配备达到了顶峰。

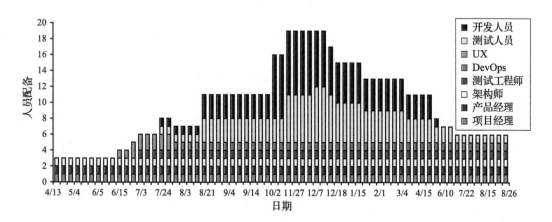

图 7-11　人员配备分布峰值示例

人员配备分布图中的平线（如图 7-12 所示）是另一种经典错误。平线表示没有图 7-8 的高平台。该项目可能处于亚临界状态，并且缺少人员来分配给原始计划的非关键活动。

图 7-13 显示了一个亚临界项目的人员配备分布情况。该项目处于 11 或 12 个资源级别的亚临界状态。它不仅失去高峰平台，反而还出现低谷。

图 7-12 平线的亚临界人员配备分布

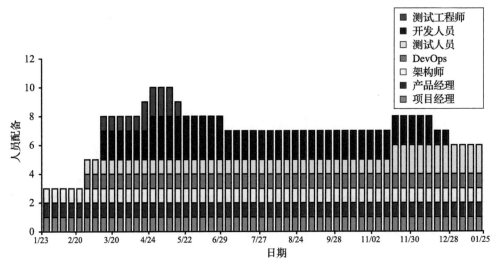

图 7-13 亚临界人员配备分布

　　不稳定的人员配备分布（如图 7-14 所示）是另一个危险信号。考虑到这种弹性设计的项目会让人措手不及（见图 7-15），因为人员配备永远不会有这种弹性和灵活度。大多数项目都不能凭空变出人来，并让员工立刻获得所需的高产的能力，然后又很快就把他们辞退掉。另外，当人员不断在项目间来来去去，培训（或再培训）他们是非常昂贵的。在这种情况下，很难追究责任或让员工掌握必要的知识。

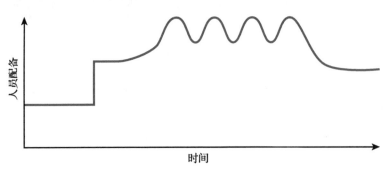

图 7-14 不稳定的人员配备分布

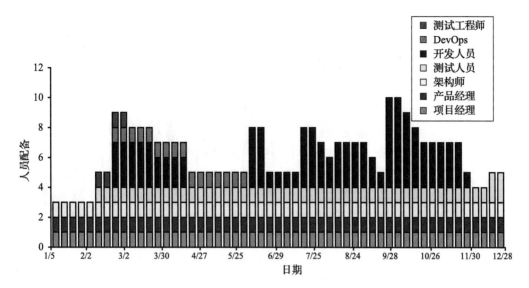

图 7-15　不稳定的人员配备分布示例

　　图 7-16 说明了另一种要避免的人员配备分布，即进入项目的急速增长。虽然图中不包括任何数字，但清楚地表明了人们的一厢情愿。没有一个团队可以实现从零到峰值的急速人员配备，并让每个人都有价值产出、高质量输出、有价值的代码。即使项目最初有很多并行工作，即使有足够资源，网络下游活动会限制项目实际能吸收的人员数量，而所需的人员配备也会耗尽。

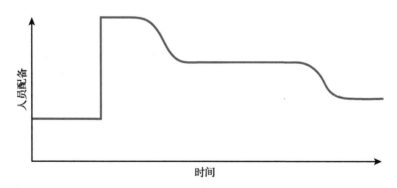

图 7-16　急速增长的人员配备分布

　　图 7-17 展示了这样一个项目。该项目预计快速增加到 11 个人，此后不久又减少并维持在大约 6 个人，直到项目结束。任何团队都不可能以这种方式进行人员扩充，并且由于团队规模过大而无法有效利用可用资源。

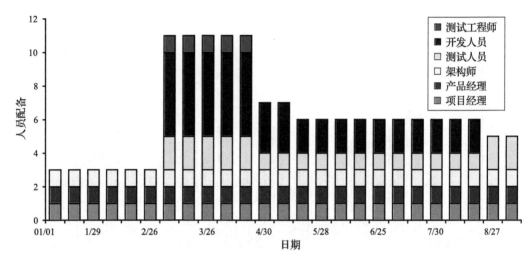

图 7-17　初始急速增长的人员配备示例

3. 让曲线平滑过渡

从这些错误的图表范例中可以看出，一个好的项目的人员配备分布应该是很流畅的。当项目运行如顺水行舟时，人们的体验会更加舒适。但如果像历经千回百转、急流险滩而不得不紧急制动时，感受则截然不同。

如前所述，人员配备不正确的两个根本原因是：在分配资源时，高估了人员配备的弹性，并且在人员配备时不消耗浮动时间。在考虑人员配备弹性时，我们必须了解自己的团队，并且彻底地了解可用性和效率方面的可行方法。人员弹性的程度还取决于组织的性质以及系统和项目设计的质量。设计越好，开发人员就可以更快地适应新的系统和活动。在大多数项目中，消耗浮动时间很容易做到，并且还可能减少人员配备的易变性和所需人员配备的绝对水平。以更实际的角度看待人员配备的弹性和浮动时间的消耗，往往可以消除峰值、起伏和高增长。

> **注意**　不要将平滑的人员配备分布图（不扩展项目或增加成本）与负载均衡混淆。负载均衡是一种延长项目持续时间以适应较低人员配备水平的技术。负载均衡是本章中定义的亚临界人员配备的另一个话题。

7.8　项目费用

绘制每个项目设计方案的人员配备分布图，对于确认项目方案并确定其合理性是一个很好的验证工具。在项目设计中，如果对某件事感觉不对，那就是什么地方不对了。

　　绘制人员配备分布图还有另一个明显的好处，这就是计算项目成本的方式。与实体的建设项目不同是，软件项目没有货物或原材料成本。软件的成本非常高，人工包括从核心团队到开发人员和测试人员的所有团队成员。人工成本就是人员配备水平乘以时间：

$$成本 = 人员配备 \times 时间$$

　　时间乘以人员配备实际上就是人员配备分布图下的区域。要计算成本，就需要计算该区域面积。

　　人员配备分布图是项目的离散模型，在确定的日期之间的每个时间段中都有竖线（人员编制水平）。可以通过将每个竖线的高度（人数）乘以确定日期之间的时间段的持续时间来计算人员配备分布图的区域面积（图 7-18）。然后，对这些乘积再求和。

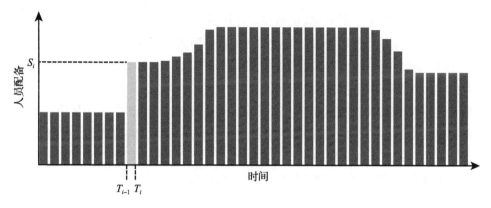

图 7-18　计算项目成本

　　人员配备图下用于计算面积的公式为：

$$成本 = \sum_{i=1}^{n}(S_i \times (T_i - T_{i-1}))$$

式中，S_i 是时间点 i 的人员配备水平，T_i 是指定日期（T_0 是起始日期），n 是项目里指定日期的个数。

　　在人员配备分布图下算出面积是回答该项目将花费多少的唯一方法。如果使用电子表格来制作人员配备分布图，则只需添加一总和列即可计算图下方的面积（实际上就是数字乘积）。本书的在线资源包含此计算的几个示例。

　　由于成本定义为人员配备乘以时间，因此成本单位应为工作量和时间，例如人月 / 人年。最好使用这些单位而不是货币以便抵消薪资、当地货币和预算的差异。这样就可以客观地比较不同项目设计方案的成本。

　　对于架构、初始工作分解和工作量估计，最多只需几个小时到一天就可以回答构建系统需要多长时间和花费多少的问题。可悲的是，大多数软件项目都是盲目的。这和玩扑克不看牌一样，盲目可能把你的项目、职业前景，甚至公司的未来都要搭进去。

项目效率

一旦知道了项目成本，就可以计算项目效率。一个项目的效率是所有活动的工作量之和（假设人力得到充分利用）与实际项目成本之间的比率。例如，如果所有活动的工作量之和为 10 人月（假设一个月 30 个工作日），项目成本为 50 人月（正常工作日），则项目效率为 20%。

项目效率是衡量项目设计质量和合理性的重要指标。一个精心设计的架构，配以精心的项目设计和恰当的配备人员的项目，预期的效率在 15% 到 25% 之间。

这样的效率看上去不高，但实际上，较高的效率值强烈表明了项目计划的不切实际。实际情况下任何过程都无法达到 100% 的效率。任何项目都不可能没有约束限制，这些约束限制会妨碍以最有效的方式利用资源。当我们增加核心团队、测试人员、构建和开发运维人员（DevOps）以及与项目相关的所有其他资源的成本时，专门用于编写代码的工作量将大大减少。这样项目根本无法达到 40% 左右的高效率。

即使 25% 的效率也算是高水平了，这还取决于是否有一个正确的系统架构，为项目提供最高效的团队（见图 7-1）和一个正确的项目设计，即用最小级别的资源，并根据浮动时间分配资源。交付高效率预期所需的额外因素包括一个经验丰富的团队，其成员习惯于一起工作，以及一个致力于质量并能处理项目复杂性的项目经理。

效率还与人员配备弹性相关。如果人员配备真正具有弹性（即在需要时总能获得资源，并在不再需要时就立马消失），那么效率确实会很高。当然，人员配备从来没有那么灵活，因此分配给项目的资源有时会被闲置，从而降低了效率。对于关键路径之外的资源时，尤其如此。如果一个人从事所有关键活动，则此人实际上效率最高，因为该人一个接一个地干不同的活动，工作的成本接近了关键活动的成本之和。而在非关键性活动中，总会有浮动时间。由于人员配备从不真正具有弹性，因此关键路径之外的资源永远无法以非常高的效率加以利用。

如果项目设计方案的预期效率很高，则必须研究一下根本原因。也许你假设了太多自由和弹性的人员配备，或者项目网络充满了关键路径。毕竟，如果大多数网络路径是关键的或接近关键的（大多数活动的浮动时间很少），那么将获得较高的效率比。然而，这样的项目显然是不可能实现的。

效率作为整体估算

软件项目的效率与组织的性质紧密相关。效率低下的组织不会在一夜之间提高效率，反之亦然。效率还与业务性质有关，例如医疗设备软件的研发项目所需的开支与小型初创企业开发社交媒体插件项目所需的开支不可同日而语。

我们可以将效率用作另一种广泛的项目估算技术。假设知道历史上的项目效率为 20%。一旦确定了各个活动的细目分类及其估计，只需将所有活动的工作量之和（假设完美利用率）乘以 5，即可得出大致的项目总成本。

7.9　挣值计划

另一种精辟的项目设计技术是挣值计划。挣值是跟踪项目的一种流行方法，但是也可以将其作为很好的项目设计工具。通过挣值计划，可以在项目完成时为每个活动赋予价值，然后将其与每个活动的进度结合起来，来看看如何计划作为时间函数的挣值。

已计划挣值的公式为：

$$EV(t) = \frac{\sum_{i=1}^{m} E_i}{\sum_{i=1}^{N} E_i}$$

式中，E_i 是活动 i 的估算持续时间；m 是在时间点 t 时所完成的活动数量；N 是项目活动数；t 是一个时间点。

时间 t 的**挣值**是时间 t 之前完成的所有活动的估算持续时间之和除以所有活动的估计持续时间之和。

例如，考虑表 7-1 中这样一个非常简单的项目。

表 7-1　项目挣值范例

活动	时长（天数）	价值（%）
前端	40	20
访问服务	30	15
UI	40	20
管理服务	20	10
工具服务	40	20
系统测试	30	15
总计	200	100

表 7-1 中所有活动的估算持续时间总计为 200 天。例如，UI 活动估计为 40 天。因为 40 是 200 的 20%，所以可以说通过完成 UI 活动，就可获得项目 20% 的价值。从活动进度表中，还可以知道 UI 活动计划何时完成，因此实际上可以计算计划如何根据时间函数来挣值（表 7-2）。

表 7-2　以时间函数计划挣值范例

活动	完成时间	价值（%）	挣值（%）
开始	0	0	0
前端	t_1	20	20
访问服务	t_2	15	35
UI	t_3	20	55
管理服务	t_4	10	65
工具服务	t_5	20	85
系统测试	t_6	15	100

　　如图 7-19 所示的这样的计划进度图，当项目达到计划完工日期时，应该已经挣得 100%
的价值。图 7-19 中的关键观察是，计划挣值曲线的斜率表示团队的生产力。如果将完全相同
的项目分配给一支更好的团队，那么他们将更快地实现相同的 100% 的挣值，因此图中这条
线会变得更加陡峭。

7.9.1　经典错误

　　我们可以从挣值图中衡量团队的预期生产力，也可快速发现项目计划中的错误。例如，
图 7-20 中的计划挣值图，世界上没有哪个团队能够实现这样的项目计划。对于大部分项目，
预期吞吐量是很低的。而对于图 7-20，有什么样的生产力奇迹会推动在项目结束时实现火箭
般的挣值？

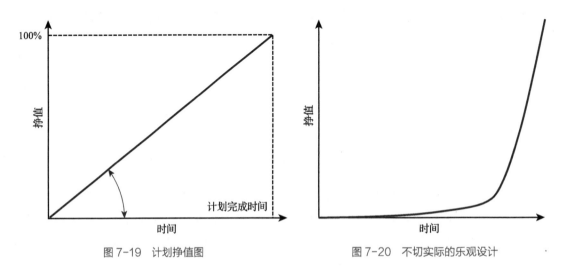

图 7-19　计划挣值图　　　　　　　　　　　图 7-20　不切实际的乐观设计

如此不切实际、过于乐观的计划，通常都是向前推算进度的后果。这个计划甚至可以从最好的意图开始，沿着关键的道路推进。不幸的是，有人在无视项目设计或团队的实际能力的情况下已经承诺在某个特定日期提交项目。然后，不得不把剩下的活动塞进最后的期限，基本上是从最后承诺交货的时间来向前推算进度。只有通过绘制计划挣值，才能使大家注意到这样的计划根本就不切实际，才可以努力去避免注定的失败。图 7-21 描述了具有这种问题的项目。

同样地，可以看到如图 7-22 所示那样不切实际的悲观计划。这个项目开始很顺利，但是随后生产力突然下降，或者花费比所需时间更多的时间。图 7-22 中所示的这种项目终将失败，究其原因是让"镀金"（增加超出需求的特性）和复杂度这样的问题抬头。当项目应该完成时，甚至可以从曲线的健康部分进行推断（在曲线的拐点上方某处）。

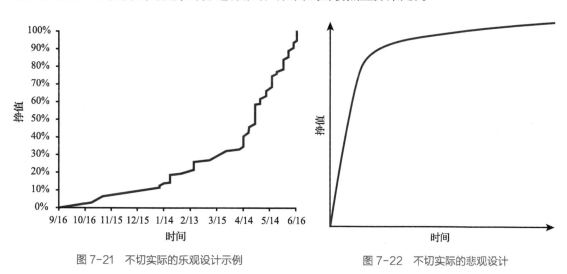

图 7-21　不切实际的乐观设计示例　　　　　　　图 7-22　不切实际的悲观设计

7.9.2　浅 S 曲线

使用固定规模团队的项目在计划的挣值图上总是产生一条直线。如前论述一样，项目不应该让团队形成固定人数。一个合理人员配备，及合理设计的项目，总是会得到挣值图的浅 S 曲线，如图 7-23 所示。

计划挣值曲线的形状与计划人员分配有关。在项目开始时，只有核心团队，因此前端没有增加太多挣值，并且挣值曲线的斜率非常平坦。在 SDP 评审之后，项目可以开始添加人员。随着团队规模的增加，生产力也会随之增加，因此，挣值曲线将越来越陡峭。在某个时候，人员配备达到高峰，这样的团队规模会持续一段时间，因此在曲线的中心有一条直线，表示最大生产力。一旦开始逐步释放资源，挣值曲线趋于平稳，直到项目完成。图 7-24 显示了这种项目的浅 S 曲线。

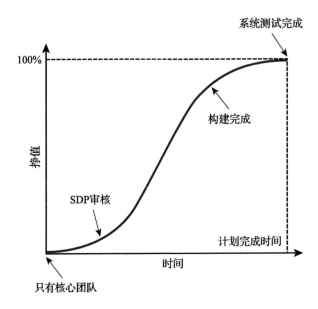

图 7-23 浅 S 曲线

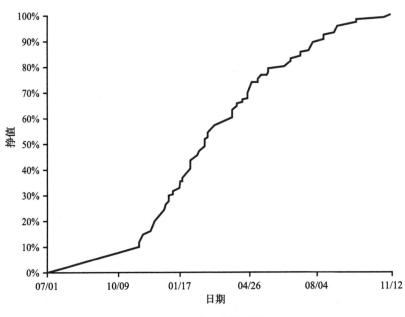

图 7-24 浅 S 曲线示例

Logistic 函数

计划所得值的浅 S 曲线是 Logistic 函数的一种特殊形式[注]。Logistic 函数的一般形式可以采用任何 S 形状（S，镜像 S，倒 S，升或降），可以跨越任何范围值，甚至可以是不对称的。

每一个涉及变化的过程都可以用 Logistic 函数来建模。例如，房间的温度根据 Logistic 函数上升和下降、体重、公司的市场份额、放射性衰变、皮肤灼伤的风险取决于距火焰的距离、统计分布、人口增长、设计有效性、智能神经网络，几乎所有方面。Logistic 函数是人类已知的最重要的函数，因为它使我们能够对世界（一个高度动态的世界）进行量化和建模。标准 Logistic 函数由以下表达式定义：

$$F(x)=\frac{1}{1+e^{-x}}$$

图 7-25 描绘了标准 Logistic 函数。标准 Logistic 函数渐近地逼近 0 和 1，当 $x=0$ 和 $y=0.5$ 时，与 y 轴相交。

后续章节将参考定性方式的 Logistic 函数进行风险和复杂度建模。

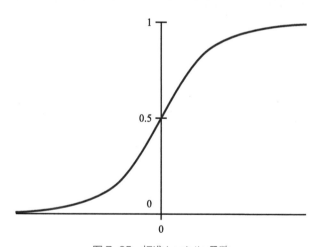

图 7-25　标准 Logistic 函数

挣值曲线是一种简单易行的表现方法，可以回答"这个计划合理吗"这样的问题。如果计划挣值是一条直线，或者表现为图 7-20 或图 7-22 所示那样的问题，则项目处于危险之中。如果看起来像一个浅 S 曲线，那么至少存在希望——这个计划是合理和明智的。

⊖　https://en.wikipedia.org/wiki/Logistic_function

7.10　角色和责任

架构师既要设计系统又要设计构建该系统的项目。架构师对正确的架构、技术的局限性、活动之间的依赖关系、系统和项目的设计约束、相关的资源技能具有深刻的见解，这可能是团队里的唯一成员。不要期待管理层、项目经理、产品经理或开发人员来设计项目，他们都缺乏设计项目所需的见解、信息和培训。况且，设计项目也不是他们的工作内容。但是架构师却需要来自项目经理关于资源成本、可应用场景、计划假设、优先级、可行性甚至所涉及政策等方面的信息、见解和观点，就像产品经理在架构工作中必不可少一样。

架构师根据系统设计将项目设计作为持续的设计工作。这个过程与其他工程学科经历的过程一样：项目设计是工程工作的一部分，从来不会让建筑工人和工头在工地或在车间中弄清楚。

架构师不负责管理和跟踪项目，相反项目经理将实际的项目分配给开发人员，并根据计划跟踪他们的进度。但在执行过程中发生变化时，项目经理和架构师需要关闭循环并重新设计项目。

认识到架构师也需要设计项目是"架构师"这个角色成熟的一个标志。20世纪90年代末期由于版权的增加和软件系统的复杂性，出现了对架构师的需求。现如今要求架构师的设计能够实现可维护性、可重用性、可扩展性、可行性、可伸缩性、吞吐量、可用性、响应性、性能和安全性的系统。解决这些设计属性的方法不是通过技术或关键字，而是通过正确的设计。

然而这个设计属性列表并不完整。为了列表的完整，本章从成功的定义开始，将时间表、成本和风险添加到该列表中。这些属性和其他属性一样，可以通过设计项目来得到。

|第8章|

网络和浮动时间

项目网络是一种规划项目的逻辑表达。分析网络的技术称为关键路径方法，但是非关键活动和关键活动同样重要。关键路径分析非常适合复杂项目，从物理建造到软件系统，拥有数十年的成功经验。通过关键路径分析，可以估算项目持续时间并确定在何时何地分配资源。由于项目网络对项目设计非常重要，本章将进一步阐述第 7 章项目设计综述中介绍的一些概念，读者可以看到一些独立于任何特定项目甚至任何行业的技术、术语和通用概念重复出现。本章的主旨在于对项目进行客观和可重复的分析，从而任意两个架构师分析同一项目网络可以得到非常相似的结果。

8.1 网络图

软件项目中的活动是指任何需要时间和资源的任务。活动可能包括架构、项目设计、服务构建、系统测试甚至是培训课程。项目是相关活动的集合，网络图可以捕获这些活动及它们之间的依赖关系。在网络图中，活动之间没有执行顺序和并行的概念。网络图通常不按比例显示，所以可以集中关注网络的依赖关系和通用拓扑。避免比例显示在大多数情况下还可简化项目的设计。当估算更改时、当添加或删除活动或重新安排活动时，按比例的网络图会带来沉重的负担。

项目网络图有两种表示形式：节点图和箭头图（图 8-1）。

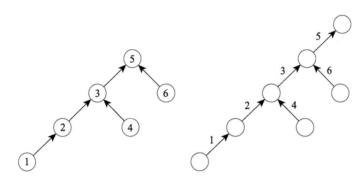

图 8-1　节点图（左）和箭头图（右）

8.1.1　节点图

对于节点图，每个节点代表一个活动。例如图 8-1 左侧，每个圆圈代表一个活动。图中的箭头表示活动之间的依赖关系，而与箭头的长短无关。箭头与时间无关，所有消耗的时间都在节点内部。除了通过增加节点的半径，没有其他简单方法能够按比例绘制节点图。但这样容易使节点图混乱，难以对其进行正确解释。

8.1.2　箭头图

在箭头图中，箭头表示活动，节点表示对输入活动的依赖关系以及所有输入活动完成时发生的事件，如图 8-1 右侧。注意图中的两个图描述了相同的网络，说明这两种图是等效的（即可以任选其一来呈现任何网络）。由于箭头图中的节点表示事件，因此节点内部不会花费任何时间，也就是说事件是瞬时的。与节点图一样，时间与箭头方向一致。要对箭头图进行缩放，可以将时间缩放为箭头的长度。也就是说，箭头的长度通常是无关紧要的（本书中，除非明确说明，否则所有网络图均未按比例绘制）。使用箭头图，所有活动都必须具有开始事件和完成事件。为整个项目添加一个整体的开始和完成事件也是一个好的实践。

虚活动

假设在图 8-1 的网络中，活动 4 依赖于活动 1，如果活动 2 已经依赖于活动 1，则箭头图有问题，因为无法拆分活动 1 的箭头。解决方案是引入一个在活动 1 的完成事件和活动 4 的开始事件之间的虚活动（图 8-2 中以虚线箭头表示）。**虚活动**是持续时间为零的活动，目的是表示其对尾节点的依赖关系。

8.1.3　箭头图与节点图

这两种表示方法是等效的，但各有优缺点。箭头图的一个好处是完成的事件自然就是个里程碑。里程碑是一个事件，表示该项目很大一部分已完成。对于节点图，必须添加持续时间为零的活动作为里程碑。

每个人都需要练习才能正确绘制和读懂箭头图，而我们可以直观地绘制并理解节点图，这是节点图一个很明显的优势。节点图似乎不需要虚活动，因为可以添加另一个依赖关系箭头（如图 8-1 左侧的活动 1 和 4 之间的另一个箭头）。由于这些简化的原因大多数用于绘制网络图的工具都使用节点图。

相反，IDesign 的客户至少有四个开发了箭头图示工具（其中两个工具可在本书的在线资源中找到）。由于节点图的关键缺陷，他们投资了箭头图的工具。如图 8-3 中的网络。

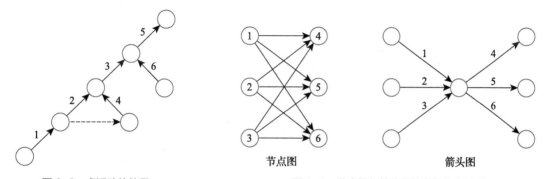

图 8-2　虚活动的使用　　　　　　　　图 8-3　节点图与箭头图的重复依赖关系

图 8-3 描述了两个相同的网络，均包含六个活动：1、2、3、4、5、6。活动 4、5 和 6 均取决于活动 1、2 和 3。使用箭头图，网络简单易懂，而对应的节点图则看起来很复杂。可以通过引入持续时间为零的虚活动来理清节点图，但可能会与里程碑混淆在一起。

事实证明，图 8-3 中的情况在设计良好的软件系统中非常常见，这样的系统中，架构的各个层之间有着重复的依赖关系。例如，活动 1、2 和 3 可以是资源接入服务，而活动 4、5 和 6 可以是一些管理器和引擎，每个管理器均使用三个资源接入服务。使用节点图，即使在图 8-3 的简单项目网络中，也很难弄清楚。当再添加资源、客户端和工具时，该图将变得更加错综复杂。

绘制错综复杂的网络图毫无意义。网络图的主要目的是沟通：将项目设计与他人沟通，甚至与自己沟通。建立一个极其复杂没人能理解的模型不是绘制网络图的首要目的。

因此，应避免使用节点图而使用箭头图。最初的箭头图学习曲线远远抵消了拥有简洁、清晰、整洁的项目模型所带来的好处。缺少对箭头图广泛使用的工具支持，将需要手动绘制箭头图，但这并不一定是一件坏事。手动绘制网络很有价值，在此过程中，需要检查和验证活动依赖关系，甚至可能提出有关该项目的其他见解。

关键路径方法的历史

　　将活动网络和关键路径用作发现如何构建项目、需要多长时间以及需要多少成本的方法由来已久。建筑行业已经成功使用了数十年。关键路径方法起源于 20 世纪 40 年代⊖杜邦公司的曼哈顿项目和 20 世纪 50 年代美国海军北极星潜艇导弹项目⊖。在这两个项目中，关键路径分析都被用来控制失控的项目复杂度和问题，这些问题同样困扰着现代大型软件项目。1959 年，詹姆斯·凯利（James Kelley）⊜根据杜邦在设计工业厂房方面的经验发表了一篇论文。论文的前八页包含该方法所有熟悉的元素，如关键路径、箭头图、虚活动、浮动时间以及理想的时间 – 成本曲线。

　　20 世纪 60 年代，NASA 用关键路径作为主要的规划工具赶上并赢得了登月竞赛㊃。关键路径法在挽救延误已久的悉尼歌剧院项目㊄和确保纽约世贸中心（当时是世界上最高的建筑）快速建设方面发挥了作用，两者均于 1973 年完工，因而得以声名鹊起。

8.2　浮动时间

　　关键路径上的活动需要按计划尽快完成，以免延误项目。非关键事件可以适当延迟而不至于延误项目，换句话说，它们可以浮动直到必须开始。一个项目没有浮动时间，所有网络路径都是关键路径，理论上可以按时交付，但实际上任何失误都将导致项目的延迟。从设计的角度来看，浮动时间是项目的安全边际。设计项目时，需要在网络中保留足够的浮动时间。然后，开发团队可以使用此浮动时间，以补偿非关键活动中无法预知的延迟。低浮动时间项目存在延迟的高风险，低浮动时间活动上的任何延迟都将导致该活动变得至关重要，甚至扰乱项目计划。

　　到目前为止，有关浮动时间的讨论都是简化过的，实际上有几种类型的浮动时间。本章讨论两种类型：总浮动时间和自由浮动时间。

⊖　https://en.wikipedia.org/wiki/Critical_path_method#history

⊖　https:// en.wikipedia.org/wiki/Program_evaluation_and_review_technique#history

⊜　James E. Kelley and Morgan R. Walker, "Critical Path Planning and Scheduling," *Proceedings of the Eastern Joint Computer Conference*, 1959.

㊃　https://ntrs.nasa.gov/search.jsp?R=19760036633

㊄　James M. Antill and Ronald W. Woodhead, *Critical Path in Construction Practice*, 4th ed. (Wiley, 1990).

8.2.1 总浮动时间

一个活动的总浮动时间是指该活动完工推迟，而不延误整个项目的时间。如果某个活动完工推迟的时间小于其总浮动时间，虽然其下游活动也可能会被延迟，但是该项目的完成不会延迟。这意味着总浮动时间是一连串活动的一个方面，而非针对特定活动。如图 8-4 顶部的网络，该网络以粗线显示了关键路径，并在其上方显示了非关键路径或活动链。

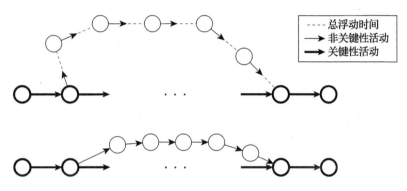

图 8-4　总浮动时间是一连串活动的一个方面

为了便于说明，图 8-4 是按比例绘制的，每条线的长度与每个活动的持续时间相对应。非关键活动的总浮动时间相同，如活动箭头末尾的虚线所示。想象一下，图中上半部分第一个非关键活动的开始被延迟，或者该活动花费的时间比其估计的时间长。那么执行该活动时，延迟完成上游活动会消耗下游活动的总浮动时间（如图下半部分）。所有非关键活动都具有一定的总浮动时间，并且同一非关键链上的所有活动都共享总浮动时间的一部分。如果还计划尽快开始活动，则同一链上的所有活动的总浮动时间都将相同。消耗总浮动时间，拉长了链条，透支了下游的活动时间，从而使其变得更加关键，但风险也更大。

> **注意**　你将看到，在本章后面内容的介绍中，网络中每个活动的总浮动时间都是项目设计的关键考虑因素。本书以下所述中，"浮动时间"都是指总浮动时间。

8.2.2 自由浮动时间

活动的自由浮动时间是指可以延迟该活动的完成时间而不干扰项目中的任何其他活动。当一项活动的完成被延迟少于或等于其自由浮动时间时，下游活动不会受到影响，当然这样整个项目也不会受到延迟，如图 8-5 所示。

为了讨论方便，按比例绘制图 8-5，假设图中非关键链中的第一个活动具有一些自由浮动时间，该浮动时间由活动箭头末尾的虚线表示。假设活动被延迟的时间少于（或等于）其自由浮动时间，可以看到下游活动没有受该延迟影响（图底部）。

有趣的是，尽管任何非关键活动都具有一定的总浮动时间，但活动可能有也可能没有自由浮动时间。若安排非关键活动尽快一个接一个的开始，那么即使这些活动是非关键活动，其自由浮动时间也为零，因为任何延迟都会影响链上的其他非关键活动。但是，连接到关键路径的非关键链上的最后一个活动始终具有一些自由浮动时间（否则它就也是关键活动）。

自由浮动时间在项目设计期间几乎没用，但在项目执行期间非常有用。当一项活动被延迟或超出其预估工作量时，延迟活动的自由浮动时间可以使项目经理知道还有多长时间才会影响项目中的其他活动（如果有的话）。如果延迟时间少于延迟活动的自由浮动时间，则无须执行任何操作。如果延迟大于自由浮动时间（但小于总浮动时间），则项目经理可以从延迟中减去自由浮动时间，准确评估延迟对下游活动的干扰程度并采取适当的措施。

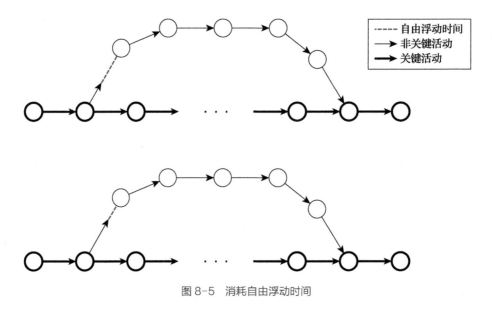

图 8-5　消耗自由浮动时间

8.2.3　计算浮动时间

项目网络中的浮动时间是关于活动持续时间、活动依赖关系和引入任何延迟的函数。安排这些活动时，都与实际日期无关。即使还未确定项目的实际开始日期，同样可以计算浮动时间。

在大多数适当规模的网络中，此类浮动时间计算（如果手动完成）容易出错，很快就会失控，并且由于网络的任何更改而失效。不过好消息是这些计算都是机械的计算，可以使用工具来计算浮动时间[⊖]。掌握总浮动时间值后，就可以将其记录在项目网络中，如图 8-6 所示。图中显示了一个示例项目网络，其中黑色的数字是每个活动的 ID，箭头下方的蓝色数字是非关键活动的总浮动时间。

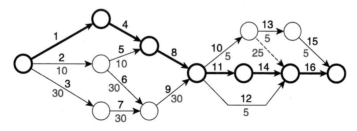

图 8-6　网络上的总浮动时间记录

虽然项目设计只需要总浮动时间，但也可以在网络图中记录自由浮动时间。项目经理将会在项目执行期间发现这非常有用。

8.2.4　可视化浮动时间

如图 8-6 所示，在网络图上捕获有关浮动时间的信息并不理想。人们处理字母数字的数据都比较慢且困难。很难检查复杂的网络（甚至是简单的网络，如图 8-6 所示）并一目了然地评估出网络的关键度。网络关键度指示了风险区域所在，以及该项目与全关键网络的距离。通过对箭头和节点进行颜色编码，可以更好地可视化总浮动时间，例如，低浮动时间使用红色，中浮动时间使用黄色，高浮动时间使用绿色。可以通过几种方式对三个浮动时间范围进行分区：

- **相对关键度**。相对关键度将网络中所有活动的浮动时间最大值分成三个相等的部分。比如最大浮动时间为 45 天，则红色为 1 至 15 天，黄色为 16 至 30 天，绿色为 31 至 45 天。当最大浮动时间的值是个大数值（例如大于 30 天），且浮动时间均匀分布，那这项技术效果最好。

- **指数关键度**。相对关键度假设延迟风险在浮动时间范围内平均分配。实际上，浮动时间 5 天的活动比浮动时间 10 天的活动更有可能使项目脱轨，即使这两个活动都被相对关键度归类为红色。为了解决这个问题，指数关键度将最大浮动时间范围分为三个不相等的、指数较小的范围。一般建议分成范围的 1/9 和 1/3：这样划分更合理，又比

⊖　可以使用 Microsoft Project 插入 Total Slack 和 Free Slack 列来计算每个活动的浮动时间，这些列分别对应于总浮动时间和自由浮动时间。要了解如何手动计算浮动时间，请参阅 James M. Antill 和 Ronald W. Woodhead，《构造实践中的关键路径》，第四版。（Wiley，1990）。

1/4 和 1/2 的划分更具挑战性，并且划分的部分与颜色数量成正比。例如，如果最大浮动时间为 45 天，则红色为 1 至 5 天，黄色为 6 至 15 天，绿色为 16 至 45 天。与相对关键度一样，如果最大总浮动时间很大（例如大于 30 天），并且浮动时间均匀地分布到该数目，则指数关键度效果很好。

- **绝对关键度**。绝对关键度分类与最大浮动时间以及浮动时间沿该范围的分布均匀性无关。绝对关键度将每种颜色分类设置绝对浮动时间范围。例如，红色活动是指具有 1 到 9 天的浮动时间，黄色活动是指 10 到 26 天的浮动时间，绿色活动是指 27 天的浮动时间（或更多）。绝对关键度分类很简单，且在大多数项目中都适用。

但是可能需要自定义项目范围以反映风险。例如，在两个月的项目中 10 天可能是绿色，而在一年的项目中 10 天可能是红色。

图 8-7 显示了和图 8-6 相同的网络，其中使用了刚建议的绝对浮动时间范围的颜色编码，用于绝对关键度分类。黑色的关键活动没有浮动时间。

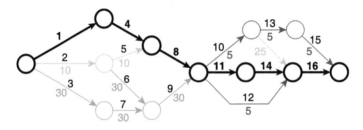

图 8-7　带颜色编码的浮动时间

比较一下图 8-7 中视觉信息与在图 8-6 中显示相同文本信息时的易读性，立马可以看出该项目的第二部分存在风险。

主动项目管理

大多数有经验的项目经理都按照关键路径积极管理其项目。因为沿这条路径的任何延迟都会使项目脱轨，所以项目经理会认真监视关键路径。当管理很好的项目仍然发生延迟而无法按时完成时，几乎都不是关键活动发生了延迟。管理很好的项目延迟的主要原因是非关键性活动变得关键了。通常发生这种情况是因为最初非关键活动没有按计划获得关注和资源，导致这些活动流失了它们的全部浮动时间，因此变成了关键活动并延迟了项目。

为了避免被非关键活动延迟，项目经理应主动跟踪所有非关键活动链的总浮动时间。项目经理可以定期计算每个链的总浮动时间，甚至可以推断趋势线以查看在什么时候会变得关键。项目经理应以较高的频率（例如每周）跟踪非关键路径，因为非关键路径链的浮动时间通常表现为阶跃函数，由于对其他活动或资源的依赖而表现为非线性损耗。

8.3　基于浮动时间的进度安排

如第 7 章所述，最安全、最有效的资源分配方法是基于浮动时间，或者根据本章的定义，基于总浮动时间。说它是最安全的方法是因为我们首先处理了风险较大的活动，说它是最有效的方法是因为我们最大化了资源利用的时间百分比。

观察一下图 8-8 中所示的进度安排图。每个彩色条的长度表示该活动在时间标度上的持续时间，并且左右位置与计划一致。

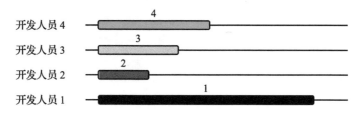

图 8-8　不消耗浮动时间时最大化资源需求

图中有四个活动：1、2、3、4。所有活动都可以在同一天开始。由于下游活动（未显示），活动 1 是关键活动，而活动 2、3 和 4 具有不同级别的总浮动时间（由其颜色编码表示）：2 是红色（低浮动时间）、3 是黄色（中浮动时间）、4 是绿色（高浮动时间）。假设所有开发人员都能很好地执行开发活动，并且没有任务连续性问题。在为该项目配备人员时，首先必须将开发人员分配给关键活动 1。如果有第二个开发人员，则应将该开发人员分配给活动 2，该活动在所有其他活动中具有最低的浮动时间。这样，可以利用多达四个开发人员，尽快进行每个活动。

也可以为项目配备两个开发人员（如图 8-9）。第一个开发人员进行活动 1，第二个开发人员尽快开始活动 2，防止次关键活动被延迟而成为关键活动。

活动 2 完成后，第二个开发人员将移动到浮动时间最低的剩余活动，即活动 3；这需要在时间轴上往后重新安排 3，直到完成活动 2 的开发人员可以开始下一个活动。这只能通过消耗（减少）活动 3 的浮动时间；由于此示例中的某些下游依赖关系，导致活动 3 变为红色。

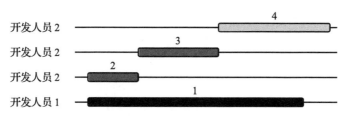

图 8-9　资源浮动时间交易

　　活动 3 完成后，第二个开发人员便着手进行活动 4。当然只有通过消耗活动 4 的可用浮动时间才有可能实现；尽管在此示例中是可接受的，但是这将使活动 4 的浮动时间从绿色变为黄色。

　　这种形式的人员配备实际上为了成本牺牲了资源的浮动时间。分配资源时，可以通过两种方式使用浮动时间：基于浮动时间（从低到高）将资源分配给可用活动，或者还可以通过消耗活动的浮动时间为项目配备较少的资源，而不会延迟项目。

注意　将活动 3 在计划安排上向后推，直到从事活动 2 的开发人员可用为止，这与活动 3 依赖于活动 2 相同。这是更改网络以反映对资源依赖的一种好方法。回顾第 7 章，网络图不仅是活动的网络，还是依赖关系的网络，资源依赖也是依赖。

浮动时间和风险

　　综上所述，基于浮动时间分配资源可以用浮动时间来换取成本。或者可能想以较低的成本来换取所有项目的浮动时间，但这并不是一个好主意，因为浮动时间少的项目对延迟的容忍度低。当我们用资源交换浮动时间时，虽然可以降低成本，但会增加风险。事实上，以浮动时间来换取较低的成本，同时也因为较低的成本而带来了较高的风险。因此，浮动时间权衡是一种三向交易。如图 8-9 所示，使用两个开发人员而不是四个开发人员可以降低成本，但是缺点是项目风险更大。在项目设计期间，应不断管理剩余浮动时间，并以此管理项目的风险。这样就可以设计出多个选项，这些选项可以将时间表、成本和风险进行不同的组合。

|第 9 章|

时间和成本

交付任何系统的最快方法是沿着其关键路径构建它。一个精心设计的项目可以沿着其关键路径有效地分配所需的最少资源，但项目的持续时间仍然受关键路径的限制。我们可以通过采用那些有助于快速高效开发软件工程的实践来加速执行。除了这些开发最佳实践之外，本章还讨论了如何通过压缩关键路径来减少时间。这种类型的减少主要依靠的技术是通过生成几个更短、更压缩的项目设计解决方案来重新设计项目。然后我们将介绍时间 – 成本的基本概念，以及时间和成本如何在项目中相互作用。其结果是一组项目设计选项，使我们既能预先满足管理层对时间和成本的要求，又能在情况发生变化时快速进行调整。

9.1　加速软件项目

与许多人所相信的恰恰相反，更努力地工作或投入更多的人在项目上并不是达到最后期限的最好方法。它确实需要更明智、更灵活、更正确地工作，同时遵照一系列最佳实践。一般来说，以下技术在任何软件项目中都是可行的且可以明显推进项目：

- **保证质量**。大多数团队错误地将质量控制和测试活动当作质量保证（Quality Assurance，QA）。真正的 QA 与测试无关。它通常由一位资深专家来回答这个问题：保证质量需要做什么？答案必须包括如何确定整个开发过程的方向以确保质量，如何防止问题的发生，以及如何跟踪问题的根源并解决它。质量保证人员的存在是组织成熟度的标志，并且几乎总是表明对质量的承诺，了解质量不是自发的，并认可组织必须积极追求质量。质量人员偶尔负责设计关键阶段的流程和编写程序。因为质量会提高生产力，所以适当的质量保证总是可以加快进度，这使实施质量保证的组织与行业内其他组织区分开来。

- **雇用测试工程师**。测试工程师不是测试人员，而是可以设计和编写以破坏系统代码为目标的合格的软件工程师。一般来说，测试工程师比普通的软件工程师具有更高的工程师素质，因为编写测试工程代码通常涉及更困难的任务：开发虚构的通信通道、设计和开发回归测试、以及设计测试平台、模拟器、自动化，等等。测试工程师对系统的架构和内部工作要非常熟悉，他们每次都尝试利用这些知识来破坏系统。这样的"反系统"系统可以历练我们的产品从而提高质量，我们可以在问题出现后立即发现它们，并找出根本原因，避免因变化产生的连锁反应，消除掩盖其他缺陷的缺陷叠加，并大大缩短问题的修复周期。拥有一个稳定持续无缺陷的代码库可以加快项目进度，这一点无可替代。

- **增加软件测试人员**。在大多数团队中，开发人员超过测试人员。在测试人员极少的项目中，一个或两个测试人员无法承受团队规模的扩大，而且他们经常被减少到去执行几乎没有附加值的测试。这种测试是重复性的，不会随团队规模或系统的复杂性而变化，并且经常将系统视为黑盒。这并不意味着不能进行更好的测试，而是将大部分测试转移到了开发人员身上。改变测试人员与开发人员的比例，例如 1∶1 或甚至 2∶1（有利于测试人员），可使开发人员花费更少的时间进行测试，而将更多的时间用于为项目增加直接价值。

- **投资基础设施**。所有软件系统都需要通用工具，包括安全性、消息队列和消息总线、托管，事件发布、日志记录、检测、诊断、配置文件以及回归测试和测试自动化等形式。现代软件系统需要配置管理、部署脚本、构建过程、每日构建和冒烟测试（通常归并在 DevOps 下）。我们不必让每个开发人员都编写自己的独特基础设施，而应该为整个团队构建（并维护）一个框架，从而完成此处列出的大部分或全部条目。这使开发人员专注于与业务相关的编码任务，实现了规模效应，使新人更容易上岗，不仅减少了压力和摩擦，而且减少了开发系统所需的时间。

- **提高开发技能**。如今的软件环境的特点是变化太快。这种变化速度使得许多开发人员跟不上新语言、工具、框架、云平台和其他创新的步伐。即使是最优秀的开发人员也要不断地学习新技术，他们会花费大量的时间跌跌撞撞地以一种非结构化的、随意的方式来了解它们。更糟糕的是，一些开发人员不堪重负，他们从网页上复制和粘贴代码，但是没有真正理解这样会造成短期或长期的影响（包括法律影响）。为了解决这个问题，我们应该投入时间和资源来培训开发人员掌握这些技术、方法和工具。有能力的开发人员才能加快开发速度。

- **改进流程**。大多数开发环境都存在流程缺陷。他们只是为了流程而流程，却对活动背后的原因缺乏真正的理解和认可。这些空洞的活动并没有真正的好处，而且往往以一种"货物崇拜[⊖]"的方式使事情变得更糟。已经有很多关于软件开发流程的书籍。用经实践检验的最佳实践来充实自己，并设计一个改进计划来解决质量、进度和预算问题。将改进计划中的最佳实践按照其效果和易于引入的程度进行分类，并在第一时间主动解决那些缺乏的原因。编写标准的操作程序，并让团队和我们自己遵循标准的操作程序，甚至在必要时强制执行。随着时间的推移，这将使项目更具可重复性，并能够按期交付。

- **采用和使用标准**。一个全面的编码标准解决了命名规则和风格、编码实践、项目设置和结构、特定框架准则、指导方针、团队应该做和不应该做的事情以及已知的陷阱。该标准有助于执行开发最佳实践并避免错误，将新手提升到老手的级别。它使代码统一，并简化了一个开发人员工作在另一个开发人员的代码时产生的问题。通过遵循标准，开发人员增加了成功的机会，减少了开发时间。

- **提供与外部专家的联系**。大多数团队都不会有世界级的专家。团队的工作是了解业务和交付系统，而不用在安全性、托管、UX（用户体验）、云、人工智能、商业智能、大数据或数据库架构方面做得很好。重新发明轮子是非常耗时的，而且永远不会像获取现成的、经过验证的知识那么好（回想一下第 2 章中 2% 的问题）。听从外部专家的意见可以得到更好更快的效果。根据需要在合适的地方使用这些专家，避免出现代价惨重的错误。

- **参与同行评审**。最好的调试器是人的眼睛。开发人员经常可以发现彼此代码中的问题，速度比起代码成为系统的一部分后要做的诊断和消除问题而言要快得多。当涉及系统中每个服务的需求或设计和测试计划中的缺陷时，也是如此。团队应评审所有这些内容，以确保获得最高质量的代码库。

> **注意**　软件开发行业是如此混乱，以至于对于大多数开发人员来说，常识性的基本实践可能很陌生。然而，忽视它们做再多事情都不会加快进度。导致问题的行为不可能用来解决问题。随着时间的推移，通过采用这些实践中的一些或所有实践，团队将变得非常高效，获得成功体验，并且能够自信地应对激进的时间表。

⊖　https://en.wikipedia.org/wiki/Cargo_cult

无论具体活动或项目网络本身如何，这些软件工程最佳实践将加速整个项目。它们在任何项目、任何环境和任何技术中都是有效的。虽然用这种方法改进项目可能显得会提升成本，但最终很可能会降低成本。开发系统所需的时间的减少支付了改进的成本。

9.2 进度压缩

之前的进度加速技术列表中的条目存在的问题是，没有一项可以真正快速起效；它们都需要时间才能发挥作用。但是，可以做两件事来立即加快进度，要么使用更好的资源，要么找到并行工作的方法。通过使用这些技术，可以压缩项目进度。这样的进度压缩并不意味着更快地完成相同的工作。进度压缩意味着更快地达成相同的目标，通常是通过做更多的工作来更快地完成任务或项目。我们可以将这两种压缩技术结合使用或单独使用，对项目的各个部分、整个项目或单个活动都可以使用。这两种压缩技术最终都会增加项目的直接成本（稍后定义），同时减少时间。

9.2.1 利用更好的资源

高级开发人员将比初级开发人员更快地交付他们的工作部分。然而，有一种常见的误解，认为这种差异是因为他们的编码速度更快。通常，初级开发人员的编码速度比高级开发人员快得多。高级开发人员花在编码上的时间越少越好，相反，他们花在设计代码模块、交互和测试方法上的时间越多越好。高级开发人员就他们正在使用的组件以及所使用的服务编写测试装置、模拟器和仿真器。他们记录自己的工作，考虑每个编码决策的含义，并研究服务的可维护性和可扩展性，以及其他方面，例如安全性。虽然在单位时间内高级开发人员比初级开发人员编写的代码少，但是他们完成任务的速度更快。就像我们所知道的，高级开发人员比初级开发人员的薪资要求更高。应该将这些更好的资源分配给关键活动，因为分配到非关键路径不会改变进度。

9.2.2 并行工作

通常，每当进行一系列活动并找到同时执行这些活动的方法时，都可以加快进度。这里有两种并行工作方式。首先是通过拆取活动的内部阶段并将其移到项目中的其他位置；第二种方法是消除活动之间的依赖关系，以便可以并行处理这些活动（如第 7 章所述，将多个人同时分配到同一活动是行不通的）。

1. 拆分活动

我们可以拆分活动，而不是按顺序执行活动的内部阶段。可以在活动之前或之后，将一些不太有依赖性的阶段与项目中的其他活动并行安排。在项目上游可提取的内部阶段（即在活动的其余部分之前）有详细设计、文档、模拟器、服务测试计划、服务测试工具、API 设计、UI 设计等；而项目下游的内部阶段有与其他服务的集成、单元测试和重复的文档。拆分一个活动可以减少它在关键路径上占用的时间，并缩短项目。

2. 消除依赖关系

我们可以寻找方法来减少甚至消除活动之间的依赖关系，从而并行地处理活动，而不是按顺序处理依赖活动。如果项目的活动 A 依赖于活动 B，而活动 B 又依赖于活动 C，那么项目的持续时间就是这三个活动持续时间的总和。但是，如果可以消除 A 和 B 之间的依赖关系，那么就可以并行地处理 A 和 B、C，并相应地压缩进度。移除依赖关系通常需要一些额外活动并在第一时间实现并行工作：

- **契约设计**。通过对服务契约进行单独的设计活动，可以向其使用者提供接口或契约，然后在它们所依赖的服务完成之前开始处理这些接口或契约。提供契约可能无法完全移除依赖性，但它可以启用某种级别的并行工作。子系统甚至系统之间的 UI、消息、API 或协议的设计也是如此。
- **仿真器开发**。根据契约设计，可以写一个模拟真实服务的简单服务。这样的实现应该非常简单（总是返回相同的结果且没有错误），并且可以进一步消除依赖关系。
- **模拟器开发**。可以开发一个或多个服务的完整模拟器，而不仅仅是一个仿真器。模拟器可以保持状态，注入错误，并且与实际服务不可区分。有时候编写一个好的模拟器可能比构建真正的服务更困难。但是，模拟器确实删除了服务与其客户端之间的依赖关系，从而允许高度并行的工作。
- **重复集成和测试**。即使有一个很好的服务模拟器，依旧要关注仅针对该模拟器开发的客户端软件。一旦真正的服务完成，必须在该服务和针对模拟器开发的所有客户端软件之间重复集成和测试。

3. 并行工作的候选项

有时，并行工作的最佳候选项可以在人员配备分布图中找到。如果图包含几个脉冲，也许可以解耦这些脉冲。考虑图 9-1 中的图，它展示了三个脉冲。在最初的计划中，每个脉冲的输出是下一个脉冲的输入，正是它们之间存在的依赖关系，这三个脉冲都是按顺序完成的。如果能找到消除这些依赖的方法，就可以在一个或两个脉冲的同时处理另一个，大大压缩了进度。

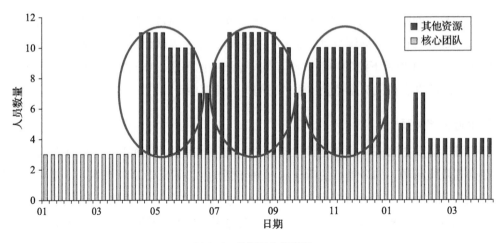

图 9-1 并行工作候选项

9.2.3 并行工作和成本

两种形式的并行工作（分割活动或移除活动之间的依赖关系）都需要额外的资源。这样项目将需要更多的资源，以便与其他活动并行执行。项目还将需要更多的资源来处理支持并行工作的额外活动，例如用于重复集成的额外开发人员，以及用于重复测试的额外测试人员。这将增加项目成本和工作量。特别是，额外的资源将导致更大的团队，更高的团队峰值，更大的噪音和更低的执行效率。效率的降低会进一步提高成本，因为从每个团队成员那里得到的东西将更少。

现成的团队由于各种原因可能无法并行工作（缺少架构师、缺少高级开发人员或团队规模不足），迫使我们不得不寻求昂贵的外部高级人才。即使能负担得起项目的总成本，并行工作也会增加现金流的压力，并可能使项目负担不起。简而言之，并行工作不是免费的。

并行工作的危害

一般来说，删除活动之间的依赖关系就像拆除炸弹一样——我们应该非常小心。并行工作通常会增加项目的执行复杂性，这就向项目经理提出了更高的要求。在进行并行工作之前，应该先投资于基础设施，以便在不改变跨活动依赖关系的情况下加速项目中的所有活动。这可能比并行工作更安全、更容易。也就是说，并行工作将缩短整体项目时间。在决定压缩并行的工作方式时，请仔细权衡并行执行所带来的风险和额外成本以及期待的进度压缩。

9.3 时间 – 成本曲线

至少在最初阶段，增加成本可以更快地交付项目。在大多数项目中，以时间换取成本的交易不是线性的，而是看上去如图 9-2 所示非常理想的曲线。

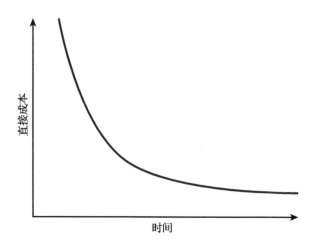

图 9-2　理想的时间 – 成本曲线

例如，考虑一个仅由编码活动组成的 10 人年项目。将这个项目分配给一个开发人员将需要 10 年的时间才能完成，花费是 10 人年。但是，将同一项目分配给两个开发人员可能需要 7 年或更长时间，而不是 5 年。要在 5 年内完成此项目，将需要至少 3 个开发人员，更可能需要 5 个甚至 6 个开发人员。这些成本 10 年（成本为 10 人年），7 年（成本为 14 人年）和 5 年（成本为 30 人年）确实是时间 – 成本非线性关系的表达。

9.3.1　时间 – 成本曲线上的要点

图 9-2 所示的时间 – 成本曲线太过理想而不切实际。它假定项目只要有足够的预算，几乎可以立即完成。常识告诉我们，这种假设是错误的。例如，再多的投入也无法在一个月内完成一个 10 年的项目（或者在一年之内）。所有的压缩工作都有一个自然限度。同样，图 9-2 的时间 – 成本曲线表明，给予更多的时间，项目的成本就会下降，而（如第 7 章所讨论的）给项目更多的时间却实际上增加了项目的成本。

虽然图 9-2 中的时间 – 成本不是正确的，但可以讨论出现在所有项目中的时间 – 成本点。这些点是一些经典项目计划假设的结果。图 9-3 显示了实际的时间 – 成本。

1. 常规方案

我们始终可以通过假设拥有无限的资源并且在需要时可以使用所有资源来设计项目。同时，应该以最小的成本考虑来设计项目，并避免要求超出实际需求的资源。如第 7 章所述，可以找到最低级别的资源，使得项目可以毫无阻碍地沿着关键路径向前推进。这将为我们提供构建系统的最经济的方法和最高效的团队。这样的项目设计称为常规方案。这种方案是构建系统中最不受约束或最自然的方式。

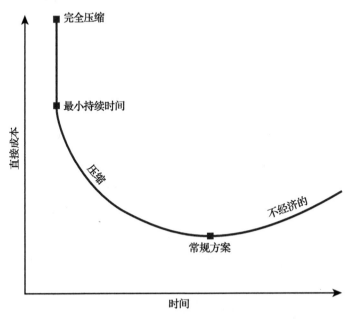

图 9-3　实际的时间 - 成本曲线

2. 不经济的区域

假设项目常规方案的持续时间是一年。为同一项目提供一年以上的服务通常会花费更多。额外的成本来自资源的长期使用、开销费用的累积、镀金的需求、复杂性的增加以及成功概率的降低。因此，时间 - 成本曲线上常规点的右侧属于项目的不经济区。

3. 压缩方案

我们可以使用本章前面介绍的部分或全部压缩技术来压缩常规方案。而所有产生的压缩方案的持续时间都较短，但它们的成本也更高，很可能是非线性方式呈现。显然，我们应该只关注关键路径上的活动，因为压缩非关键活动对计划不会有任何影响。在时间 - 成本曲线上，每个压缩方案都在常规方案的左侧。

4. 最小持续时间方案

在压缩项目时，成本不断增加。在某个时候，关键路径将被完全压缩，因为没有更多人可以从事并行工作，并且我们已经在关键活动中雇用了最优秀的人才。当达到这一点时，我们将获得项目的最少时间或最短持续时间的方案。每个项目都有这样一个最小持续时间点，再多金钱、人力或意志力也无法超越。

5. 完全压缩方案

虽然我们无法用比最短的持续时间更快的速度来构建项目，但是总有办法浪费金钱。我们可能会压缩项目中的所有活动，无论是关键任务还是非关键任务。这样项目的完成不会比最短持续时间更快，但是肯定会花费更多。时间 – 成本曲线上的这一点称为完全压缩点。

> **注意** 我个人的经验表明，30% 的压缩可能是任何软件项目的压缩上限，即使是在这个级别也很难达到。我们可以使用此上限来验证压缩可能性。例如，如果项目的常规方案为 12 个月，最后期限为 7 个月，那么项目就无法构建，因为这需要 41% 的进度压缩。

9.3.2 离散建模

图 9-3 所示的实际的时间 – 成本曲线在常规方案和最小持续时间方案之间提供了无限个点。然而，没有人有时间去设计无数的项目方案，也没有必要这样做。相反，架构师和项目经理必须在常规方案和最小持续时间方案之间为管理层提供一个或两个选项。这些选项代表了合理的时间 – 成本权衡，管理层可以从中进行选择，并且始终是一些网络压缩的结果。因此，在项目设计期间实际生成的曲线是一个离散模型，如图 9-4 所示。虽然图 9-4 的时间 – 成本曲线的点比图 9-3 少得多，但是它有足够的信息来正确识别项目的行为。

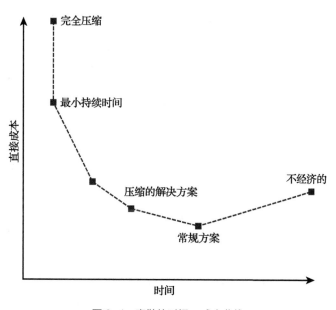

图 9-4 离散的时间 – 成本曲线

9.3.3　避免经典错误

我们应该向管理层提出不切实际的完全压缩和不经济的方案，因为许多管理者根本没有意识到它们的不切实际。管理层可能对项目的行为有错误的思维模式——很可能是图 9-2 所示的思维模式。错误的思维模式总会带来错误的决定。

假设进度是最重要的，管理者也不介意不惜一切代价来履行承诺。管理者可能认为，在项目中投入资金和人员就能推动团队走向最后期限，即使再多的钱也不可能比最短时间更快交付。

同样常见的情况是，管理者的预算有限，但进度计划相对灵活。这样的管理者可能会试图通过次关键人员分配或省去项目所需的资源来削减成本。这样做会将常规方案的项目推到不经济的区域，再次导致成本增加。

9.3.4　项目可行性

时间－成本曲线显示了项目的一个重要方面：可行性。在曲线上或曲线上方点代表时间和成本的项目设计方案是可行的。例如，考虑图 9-5 中的点 A。A 的值需要 T_2 的时间和 C_1 的成本。A 是一个可行方案，但不是最优方案。如果 T_2 是一个可以接受的期限，那么这个项目也可以以 C_2 的成本交付，C_2 是 T_2 时的时间－成本曲线的值。因为 A 在曲线上方，所以 $C_2 < C_1$。相反，如果 C_1 的成本是可以接受的，那么对于相同的成本，也可以在 T_1 的时间内交付项目，T_1 是 C_1 时的时间－成本曲线的值。因为 A 在曲线的右边，所以 $T_1 < T_2$。

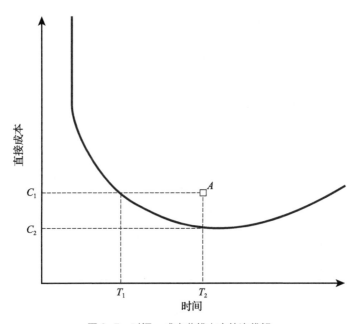

图 9-5　时间－成本曲线上方的次优解

时间－成本曲线上的点代表了时间与成本的最佳匹配。时间－成本曲线是最优的，因为可以始终以更快的速度（对于相同的成本）或更低的成本（对于相同的截止日期）交付项目。我们不可能比时间－成本曲线做得更好。这也意味着时间－成本曲线下的点是不可能的。例如，图 9-6 中的点 B。B 方案需要 T_3 时间和 C_4 成本。然而，交付 T_3 时的项目至少需要 C_3 的费用。因为 B 在时间－成本曲线下，所以可以得出 $C_3 > C_4$。如果你只能负担 C_4，那么这个项目至少需要 T_4 的时间。由于 B 在时间－成本曲线的左侧，所以 $T_4 > T_3$。

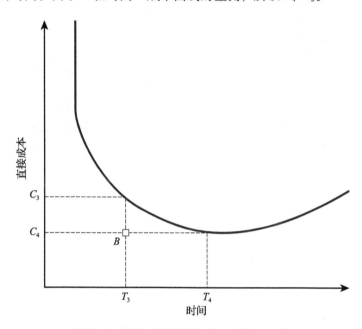

图 9-6 时间－成本曲线下的不可能解决方案

死亡区域

如果时间－成本曲线上的点是任何持续时间内的最小成本，那么时间－成本曲线将该区域划分为两个区域。第一个是可行方案区域，包括时间－成本曲线上或上方的方案。第二个区域是死亡区域，包括时间－成本曲线下的所有方案，如图 9-7 所示。

避开死亡区域设计项目非常的重要。任何处于死亡区域中的项目在编写第一行代码之前就失败了。在这里成功的关键既不是架构也不是技术，而是避免在死亡区域开展项目。

9.3.5 找到常规方案

在寻找常规方案时，通常很难预先确定沿关键路径畅行无阻的最低人员配备水平。例如，我们可以让 12 个开发人员参与项目，这并不意味着不可能用 8 个甚至 6 个开发人员来按时完成。因此，找到常规的人员配备是一个迭代的过程，如图 9-8 所示。

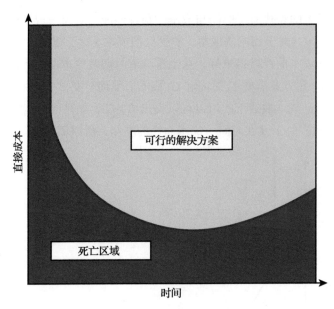

图 9-7 死亡区域

对于常规方案的每次迭代尝试，我们将逐步用更多的浮动来交换资源。这种交换自然会因为浮动时间的减少而增加了项目的风险。这也意味着真正的常规方案已经有相当大的风险。然而，真正常规方案所需的最低人员配备水平风险可控，因为仍有足够的浮动人员来履行项目的承诺。

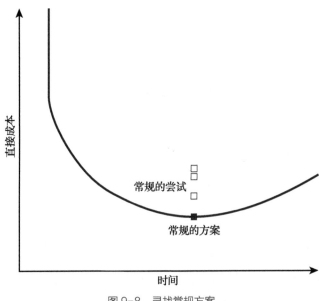

图 9-8 寻找常规方案

适应现实

在寻找常规方案的人员配备水平时，应该根据实际情况做出较小的调整。例如，在一个长达一年的项目中，如果可以通过将计划延长一周来避免雇用另一个资源，那么就应该接受这种交易。找到简化项目执行或降低其集成风险的方法，以换取持续时间的小幅延长或成本的小幅增加，也是一个好主意。应该始终偏爱这些适应现实的调整。因此，中间的正常尝试可能不会完全垂直地排列在彼此之上（如图 9-8 所示），而是可能会向右或向左偏移一点。

在寻求常规方案时，哪些是适应现实的小调整，哪些构成了意图的扭曲，这是一种本能的判断。我的经验法则是，任何低于 2%～3% 的进度或成本的调整都是在噪音水平上，是无意义的。2%～3% 的准则与项目设计和跟踪方案有关。如果活动只有一周的时间，并且每周跟踪一次项目，那么一年多的时间里，设计和测量分辨率将是 2%，这使得任何事情都变得更加精确。第 11 章和第 13 章演示了这种调整。

9.4　项目成本要素

到目前为止，由于项目的总成本由成本的两个要素组成：直接成本和间接成本，因此对项目成本的讨论非常简单，在设计项目时，应该同时计算这两个成本要素以及项目的总成本。了解项目成本要素之间的相互作用对于合理的项目设计和决策至关重要。

9.4.1　直接成本

项目的直接成本是指为项目直接带来可度量价值的活动。这些与项目计划的挣值图中显示的项目活动相同。如第 7 章所述，计划的挣值（以及直接成本）在项目的整个生命周期中都会发生变化，从而导致浅 S 曲线。

软件项目的直接成本通常包括以下各项：

- 开发服务的开发人员
- 执行系统测试的测试人员
- 设计数据库的数据库架构师
- 设计和构建测试工具的测试工程师
- 设计用户界面和用户体验的 UI / UX 专家
- 设计系统或项目的架构师

项目的直接成本曲线如图 9-3 所示。

9.4.2　间接成本

项目的间接成本是指为项目带来间接不好度量的价值的活动。此类活动通常正在进行，并且未在挣值图或项目计划中显示。

软件项目的间接成本通常包括以下各项：
- SDP 评审后的核心团队（即架构师、项目经理、产品经理）
- 进行中的配置管理、每日构建和每日测试、通常的 DevOps
- 假期和节假日
- 任务之间分配的资源

大多数项目的间接成本在很大程度上与项目的持续时间成正比。项目耗时越长，间接成本就越高。如果要绘制一段时间内项目的间接成本，则应该大致成直线。将间接成本视为不必要的开销是错误的。没有专职架构师和项目经理的项目注定失败，虽然在 SDP 评审之后，他们在项目开展计划中并没有明确的活动。

9.4.3　会计与价值

直接成本和间接成本的概念常常被误解。有些人将直接成本视为与团队成员相关的成本，而将间接成本视为外部顾问或分包商的成本。还有人把直接成本简单地定义为他们必须支付的成本，而把间接成本定义为其他人或组织必须支付的成本。然而，谁最终为这些资源买单的问题是一个会计问题，而不是一个项目设计问题。本章的定义严格地从价值的角度出发：资源或活动是否增加了可度量的或不可度量的价值？

9.4.4　总成本、直接成本和间接成本

项目总成本为项目直接成本和间接成本之和：

$$总成本 = 直接成本 + 间接成本$$

根据直接成本和间接成本的定义，图 9-9 显示了成本的两个要素和项目的最终总成本。间接成本以直线表示，直接成本曲线与前面图中显示的曲线相同。图 9-9 中的直接曲线和间接曲线是离散方案的产物，总成本曲线是每一点的直接和间接成本之和。

重访死亡区域

与直接成本曲线一样，总成本曲线以上的方案是可行的，总成本曲线以下的方案是不可行的。因此，总成本曲线下的区域是项目的实际死亡区域，因为它同时考虑了间接成本和直

接成本。仅仅处于直接成本曲线的死亡区域之上并不意味着项目就脱离了危险，因为仍然需要为间接成本买单。花点时间来建立总成本曲线的模型，然后观察得到的参数来判断是否有成功的机会。我们将在第 11 章看到如何做到这一点。

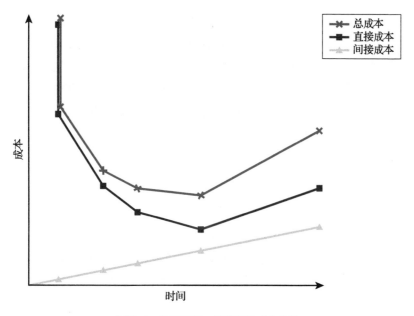

图 9-9　项目直接、间接和总成本曲线

9.4.5　压缩和成本要素

　　压缩的项目设计方案将减少项目的持续时间，因此也将减少项目的间接成本。反过来，这往往会抵消压缩项目的成本。例如，在图 9-9 中，考虑常规方案（直接成本曲线的最低点）和左侧压缩方案之间的所有三条曲线上的线段。在直接成本曲线上，压缩方案在这两点之间有大量的额外成本。但是，在总成本曲线上，一旦将间接成本考虑在内，总成本中的差异就会大大减少。对于常规方案和第一个压缩点之间的总成本略有增加，我们将获得相同的压缩时间。累积的间接成本使压缩至少在开始时更具吸引力，因为压缩几乎可以赚回成本。在许多项目中，间接成本的减少可能比时间减少的好处更大。

第一条实际时间 – 成本曲线

　　在大多数情况下，修复软件行业需要采用源自其他行业的工程思想和实践。唯一的例外是实际的时间 – 成本曲线，该曲线源自计算机和软件行业。20 世纪 60 年代初，通用电气开发了 GE-225 计算机，这是世界上第一台基于晶体管的商用计算机[一]。GE-225 项目是创新的热点。它引入了世界上第一个分时操作系统（影响了所有现代操作系统的设计），直接内存访问和编程语言 BASIC。

1960 年，通用电气发表了一篇论文，详细介绍了其对 GE-225 项目中时间与成本之间的关系的见解[二]。该文件包含第一条实际时间 – 成本曲线（类似于图 9-4）以及细分为直接成本和间接成本（如图 9-9 所示）。这些想法很快被物理建筑行业采用[三]。关于关键路径方法的第一篇论文的合著者 James Kelley 就 GE-225 项目进行了咨询。顺便说一句，GE-225 的建筑师是阿诺德·斯皮尔伯格[四]（电影导演史蒂文·斯皮尔伯格的父亲）。2006 年，IEEE 协会授予斯皮尔伯格著名的计算机先锋奖。

1. 常规方案和最低总成本

对于直接成本曲线，根据定义，常规点也是最小成本的方案。右边是不经济的区域，左边是压缩方案，需要花费时间才能获得额外的成本。但是，一旦添加了间接成本以找到每个设计方案的项目总成本，则最低总成本方案将不再是常规方案。添加间接成本会将最低总成本点移至常规方案的左侧。而且，间接成本线的斜率越大，最小总成本点向左的偏移就越大。

例如，图 9-10 所示。在直接成本曲线上，常规方案显然是最低成本的问题。然而，在总成本曲线上，最小成本点是常规方案左边的第一个压缩方案。在这种情况下，压缩项目实际上降低了项目成本。从时间 – 成本角度来看，这使项目的最低总成本成为最佳的项目设计选项，因为它比常规情况下完成项目的速度更快，总成本更低。

在图 9-10 中，由于图的离散性，最低总成本点的左移更加突出。就是说，即使使用连续图（例如图 9-11），也总是会向左移动，其间接成本线的斜率比图 9-10 中所示的斜率小。因为我们只会开发一小组项目设计方案，所以构建的时间 – 成本曲线将始终是离散模型。对于这些方案（以及间接成本的水平），常规方案可能确实是最小总成本的关键点，如图 9-9 所示。然而，这一结果是误导性的，仅仅是因为遗漏了一些稍微偏离常规的未知设计方案。

[一] https://en.wikipedia.org/wiki/GE-200_series

[二] Børge M. Christensen, "GE 225 and CPM for Precise Project Planning" (General Electric Company Computer Department, December 1960).

[三] James O'Brien, *Scheduling Handbook* (McGraw-Hill, 1969); and James M. Antill and Ronald W. Woodhead, *Critical Path in Construction Practice*, 2nd ed. (Wiley, 1970).

[四] https://www.ge.com/reports/jurassic-hardware-steven-spielbergs-father-was-a-computing-pioneer/

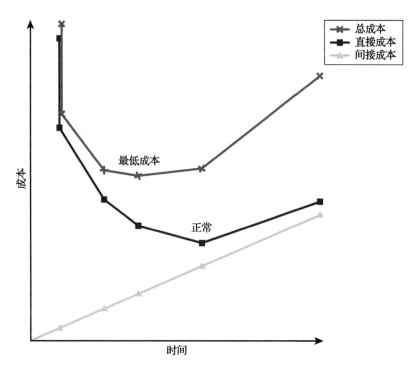

图 9-10　高间接成本转移了常规方案的最低总成本

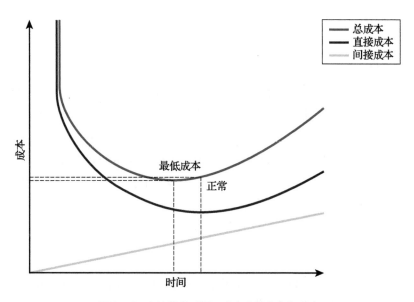

图 9-11　在连续的时间 – 成本曲线上向左移动

图 9-12 与图 9-9 相同，除了它在常规方案的左侧添加了一个未知点，以说明最小总成本

的左移。这种情况的问题在于，你不知道如何实现该方案：你不知道哪种资源和压缩组合会产生这一点。尽管理论上总是存在这样的方案，但是在实践中，对于大多数项目，我们可以将常规方案的总成本等同于项目的最低总成本。常规方案的总成本与真正的最低总成本点之间的差异往往都无法抵消找到那个精确点的花费。

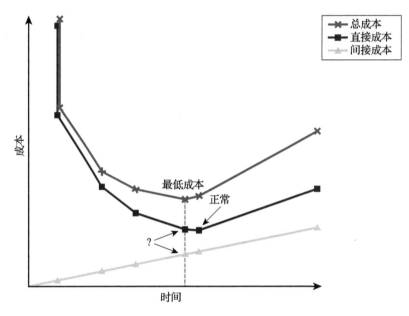

图 9-12　最低总成本（未知点）

2. 间接成本与风险

间接成本线的斜率越大，最小总成本点向左的偏移就越大。由于间接成本较高，因此压缩方案之一可能是项目的最佳选择，因为它的成本将比常规方案低，而且交付时间更短。但是，这带来了一个问题：压缩程度更高的项目设计方案通常带来更高的风险。这种风险可能是由于项目的关键性及其执行复杂性的增加所致。因此，高昂的间接成本意味着项目的最佳设计点可能是高风险的选择。把高风险的方案作为最好的选择实在不是成功法则。间接成本高的项目几乎总是高风险的项目。我们将在以下章节中了解如何解决这些风险。

9.4.6　人员配备和成本要素

对于每个项目设计方案，我们都必须考虑直接和间接成本。如第 7 章所述，软件项目的总成本是人员配备分布图下的面积。如果知道项目总成本和成本要素中的直接成本，则可以通过从总成本中减去直接成本来获得其他成本要素。对于每个项目设计方案，我们首先需要为项目配备人员，然后绘制计划的挣值图和计划的人员配备分布图。接下来，需要计算人员配备分布图下总成本的面积，并且还汇总所有直接成本活动（在挣值图上显示的活动）的工作量。间接成本仅仅是两者之间的差。

　　图 9-13 以图形方式显示了人员配备分布图下的成本要素的典型细分（另请参见图 7-8）。在项目的前端，只有核心团队参与其中，而大部分工作都涉及间接成本。核心团队花费的其余工作确实具有某些直接价值，例如设计系统和项目。但是，经过 SDP 评审后，核心团队变成了纯粹的间接成本。在进行 SDP 评审之后，该项目还有其他间接成本，例如 DevOps、每日构建和每日测试等。其余人员配备是直接成本，例如构建系统的开发人员。

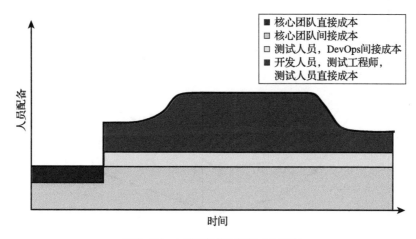

图 9-13　人员配备分布下的成本要素

1. 直接成本与间接成本

　　从图 9-13 中可以看到，典型的软件项目的间接成本要比直接成本高。大多数人没有意识到交付高质量、复杂的软件系统需要多少间接成本。直接成本与间接成本之比为 1∶2 是很常见的，但该比率很容易更高。直接成本与间接成本的确切比率通常是业务性质的一个方面。例如，与生产常规业务系统的公司相比，生产航空电子设备的公司的间接成本会更高。

2. 间接成本与总成本

　　在软件项目中，间接成本通常是总成本的主要组成部分。这导致了一个关键的观察结果：在所有条件都相同的情况下，较短的项目总会减少成本，这仅仅是因为它们产生的间接成本也较少。无论是通过压缩项目还是采用本章的最佳实践，无论如何缩短进度，都是如此。即使压缩项目需要更多资源或甚至更昂贵的资源，时长较短的项目成本也会更低。不幸的是，许多管理者根本没有意识到较短的项目会降低成本而导致经典错误。当预算紧张时，管理者将尝试通过限制资源（即资源的质量或数量）来降低成本。这将使项目持续更长，从而交付时成本更高。

9.4.7　固定成本

软件项目的另一个成本要素是随时间固定的。固定成本可能包括计算机硬件和软件许可。项目的固定成本表示为间接成本线的不断上移（图 9-14）。

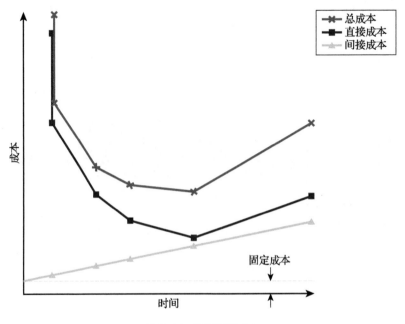

图 9-14　添加固定成本

因为固定成本只是使总的时间 – 成本曲线向上移动，所以它对决策过程没有任何影响，因为它几乎对所有选择产生同样的影响（它可能随团队规模而略有变化）。在大多数具有一定规模的软件项目中，固定成本大约占总成本的 1%～2%，因此通常可以忽略不计。

9.5　网络压缩

压缩项目将改变项目网络。压缩应该是一个迭代的过程，在此过程中，我们会不断寻找最佳的下一步。应该从常规方案开始压缩项目。常规方案应该对压缩响应良好，因为它处于时间 – 成本曲线的最小值。

如前所述，压缩甚至可能最终会自己付出代价。此外，时间 – 成本最接近常规方案的左侧。这意味着第一个或两个压缩点将提供压缩成本的最佳投资回报（ROI）。但是，随着进一步压缩项目，将开始攀升时间－成本曲线，最终体验到压缩成本的收益递减。该项目将提供越来越少的进度消减，同时产生越来越高的成本，就好像该项目在抵制更多的压缩。整体压缩项目时，应该尝试通过压缩先前压缩过的方案来增强效果，而不仅仅是在基线常规方案上尝试新的压缩技术。

压缩流

我们应该避免压缩那些对压缩响应不好的活动，无论它们花费了多少成本（例如架构）或已经完全压缩过的活动。由于即使是每个活动也有自己的时间－成本曲线，因此活动最初可能很容易压缩，但是随后的压缩将需要额外的成本在活动自己的时间－成本曲线上爬升。在某种程度上，活动将不可能进一步压缩。因此，一般来说，压缩其他活动比重复压缩相同的活动效果更好。

理想情况下，应该只压缩关键路径上的活动。压缩关键路径之外的活动几乎没有意义，因为这样做只会提高成本，而不会缩短项目时间。同时，不应该盲目地压缩关键路径上的所有活动。压缩的最佳候选者是为压缩提供最佳 ROI 的活动。压缩这些活动将以最少的额外费用最大限度地减少时间。活动的持续时间也很重要，因为所有压缩技术都具有破坏性，并且会增加项目的风险和复杂性。最好在大型关键活动上产生这些影响，并最大限度地减少时间。通常也建议将大型活动拆分为较小的活动，这是压缩大型活动获得的额外好处。当你压缩关键路径时，你会缩短它。因此，另一条路径现在可能变成项目网络中最长的；也就是说，出现了一条新的关键路径。应该不断评估项目网络，以便发现新关键路径的出现，并压缩该路径而不是旧关键路径。如果出现多条关键路径，则必须找到同时压缩这些路径并压缩相同数量的方法。例如，如果一个活动或一组活动覆盖了所有关键路径，则下一次压缩迭代将以它们为目标。

可以不断迭代压缩项目，直到出现以下情况之一：

- 已经可以满足预期的最后期限，没有必要设计成本更高时间更短的项目。
- 项目的预估成本超出了项目预算。
- 压缩项目网络非常复杂，不太可能有任何项目经理或团队可以做到这一点。
- 压缩方案比常规方案的持续时间短 30%（甚至 25%）以上。如前所述，在实践中可以压缩任何项目的程度是有自然限制的。
- 压缩方案的风险太大，或者超过了最大风险点后的风险略有下降。这要求能够量化项目设计方案的风险（在下一章中讨论）。
- 已经用尽了进一步压缩项目的想法或选项，没有什么可以压缩的了。
- 出现了太多的关键路径，或者所有的网络路径都成为关键路径。

可以找到仅在关键路径之外压缩活动的方法。压缩方案的持续时间与之前相同，但成本更高。我们已经达到了项目的完全压缩点。

了解这个项目

这一系列压缩项目的方案让我们可以对项目进行更好的建模，并了解在其时间和成本边界条件发生变化时它是如何工作的。通常，只需要常规方案剩下的两三个点就可以理解项目的行为。项目越复杂或昂贵，我们就应该投入更多精力来理解项目，因为即使是很小的错误也会产生很严重的影响。

|第 10 章|

风　险

如第 9 章所述，每个项目总是有几个设计选项，它们提供了时间和成本的不同组合。其中一些选项可能比其他选项更激进或风险更高。本质上，每个项目设计选项都是三维空间中的一个点，其轴是时间、成本和风险。决策者在选择项目设计方案时应该能够考虑风险——实际上，这是他们必须具备的能力。设计项目时，必须能够量化选项的风险。

大多数人能意识到风险因素，但因其难以量化而倾向于忽略。如果试图用二维模型（时间 – 成本）去解决一个三维问题（时间 – 成本 – 风险），往往会导致糟糕的结果。本章将探讨如何使用一些建模技术来轻松客观地衡量风险，展示风险、时间和成本之间是怎样相互作用的，研究如何降低项目风险并找到最佳设计方案。

> **注意**　风险计算涉及简单的数学运算。为了自动进行代数运算以避免容易出错的手动计算，本书的在线资源包含执行风险计算的电子表格示例。

10.1　选择选项

风险建模的最终目标是根据风险、时间和成本来权衡项目设计方案，以评估方案的可行性。通常，风险是在选项之间进行选择的最重要的考量指标。

例如，考虑同一项目的两个选项：

- 第一个选项需要 6 个开发人员工作 12 个月。
- 第二个选项需要 4 个开发人员工作 18 个月。

如果这是我们关于这两个选项所了解的全部信息，那么大多数人会选择第一个选项，因为这两个选项最终花费相同（6 人年），并且第一个选项的交付速度要快得多（前提是获得足够的现金流）。现在，假设你知道第一个选项只有 15% 的成功机会，第二个选项有 70% 的成功机会。你会选择哪个选项？举一个更极端的例子，假设第二个选项要求 6 个开发人员工作 24 个月，且成功率仍为 70%。尽管现在第二个选项的成本是前者的两倍，并且花费的时间也是前者的两倍，但是大多数人会直观地选择该选项。这是一个简单的演示，表明人们通常基于风险而不是基于时间和成本来考虑选项。

前景理论

1979 年，心理学家丹尼尔·卡尼曼（Daniel Kahneman）和阿莫斯·特维尔斯基（Amos Tversky）开发了前景理论（prospect theory）⊖，这是行为心理学中最重要的决策概念。卡尼曼和特维尔斯基发现，人们在做决策时更多考虑风险，而不是期望收益。对于相同数值的损失和收益，大多数人从损失中感到的痛苦，要比从收益中获得的快乐更强烈。因此，人们寻求减少风险而不是最大化收益，哪怕一个冒险选择的期望收益更佳。这一观察结果违背了传统的观点，即"人们会采取理性行动来追求期望收益最大化"。这一观察结果违背了传统的观点，即人们认为应该根据预期价值采取合理的行动，以最大限度地提高收益。前景理论强调除了时间和成本外，风险因素在决策过程中的重要性。2002 年，丹尼尔·卡尼曼因其提出前景理论的贡献而获得了诺贝尔经济学奖。

10.2　时间 - 风险曲线

正如项目具有时间 - 成本曲线一样，它也具有时间 - 风险曲线。理想曲线如图 10-1 中的虚线所示。在压缩项目周期时，项目周期压缩得越短，风险等级就越高，并且增长率可能是非线性的。这就是为什么图 10-1 中的虚线在接近纵轴时很高，随着时间的增长又逐渐下降。然而，这种直观的虚线是错误的。实际上，时间 - 风险曲线是某种 Logistic 函数，如图 10-1 中的实线所示。

⊖　Daniel Kahneman and Amos Tversky, " Prospect Theory:An Analysis of Decision under Risk," *Econometrica*, 47, no. 2 (March 1979): 263-292.

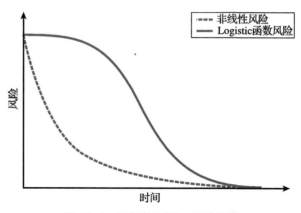

图 10-1　理想的时间 – 风险曲线

　　Logistic 函数是一种高级模型，因为它可以更紧密地捕获复杂系统中的一般风险行为。例如，如果绘制因为压缩晚饭的正常准备时间而导致晚饭烧糊的风险曲线，则风险曲线将类似于图 10-1 中的实线。每种压缩技术（例如，将烤箱温度设置得太高、将托盘放置在离加热元件太近的位置、选择更容易烹饪但更易燃的食物、不对烤箱进行预热等）都会增加晚饭烧糊的风险。如实线所示，当时间压缩到一定程度，烧糊晚饭的风险值接近最大并趋于恒定，因为此时已经注定会烧糊晚饭。同样，如果我决定连厨房都不进，那么风险将急剧下降。如果风险是像虚线描述的那样，随着时间压缩，烧糊的风险在不断增加，但总是存在不烧糊的可能性。

　　请注意，Logistic 函数有一个临界点，风险急剧增加（类似于进入厨房的决定）。相比之下，虚线保持逐渐增加，并且没有明显的临界点。

实际的时间 – 风险曲线

　　事实证明，即使图 10-1 中的 Logistic 函数仍然是理想的时间 – 风险曲线。实际的时间 – 风险曲线更像图 10-2 所示。最好通过将其与项目的直接成本曲线重叠来解释出现该形状曲线的原因。由于项目行为是三维的，因此图 10-2 依赖于第 2 个 y 轴来承担风险。

　　图 10-2 中的垂直虚线表示常规方案的持续时间以及该项目的最小直接成本方案。请注意，常规的方案通常会通过提供一些浮动时间来减少人员的配备，风险会随着浮动时间的减少而上升。

　　常规方案的左侧是时间更短、压缩的解决方案。压缩方案的风险更高，因此在常规方案的左侧，其风险曲线会上升。风险上升到一定水平会趋于平稳（理想的 Logistic 函数就是这种情况）。但是，与理想行为不同，实际风险曲线会在最小持续时间点之前最大化，甚至会下降一点，从而呈凹形。尽管这种行为是违反直觉的，但通常来说发生的原因在于，时间较短的项目在某种程度上更安全，这就是我称之为"达芬奇效应"（da Vinci effect）的现象。在研究线材的拉伸强度时，莱昂纳多·达·芬奇（Leonardo da Vinci）发现，较短的线材比较长的线材更坚固（这是因为缺陷的可能性与线材的长度成正比）[⊖]。依此类推，对于项目也是如此。为了说明这一点，请考虑两种可能的方式来交付一个 10 人年的项目：一个人干 10 年或 3650 个人干 1 天。假设这两个项目都是可行的（有可用的人员和时间等），那么 1 天的项目比 10 年的项目风险低。一天之内发生风险事件的可能性尚待争议，但十年内肯定会发生风险事件。在本章的后面，我将对此部分提供更详细的解释。

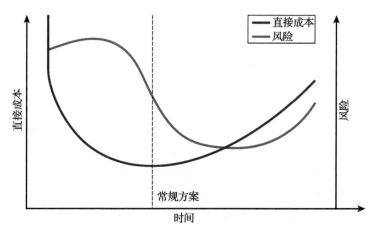

图 10-2 实际的时间 – 成本 – 风险曲线

在常规方案的右侧，风险至少在最初下降了。例如，为一个为期一年的项目多花一周的时间会减少不及时交付的风险。但是，如果你继续给项目更多时间，帕金森定律将在某个时刻生效并大大增加风险。因此，在正常方案的右边，风险曲线下降，在大于零的某个值处，风险值达到最低，然后再次开始上升，曲线图呈凹陷形。

10.3 风险建模

本节介绍常用的风险建模和量化技术。这些技术在衡量风险的方式上相互补充。通常需要多个模型来帮助我们在选项之间进行选择，因为没有任何模型是完美的。但是，每种风险模型都会产生可比的结果。

风险值始终是相对的。例如，跳下快速行驶的火车是有风险的。但是，如果那列火车正要越过悬崖，那么跳车是最明智的选择。风险没有绝对值，因此只能与其他替代方法进行比较来评估。于是，应该谈论一个"风险更高"的项目，而不是一个"有风险"的项目。同样，如果什么都不做，风险则无从谈起，做任何项目唯一的安全方法是不做它。因此，应该谈论

⊖ William B. Parsons, *Engineers and Engineering in the Renaissance* (Cambridge, MA: MIT Press, 1939); Jay R. Lund and Joseph P. Byrne, *Leonardo da Vinci's Tensile Strength Tests: Implications for the Discovery of Engineering Mechanics* (Department of Civil and Environmental Engineering, University of California, Davis, July 2000).

一个相对安全而非绝对安全的项目。

10.3.1　标准化风险

评估风险的重点是能够比较选项和项目，这就需要比较数字。创建模型时，做出的第一个决定是将风险标准化为 0 到 1 的数值范围。

风险值为 0 并不表示该项目没有风险。风险值为 0 表示已将项目风险降至最低。同样，风险值为 1 并不意味着项目一定会失败，而仅仅是已最大化了项目的风险。

风险值也不表示成功的可能性。概率为 1 表示确定性，值为 0 表示不可能。风险值为 1 的项目仍可以交付，而风险值为 0 的项目仍可能失败。

10.3.2　风险和浮动

网络中各种活动的浮动时间为衡量项目风险提供了一种客观的评估方法，并且前面的章节在讨论风险时都提到了浮动时间。两种不同的项目设计方案会有所不同，因此，风险也可能会大大不同。例如，考虑图 10-3 中所示的两个项目设计选项。

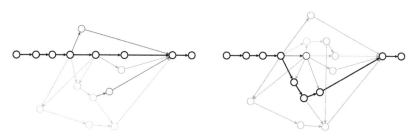

图 10-3　项目的两个选项

这两个选项是用于构建同一系统的、有效的项目设计选项。图 10-3 中唯一可用的信息是两个网络的颜色编码平移。现在，问问自己：你希望参与哪个项目？看过这张图的每个人都喜欢图 10-3 右侧的绿色选项。有趣的是，没有人问过这两个选项之间的持续时间和成本有何不同。即使我主动提出，绿色选项的使用时间延长 30%，而且承担的成本更高，但这些信息也不会影响用户的选择偏好。没有人选择图 10-3 左侧所示的低浮动、高压力和高风险的项目。

设计风险

项目面临多种风险，如人员配备风险（项目是否能真正达到所需的人员配备要求？）、研发周期风险（是否允许项目所需的研发周期？）、技术风险（技术能够交付吗？）、人为因素（团队在技术上能否胜任，他们能紧密协作吗？）、始终存在的执行风险（项目经理可以正确执行项目计划吗？）等。

这些风险类型与使用浮动资源评估的风险类型无关。任何项目设计解决方案都始终假设组织或团队将按计划的时间表和成本交付项目，并且项目将获得所需的时间和资源。其余风险类型与项目将如何处理不可预见性的情况有关。这种风险被称为"设计风险"。

"设计风险"体现了项目脱离活动进度以及完成交付能力的风险敏感程度。因此，设计风险量化了项目的脆弱程度，使用浮动资源来衡量风险，实际上是在量化设计风险。

10.3.3　风险和直接成本

项目风险度量通常与各种解决方案的直接成本、持续时间相关。在大多数项目中，间接成本与项目风险无关。即使风险非常低，间接成本也会随着项目的持续进行而增加。因此，本章仅涉及直接成本。

10.3.4　临界风险

当评估图 10-3 的选项时，临界风险模型会尝试量化风险的直观印象。对于此风险模型，将项目中的活动分为从最高风险到最低风险的四个风险类别：

- **关键活动**。关键活动显然是风险最高的活动，因为关键活动的任何延迟总是会导致进度滞后和成本超支。
- **高风险活动**。低浮动、次关键的活动也有风险，因为任何延迟都可能导致进度滞后和成本超支。
- **中风险活动**。浮动程度中等的活动具有中等风险，可以承受一些延误。
- **低风险活动**。高浮动的活动风险最小，并且即使不拖延项目，也能承受较大的延误。

我们应从此分析中排除持续时间为零的活动（例如里程碑和虚拟活动），因为它们不会增加项目风险。而且，与实际活动不同，它们只是项目网络的工件。

第 8 章介绍了如何根据活动类型使用颜色编码对其进行分类。可以通过对四种风险类别进行颜色编码并使用相同的技术来评估活动的敏感性或脆弱性。使用适当的颜色编码，为每个活动的重要性分配权重。权重充当的是一个风险因素。当然，我们可以自由选择任何表示风险差异的权重。表 10-1 中显示了一种可能的权重分配。

表 10-1　临界风险权重

活动颜色	权重	活动颜色	权重
黑色（关键活动）	4	黄色（中风险活动）	2
红色（高风险活动）	3	绿色（低风险活动）	1

临界风险公式为：

$$风险 = \frac{W_\mathrm{C} \times N_\mathrm{C} + W_\mathrm{R} \times N_\mathrm{R} + W_\mathrm{Y} \times N_\mathrm{Y} + W_\mathrm{G} \times N_\mathrm{G}}{W_\mathrm{C} \times N}$$

式中，W_C 是黑色、关键活动的权重；W_R 是红色、低浮动活动的权重；W_Y 是黄色、中等浮动活动的权重；W_G 是绿色、高浮动活动的权重；N_C 是黑色、关键活动数；N_R 是红色、低浮动活动数；N_Y 是黄色、中等浮动活动数；N_G 是绿色、高浮动活动数；N 是项目中活动的总数量（$N = N_\mathrm{C} + N_\mathrm{R} + N_\mathrm{Y} + N_\mathrm{G}$）。

用表 10-1 中的权重代替，临界风险公式为：

$$风险 = \frac{4 \times N_\mathrm{C} + 3 \times N_\mathrm{R} + 2 \times N_\mathrm{Y} + 1 \times N_\mathrm{G}}{4 \times N}$$

将临界风险公式应用于图 10-4 的网络图中，可得出：

$$风险 = \frac{4 \times 6 + 3 \times 4 + 2 \times 2 + 1 \times 4}{4 \times 16} = 0.69$$

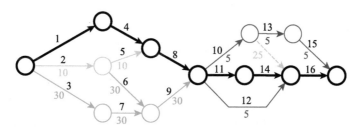

图 10-4　用于风险计算的示例流程图

1. 临界风险值

临界风险的最大值为 1.0，当网络中的所有活动都很关键时，就会发生这种情况。在这样的网络中，N_R、N_Y 和 N_G 为零，N_C 等于 N：

$$风险 = \frac{W_\mathrm{C} \times N + W_\mathrm{R} \times 0 + W_\mathrm{Y} \times 0 + W_\mathrm{G} \times 0}{W_\mathrm{C} \times N} = \frac{W_\mathrm{C}}{W_\mathrm{C}} = 1.0$$

临界风险的最小值是 W_G 高于 W_C，当网络中的所有活动均为绿色时，就会发生这种情况。在这样的网络中，N_C、N_R 和 N_Y 为零，N_G 等于 N：

$$风险 = \frac{W_\mathrm{C} \times 0 + W_\mathrm{R} \times 0 + W_\mathrm{Y} \times 0 + W_\mathrm{G} \times N}{W_\mathrm{C} \times N} = \frac{W_\mathrm{G}}{W_\mathrm{C}}$$

使用表 10-1 中的权重，风险的最小值为 0.25。因此，临界风险永远不能为零：这样的加权平均值将始终具有一个大于零的最小值，只要权重本身大于零即可。这不一定是一件坏事，因为项目风险永远不应该为零。该公式暗示最低风险值范围太低而无法实现，这是合理的，因为任何值得做的事情都有风险。

2. 选择权重

只要可以合理地选择权重，就可以使用临界风险模型。例如，权重集 [21，22，23，24] 是一个糟糕的选择，因为 21 仅比 24 小 14%。因此，相对于关键活动而言，此设置并未强调绿色风险。此外，使用这些权重的最小风险（W_G / W_C）为 0.88，显然太高了。确定权重集为 [1，2，3，4]，使其与任何其他明智的选择一样好。

3. 自定义临界风险

临界风险模型通常需要进行一些自定义和判断。首先，如第 8 章所述，各种颜色的范围（红色、黄色和绿色活动的标准）必须适合项目的持续时间。其次，应该考虑将流量非常低或接近临界的活动（例如，流量为 1 天的活动）定义为关键活动，因为这些活动与关键活动基本具有相同的风险。最后，即使某些活动的浮动不是很关键，也应该检查活动所在的链（chain）并相应地进行调整。例如，如果有一个为期一年的链包含了许多活动，而该链只有 10 天的浮动时间，则应将链上的每个活动归类为风险计算的关键活动，如果该链上某项活动的延期将消耗所有浮动，那么将所有下游活动转变为关键活动。

10.3.5　斐波那契风险

斐波那契数列是一个数字序列，该序列中的每项都等于前两项的和，但开始的两项定义为 1。

$$Fib_n = Fib_{n-1}+Fib_{n-2}$$
$$Fib_2 = Fib_1 = 1$$

此递归定义产生的序列为 1，1，2，3，5，8，13，…。

两个（足够大的）连续斐波那契数之间的比率是一个无理数，称为 phi（希腊字母 φ），其值为 1.618…，并且该数列表示为：

$$Fib_i = \varphi \times Fib_{i-1}$$

自古以来，φ 被称为黄金分割率。在自然界和人类企业中经常可以看到它。基于黄金分割率的两个著名（且完全不同）的例子是：无脊椎动物鹦鹉螺的外壳螺旋上升的方式、市场回归其先前价格水平的方式。

请注意，表 10-1 中的权重类似于斐波那契数列的起始值。作为表 10-1 的替代，可以从斐波那契数列中选择任意四个连续成员（例如 [89，144，233，377]）作为权重。无论选择哪种方法，当使用它们评估图 10-4 中的网络时，由于权重保持 φ 的比率，风险始终为 0.64。如果 W_G 是绿色活动的权重，则其他权重为：

$$W_{Y} = \varphi \times W_{G}$$
$$W_{R} = \varphi^2 \times W_{G}$$
$$W_{C} = \varphi^3 \times W_{G}$$

临界风险公式可以写成：

$$风险 = \frac{\varphi^3 \times W_{G} \times N_{C} + \varphi^2 \times W_{G} \times N_{R} + \varphi \times W_{G} \times N_{Y} + W_{G} \times N_{G}}{\varphi^3 \times W_{G} \times N}$$

由于 W_{G} 出现在分子和分母的所有元素中，因此可以简化方程式：

$$风险 = \frac{\varphi^3 \times N_{C} + \varphi^2 \times N_{R} + \varphi \times N_{Y} + N_{G}}{\varphi^3 \times N}$$

近似 φ 的值，公式可简化为：

$$风险 = \frac{4.24 \times N_{C} + 2.62 \times N_{R} + 1.62 \times N_{Y} + N_{G}}{4.24 \times N}$$

将此风险模型称为"斐波那契风险模型"。

斐波那契风险值

在全关键网络中，斐波那契风险公式可以达到的最大值是 1.0。它可以达到的最小值是 0.24（1 / 4.24），略小于最小临界风险模型值 0.25（当使用集合 [1，2，3，4] 作为权重时）。这也验证了临界风险下限约为 0.25 的观点。

10.3.6 活动风险

临界风险模型使用广泛的风险类别。例如，如果将浮动时间超过 25 天的表示为绿色，则两个活动（一个具有 30 天的浮动时间，另一个具有 60 天的浮动时间）被放置在相同的绿色容器中，并且具有相同的风险值。为了更好地考虑每个单独活动的风险贡献，活动风险模型应运而生。该模型比临界风险模型要离散得多。

活动风险公式为：

$$风险 = 1 - \frac{F_1 + \cdots + F_i + \cdots + F_N}{M \times N} = 1 - \frac{\sum_{i=1}^{N} F_i}{M \times N}$$

式中，F_i 是活动 i 的浮动；N 是项目中的活动数；M 是项目中任何活动的最大浮动或（F_1，F_2，$\cdots$，F_N）数列中的最大值。

与临界风险一样，应从此分析中排除持续时间为零的活动（里程碑和虚拟活动）。

将活动风险公式应用于图 10-4 所示的网络，得出：

$$风险 = 1 - \frac{30+30+30+30+10+10+5+5+5+5}{30 \times 16} = 0.67$$

1. 活动风险值

当所有活动都是关键活动时，活动风险模型是不确定的。但是，在极限情况下，给定一个大型网络（大的 N），该网络仅包含一个浮动水平为 M 的非关键活动，该模型接近 1.0：

$$风险 \approx 1 - \frac{F_1}{M \times N} = 1 - \frac{M}{M \times N} = 1 - \frac{1}{N} \approx 1 - 0 = 1.0$$

当网络中的所有活动具有相同的浮动水平 M 时，活动风险的最小值为 0：

$$风险 = 1 - \frac{\sum_{i=1}^{N} M}{M \times N} = 1 - \frac{M \times N}{M \times N} = 1 - 1 = 0$$

虽然理论上活动风险可以达到零，但实际上，不太可能会遇到这样的项目，因为所有项目始终都具有一些非零的风险。

2. 计算的失误

只有当项目的浮动在网络中的最小浮动和最大浮动之间均匀分布时，活动风险模型才能很好地发挥作用。明显高于所有其他浮动率的异常浮动率值会使计算产生偏差，从而产生不正确的高风险值。例如，考虑一个为期一年的项目，该项目有一个为期一周的活动，该活动可以在项目开始到结束之间的任何时间进行。如图 10-5 中的网络所示，这样的活动将花费近一年的时间。

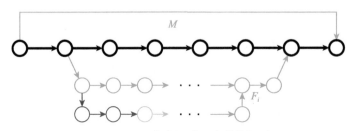

图 10-5　具有高浮动异常值的活动

图 10-5 显示了关键路径（黑色粗体）和下面带有一些彩色编码对应层次的浮动（F_i）的大量活动。在关键路径上方显示的活动本身很短，但具有大量的浮动 M。

由于 M 比任何其他 F_i 大得多，因此活动风险公式得出的数字接近 1：

$$M \gg F_i$$

$$风险 = 1 - \frac{\sum_{i=1}^{N} F_i}{M \times N} \approx 1 - \frac{F_i \times N}{M \times N} \approx 1 - \frac{F_i}{M} \approx 1 - 0 = 1.0$$

下一章将说明这种情况，并提供一种简便有效的方法来检测和调整浮动异常值。

当项目没有很多活动并且非关键活动的浮动都相似甚至具有相同的值时，活动风险也会产生错误的低活动风险值。但是，除了这些罕见的、有些人为的例子之外，活动风险模型可以正确地衡量风险。

10.3.7　临界风险与活动风险

现实工作中的项目，临界风险和活动风险模型得出的结果非常相似。每个模型都有优点和缺点。通常，临界风险更好地反映了人类的直觉，而活动风险则更适合于各个活动之间的差异。临界风险建模通常需要进行校准或判断，但与浮动的均匀程度无关。活动风险对较大的浮动异常值很敏感，但是它很容易计算，不需要太多的校准。甚至可以自动调整浮动的异常值。

> **注意**　当活动风险和临界风险相差很大时，应找到根本原因。临界风险的校准可能是不正确的，或者活动风险可能会因为浮动不均匀地散布而发生偏差。如果没有什么突出的，你可能想使用斐波那契风险模型作为仲裁风险模型。

10.4　压缩和风险

如前所述，随着高压缩，风险会略有降低，这反映了直观的现象：时间较短的项目更安全。量化的风险模型为这种现象提供了解释。高压缩软件项目的唯一实用方法是引入并行工作。第 9 章列出了从事并行工作的几种想法，例如拆分活动、与依赖性较低的阶段并行执行其他活动，或引入其他活动启动并行工作。图 10-6 定性地显示了这种效果。

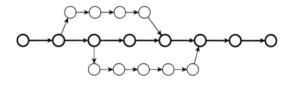

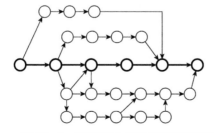

图 10-6　高压缩会导致网络有更多的并行活动

图 10-6 描绘了两个网络，底部图是顶部图的压缩版本。压缩方案具有较少的关键活动、较短的关键路径和更多并行的非关键活动。在度量此类压缩项目的风险时，存在更多浮动活动且活动频繁，而关键活动较少，会降低由临界风险模型和活动风险模型产生的风险值。

执行风险

尽管高度并行项目的设计风险可能低于压缩方案的设计风险，但是由于额外的依赖关系以及需要安排和跟踪的活动数量增加，此类项目的执行更具挑战性。这样的项目将具有严格的计划约束，并需要更大的团队。本质上，高度压缩的项目已将设计风险转换为执行风险。我们应该度量执行风险和设计风险。网络的复杂性是一种预期执行风险的合理标志。第 12 章讨论如何量化执行复杂度。

10.5　风险缓解

虽然压缩项目可能会增加风险，但事实恰恰相反（在一定程度上）：通过放松项目，可以降低其风险。这种技术被称为"风险缓解"。为了推迟项目交付日期，可以在设计项目时，特意在关键路径上引入浮动。风险缓解是减少项目脆弱性、防止不可预见性的最佳方法。

当可用的解决方案风险太大时，应该缓解项目风险。缓解项目风险的其他原因包括：基于过去的不良记录对目前的前景表示担忧、面临太多未知或环境多变、不断改变其优先级和资源。

正如第 7 章所讨论的那样，在尝试降低风险时，一个经典错误是填充估算值。这实际上会使情况变得更糟，并降低了成功的可能性。缓解风险的目的是保持原始估计不变，并增加所有网络路径上的流量。

同时，不应过度缓解风险。使用风险模型，可以衡量缓解风险的效果，并在达到缓解风险目标时停止（本节稍后讨论）。当所有活动浮动频繁时，过度缓解会降低收益。超出此点的任何其他缓解都不会降低设计风险，但会高估总体风险和浪费时间。

我们可以针对任何项目设计解决方案缓解风险，尽管通常只针对常规方案进行。缓解风险会把项目推到不经济的区域（见图 10-2），从而增加了项目的时间和成本。当针对项目设计解决方案缓解风险时，仍然可以由最初的人员来设计它。不要试图消耗额外的浮动资源并减少人员，这样从一开始就违背了缓解风险的初衷。

10.5.1　如何缓解

缓解项目风险的直接方法是将项目中的最后一个活动或最后一个事件沿时间轴往下推，

这就为网络中的所有先前活动增加了浮动。在图 10-4 所示的网络中，将活动 16 的期限放宽 10 天，将使临界风险与活动风险分别降低至 0.47、0.52。将活动 16 的期间放宽 30 天，将使临界风险与活动风险分别降低至 0.3、0.36。

　　一种更复杂的技术是沿关键路径缓解一个或两个关键活动，如图 10-4 所示的活动 8。通常，在流程约靠后的地方缓解，所需的缓解的就越多，因为上游活动中的任何延误都会消耗下游活动的缓冲量。在流程中越早的地方缓解，越不容易耗光所引入的缓冲量。

10.5.2　缓解目标

　　缓解风险时，应努力将风险降至 0.5。图 10-7 使用渐近值为 1 和 0 的 Logistic 函数证明了理想风险曲线上的这一点。

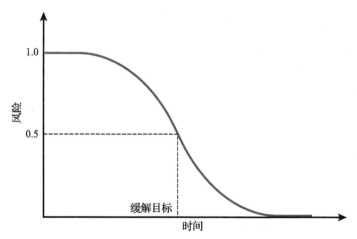

图 10-7　理想风险曲线上的缓解目标

　　当项目持续时间很短时，风险值几乎为 1.0，并且风险最大化。那时，风险曲线趋于水平线。最初，增加项目时间不会大大降低风险。随着时间的流逝，风险曲线有时会开始下降，而给项目提供的时间越多，曲线就越陡峭。但是，随着时间的增加，风险曲线开始趋于平稳，从而减少了额外时间的风险降低。风险曲线最陡峭的点是风险缓解效果最佳的点，也就是说，缓解量最小的风险最大。这一点定义了风险缓解目标。由于图 10-7 中的 Logistic 函数是 0 到 1 之间的对称曲线，因此临界点的风险值正好为 0.5。

　　要确定风险缓解目标与成本之间的关系，请将实际风险曲线与直接成本曲线进行比较（图 10-8）。实际风险曲线的范围比理想风险曲线窄，并且永远不会接近 0 或 1，尽管它的行为与最大值和最小值之间的 Logistic 函数相似。如本章开头所讨论的，风险曲线的最陡点（凹入变为凸出）的直接成本最低，这与缓解目标一致（图 10-8）。

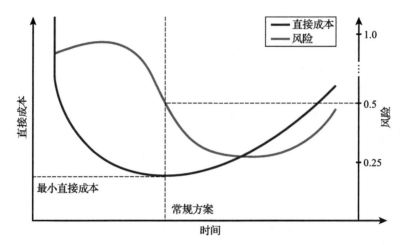

图 10-8　最小直接成本与风险值为 0.5 重叠

由于风险一直降到 0.5 的右边，因此可以将 0.5 视为最小风险缓解目标。同样，应该监视风险曲线的行为，而不要过度缓解。

如果从风险角度出发，项目的最低直接成本点也是最佳点，则这将成为项目的最佳设计点，同时以最高风险提供最低的直接成本。这一点既不太危险，也不过于安全，可以从增加项目时间中受益。

> **注意**　从理论上讲，项目的最低直接成本点与常规解决方案以及风险曲线上的最陡点是一致的。实际上，这种情况很少见，因为该模型从根本上讲是一个离散模型，并且你通常会为现实做出让步。你的常规解决方案可能接近直接成本的最低点，但并不完全是最低点。这意味着你必须经常将常规解决方案的风险缓解到风险曲线的临界点。

10.6　风险指标

在本章结束时，这里有一些易于记忆的指标和经验法则。与每个设计指标一样，应该将它们用作准则。违反指标的使用红色标志标识，应该彻底调查其引发原因。

● **将风险指标保持在 0.3 到 0.75 之间**。项目永远都不应具有极高的风险值。显然，风险值为 0 或 1.0 是没有意义的。风险不应太低：由于临界风险模型限定风险值不得低于 0.25，因此可以将 0.25 的下限四舍五入为任何项目的下限 0.3。压缩项目（一个完整的关键项目）时，在风险值达到 1.0 之前，你应该停止压缩。若风险值为 0.9 或 0.85，风险仍然很高。如果不允许下四分之一的风险值处在 0 到 0.25 的，那么出于对称的考虑，你应该避免上四分之一的风险值处在 0.75 至 1.0 之间。

- **缓解风险值到 0.5**。风险值为 0.5 是理想的缓解目标，因为这个目标是风险曲线中的临界点。
- **请勿过度缓解**。如前所述，超出缓解目标的缓解会减少收益，而过度缓解会增加风险。
- **常规方案的风险值保持在 0.7 以下**。风险较高可能是因为你压缩了方案而付出的代价，但对于常规方案则不建议这样做，回到对称论点，如果风险值为 0.3 是所有解决方案的风险控制下限，那么风险值为 0.7 的是常规方案的风险控制上限。你应该始终对高风险的常规方案进行风险缓解。

你应该将风险建模和风险指标都纳入项目设计。不断测量风险，以了解自己的项目进展和发展方向。

| 第 11 章 |

实践中的项目设计

许多项目设计新手面临的困难不是特定的设计技术和概念，而是设计过程的端到端流程。很容易陷入细节之中，而忽视了设计工作的目标。在面临没有经验，或者遇到第一个不符合规定的故障或情况时我们可能会感到很沮丧。试图解决所有可能的突发事件和响应是不切实际的，最好的方式是掌握项目设计思路。本章通过贯穿项目设计的整个过程，展示了项目设计中的思维过程和思维方式，重点在于对步骤和迭代的系统检查。我们将获得经验和法则：如何在项目设计的选项之间交替，如何了解有意义的内容，以及如何评估权衡。本章进一步阐述了前几章的方法并结合项目设计技术，将理论与实践相结合 。本章还涵盖了项目设计的其他方面，例如计划假设、复杂性降低、人员配备、进度安排、适应限制条件、压缩以及风险和计划。因此，本章的目的是项目设计流程和技术的指导，而不是提供实际案例。

11.1　使命

我们的任务是设计一个项目来构建典型的业务系统。该系统是使用元设计方法设计的，但这一点在本章中并不重要。通常，对项目设计工作的输入应包括以下内容：

- **静态体系结构**。使用静态架构来创建一张编程活动的初始列表。

- **调用链或顺序图**。可以通过检查用例，以及它们在系统中的传播方式来生成调用链或序列图。这些提供了结构化活动依赖性的粗略表述。
- **活动清单**。列出所有活动，包括编码和非编码的活动。
- **持续时间估算**。对于每个活动，都可以准确估算所涉及的持续时间（和资源）（或与其他人一起工作）。
- **计划假设**。可以掌握有关人员配备的假设、可用性、加速时间、技术、质量等。通常会有几套这样的假设，每套假设导致一个不同的项目设计解决方案。
- **项目限制**。写下所有显示的已知限制。还应该包括可能或预料的限制，并进行相应的计划。下面将在本章中看到多个处理限制的示例。

11.1.1　静态架构

图 11-1 显示了系统的静态架构。就像你看到的，这个系统的大小非常有限。它包括两个客户端、五个业务逻辑组件、三个资源访问组件、两个资源和三个实用工具库。

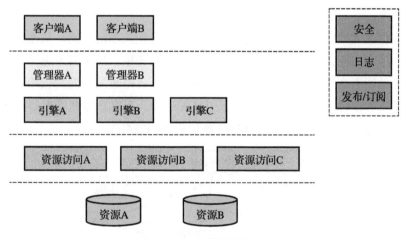

图 11-1　系统静态架构

尽管图 11-1 中的系统是受实际系统启发设计的，但此特定架构的优点与本章无关。在设计项目时，应避免将项目设计工作转变为系统设计评审。即使是差劲的架构，也应该具有足够的项目设计，以最大限度地实现项目承诺。

11.1.2　调用链

该系统只有两个核心用例和两个调用链。第一个调用链（如图 11-2 所示）以发布事件结尾。图 11-3 中的第二个调用链描述了订购者对该事件的处理。

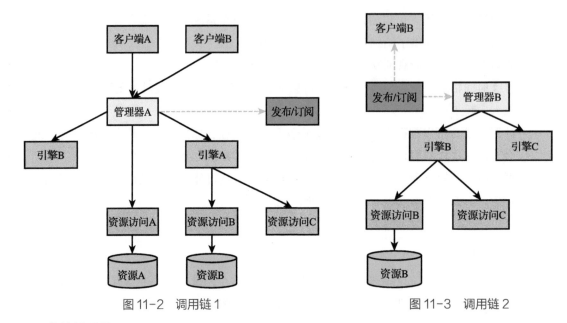

图 11-2 调用链 1   图 11-3 调用链 2

依赖关系图

我们应该检查调用链，并完成架构中组件之间的依赖关系的初稿。从连接组件的所有箭头开始，而不考虑传输或连接性，并将每个箭头视为依赖项。应该只考虑一次依赖关系。但是，通常调用链图不会显示全部情况，因为它们通常会省略重复的隐式依赖关系。在这种情况下，架构的所有组件（资源除外）都依赖于日志记录，而客户端和管理器则依赖于安全性组件。有了这些附加信息，可以绘制图 11-4 所示的依赖关系图。

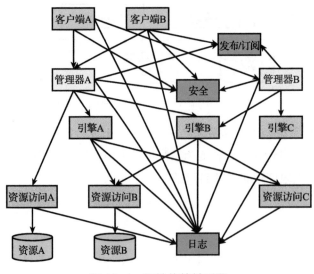

图 11-4 初始依赖关系图

如图 11-4 所见，即使对于只有两个用例的简单系统，依赖关系图也很杂乱且难以分析。可以利用的一种降低复杂性的简单方法：消除重复的继承依赖项。继承的依赖关系是由于传递性依赖关系[⊖]导致的——即活动依赖于其他活动隐式继承的依赖关系。在图 11-4 中，客户端 A 取决于管理器 A 和安全，管理器 A 也取决于安全。这意味着可以省略客户端 A 和安全之间的依赖关系。使用继承的依赖关系，可以将图 11-4 简化为图 11-5。

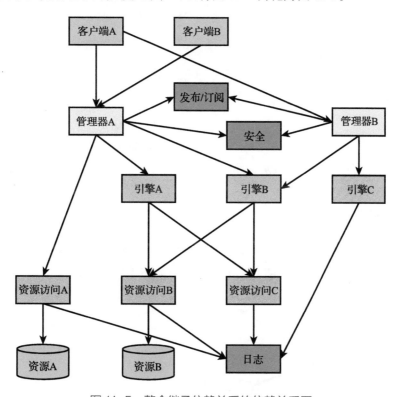

图 11-5　整合继承依赖关系的依赖关系图

11.1.3　活动清单

虽然图 11-5 当然比图 11-4 更简单，但它仍有不足之处，因为它本质上是高度结构化的，仅显示编码活动。必须编制一份包含项目中所有活动的完整列表。在这种情况下，非编码活动的列表包括有关需求、架构（例如技术验证或演示服务）、项目设计、测试计划、测试工具和系统测试的其他工作。表 11-1 列出了项目中的所有活动、其持续时间估算，以及它们对先前活动的依赖关系。

⊖　https://en.wikipedia.org/wiki/Transitive_dependency

表 11-1 活动、持续时间和依赖关系

ID	活动	持续时间（天）	依赖于	ID	活动	持续时间（天）	依赖于
1	需求	15		12	资源访问 B	5	6,10
2	架构	20	1	13	资源访问 C	15	6
3	项目设计	20	2	14	引擎 A	20	12,13
4	测试计划	30	3	15	引擎 B	25	12,13
5	测试工具	35	4	16	引擎 C	15	6
6	日志记录	15	3	17	管理器 A	20	7,8,11,14,15
7	安全	20	3	18	管理器 B	25	7,8,15,16
8	发布/订阅	5	3	19	客户端 App1	25	17,18
9	资源 A	20	3	20	客户端 App2	35	17
10	资源 B	15	3	21	系统测试	30	5,19,20
11	资源访问 A	10	6,9				

11.1.4 网络图

有了活动和依赖项列表，可以将项目网络绘制为箭头图。初始网络图如图 11-6 所示。该图中的数字对应于表 11-1 中的活动 ID。粗线和数字表示关键路径。

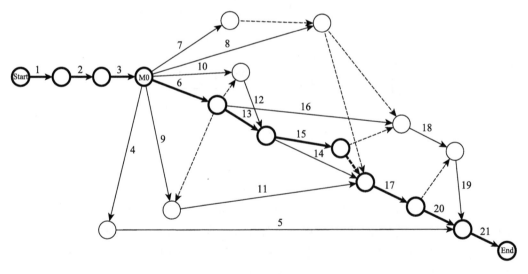

图 11-6 初始网络图

关于里程碑

按照第 8 章的定义，里程碑是项目中的一个事件，表示该项目的一个重要部分的完成，包括其主要的集成。即使在项目设计的早期阶段，我们也应该将完成项目设计事件（活动 3）指定为 SDP 评审里程碑 M0。

在这种情况下，M0 是项目前端（"模糊前端"的缩写）的完成里程碑，包括需求、架构和项目设计。这使得 SDP 评审成为计划的明确部分。在关键路径之上或之外，都可以建立里程碑。这些里程碑可以是公共的、也可以是私有的。公共里程碑用来为管理层和客户展示进展情况，而私有里程碑是在团队内部设定的关卡。如果一个里程碑在关键路径之外，设置它为私有是一个好主意，因为可能由于上游某个活动延迟而导致该里程碑的移动。在关键路径上，里程碑既可以是私有的，也可以是公共的，它们在时间和成本上都与满足项目承诺直接相关。里程碑的另一个用途是强制依赖关系，即使调用链未指定此类依赖关系也应如此。SDP 评审是一个里程碑，任何构建活动均应在 SDP 评审之后。这样的强制依赖性里程碑还简化了网络，稍后可以看到另一个例子。

初始持续时间

我们可以使用项目计划工具构建表 11-1 中列出的活动网络，该工具可以使我们初步了解项目的持续时间。如此该项目的持续时间为 9.0 个月。但是，如果没有资源分配，尚无法确定项目成本。

> **注意** 本书的在线资源包含了本章所讨论的各种排列和迭代的微软项目文件和相关的 Excel 电子表格。以下文本仅包含说明和摘要信息。

11.1.5 计划假设

为了进行设计，请在以下列表中逐项列出计划假设，尤其是计划的人员配备要求：
- 在整个项目中，需要一名项目经理。
- 在整个项目中，需要一名产品经理。
- 在整个项目中，需要一名架构师。
- 任何服务的任意编码活动都需要一个开发人员。该服务完成后，开发人员可以转到其他活动。
- 每个资源都需要一个数据库架构师。这项工作独立于代码开发工作，可以并行完成。
- 从开始构建系统服务到测试结束，都需要一名测试人员。
- 在系统测试期间，需要一个额外的测试人员。
- 测试计划和测试工具活动需要一名测试工程师。
- 从开始构建到测试结束，都需要一名开发运维专家。

实际上，此列表是完成项目所需的资源的列表。还要注意列表的结构："为 Y 配备一个

X。"如果无法通过这种方式表述所需的人员配备，则我们可能不了解自己的人员配备要求，或者错过了一个关键的计划假设。

对于测试时间和空闲时间，应该明确地对开发人员做出另外两个计划假设。首先，在这个示例项目中，开发人员将输出高质量的工作，从而在系统测试期间将不需要他们。其次，活动之间的开发人员被视为直接成本。严格来说，空闲时间应作为间接成本考虑，因为它不是与项目活动相关联，而项目又必须为此付费。但是，许多项目经理努力为闲置的开发人员分配一些活动，以支持其他开发活动，即使这意味着每个服务被临时分配了多个开发人员。在此计划假设下，活动之间的开发人员得算作直接成本。

项目阶段

项目中的每个活动始终属于一个阶段或一种活动。典型阶段包括前端、设计、基础设施、服务、UI、测试和部署等。一个阶段可以包含不同数量的活动，并且一个阶段中的活动可以在时间轴上重叠。不太明显的是，这些阶段不是连续的，它们本身可以重叠甚至启动和停止。安排阶段的最简单方法是将计划假设列表构建到角色/阶段表中。

表 11-2 提供了一个示例。

表 11-2　角色和阶段

角色	前端	基础设施	服务	测试	角色	前端	基础设施	服务	测试
架构师	×	×	×	×	DevOps 人员		×	×	×
项目经理	×	×	×	×	开发人员		×	×	
产品经理	×	×	×	×	测试工程师			×	×

以几乎相同的方式，可以添加整个项目阶段所需的其他角色，例如 UX（用户体验）或安全专家，但不应包括仅针对特定活动所需的角色（例如测试工程师）。

表 11-2 是人员配备分布的粗略展示。在制作人员配备分布图时，角色和阶段之间的关系是至关重要的，必须考虑所有资源的使用，而不管他们是否被分配到具体的项目活动中。例如，在表 11-2 中，整个项目阶段都需要架构师。反过来，在人员配备分布图中就得展示出架构师在整个项目期间的情况。通过这种方式，就可以把所有必要资源都纳入正确的人员配备分布图绘制和成本计算中。

注意　很少有人会像本章那样，把计划假设直接告诉你。在项目的前端，当试图提取特定的计划假设时，总是会进行某种形式的发现、协商、再反复。我们甚至可以逆转这一流程：从这里所建议的计划假设和人员配备分布开始，然后询问反馈和建议。

11.2　寻找常规的解决方案

有了活动、依赖关系和计划假设的列表，可以迭代地找到常规解决方案。对于第一遍迭代，假设拥有无限的资源，但我们仅使用所需的资源来沿关键路径不受阻碍地前进。这提供了在最低资源级别上构建系统的受限最少的方法。

11.2.1　无限的资源（迭代 1）

最初，还要假设人员配备具有无限的弹性。可以根据实际情况做出非常小的调整（如果有）。例如，雇用一个人一周是没有意义的，可以进行一些浮动调整以避免对这样的资源需求。假定在需要时可以使用任何特殊技能。这些自由的假设应产生与分配资源之前相应的项目期限。确实，以这种方式为项目配备人员后，持续时间仍为 9 个月，并产生如图 11-7 所示的计划的挣值图。该图显示了浅 S 曲线的一般形状，但不如应有的平滑。按照第 7 章所概述的过程，图 11-8 显示了相应的项目人员配备分布图。该计划最多使用 4 个开发人员和两个数据库架构师，使用 1 个测试工程师，并且不消耗任何浮动时间。计算出的项目总成本为 58.3 人月。

回想一下第 9 章，找到常规方案是一个迭代的过程（见图 9-8），因为在设计过程的开始并不知道最低的人员配备水平。因此，这第一组结果还不是常规方案。在下一个迭代中，应该适应现实，使用浮动来减少人员波动，解决任何明显的设计缺陷，并尽可能减少复杂性。

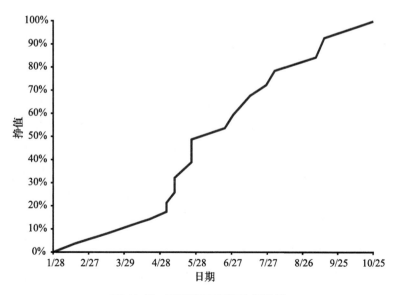

图 11-7　无限资源下的计划挣值

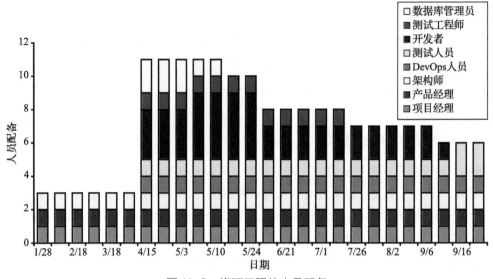

图 11-8 资源无限的人员配备

11.2.2 网络和资源问题

常规解的第一次迭代存在几个关键问题。首先，它假定有无限和现成的资源，包括那些具有特殊技能的资源。显然，资源不是无限的，特殊技能是罕见的。第二，计划的人员配备分布图（见图 11-8）显示了一个相关的标志（在第 7 章中确定）即一个高斜坡进入项目，由于对人员可用性和弹性的假设，我们对此并不意外。第三，项目只在很短的时间内占用一些资源。对于可用性和必要的加入时间而言相当于是自寻烦恼。虽然可以计划通过使用分包商来缓解这一问题，但我们要做的是解决问题而非制造问题。人员配备分布应该是平稳的，应该避免高的斜坡和急剧下降。应该让项目具有一些资源约束并考虑更现实的人员弹性。通常，这也将使人员配备分布和计划挣值图更加平滑。到目前为止，解决方案的最后一个问题是管理器服务的集成压力。从表 11-1 和图 11-6 的网络图中，可以看到管理器（活动 17 和 18）被期望与四五个其他服务集成。理想情况下，一次应该只集成一两个服务。因为跨服务的任何问题都将相互叠加，同时集成两个以上的服务可能会导致复杂性的非线性增加。集成发生在项目接近尾声的时候，这个问题更加复杂，这时几乎没有时间来解决问题。

11.2.3 基础设施优先（迭代 2）

简化项目的一种常用技术是将基础设施服务（实用工具库，如日志记录、安全、发布/订阅，以及任何其他基础设施活动，如构建自动化）移到项目的开始，而不考虑它们在网络中的自然依赖关系。换句话说，在 M0 之后，开发人员将立即处理这些基础设施服务。我们甚至可以引入一个名为 M1 的里程碑来指示基础设施何时完成，从而使所有其他服务都依赖于 M1，如图 11-9 中的子网所示。首先完成基础设施可以减少网络中的复杂性（减少依赖和交叉线的数量），并减轻管理器的集成压力。以这种方式覆盖最初的依赖关系通常会减少最初的人员需求，因为在 M1 完成之前，其他服务都不能启动。它还减少了人员的波动性，通常会带来更平稳的人员配备分布并使其在项目开始时逐步增加。

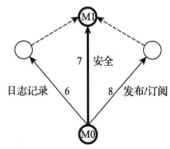

图 11-9　基础设施优先

　　首先开发基础设施的另一个重要优势是它提供了对关键基础设施组件的早期访问。这允许开发人员在构建系统时将他们的工作与基础设施集成，而不是事后须对基础设施服务（如日志记录或安全）进行翻新和测试。在与业务相关的组件（资源访问、引擎、管理器和客户端）之前提供基础设施服务几乎总是一个很好的想法，即使最初的需求并不明显。开发基础设施首先将最初的人员配备改为三个开发人员（每个服务 1 名），直到 M1 之后，此时项目可以吸收第四个开发人员（注意，仍在使用无限的资源进行人员配备计划）。重复之前的步骤，基础设施优先计划将进度延长了 3% 至 9.2 个月，增加了总成本的 2%，至 59 人月。作为对微不足道的额外成本和进度的交换，该项目获得了早期的关键服务和更简单、更现实的计划。接下来，这个新项目将成为下一个迭代的基准。

11.2.4　有限的资源

　　当需要资源时，我们所要求的资源可能并不总是可用的，所以要谨慎地计划更少的资源（至少在最初）来减少风险。如果在项目开始的时候有三个开发人员是不可用的，项目将会如何表现？如果根本没有可用的开发人员，架构师可以开发基础设施，或者项目可以雇用分包商：基础设施服务不需要领域知识，因此它们是此类外部和现成可用资源的良好候选。如果一开始只有一个开发人员可用，那么这个开发人员可以串行地完成所有基础设施组件。可能最初只有一个开发人员可用，然后在第一个活动完成后，第二个开发人员可以加入。

1. 当资源有限时，基础设施优先（迭代 3）

　　我们来看看这后面一种情况，先是一个开发人员然后两个开发人员的中间场景，重新计算基础设施优先的项目，看看项目在有限资源下的表现如何。与开始时就有三个并行活动（其中包括一个关键活动）不同，如图 11-9 所示，现在有一个关键活动，然后会有两个并行活动（一个关键活动）。以这种方式将活动序列化会增加项目的持续时间。这一变化将计划用时延长了 8% 至 9.9 个月，并增加了 4% 至 61.5 人月的总成本。图 11-10 显示了最终的人员配备分布图。请注意，开发人员从一到两个逐步增长到四个。

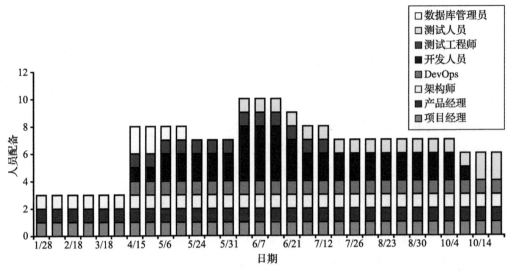

图 11-10　资源有限的基础设施优先人员配备分布

通过限制资源来扩展关键路径也会增加跨网络那部分的非关键活动的浮动。与无限资源相比，Test Plan(测试计划)(图 11-6 中的活动 4) 和 Test Harness(测试工具)(图 11-6 中的活动 5) 的浮动增加了 30%，资源 A (图 11-6 中的活动 9) 增加了 50%，资源 B 的浮动 (图 11-6 中的活动 10) 增加了 100%。值得注意的是，资源可用性的微小变化极大地增加了浮动。请注意，这是一把双刃剑：有时候，一个看似无害的变化可能会导致浮动崩溃并使项目脱离正轨。

2. 没有数据库架构师（迭代 4）

除了限制开发人员的初始可用性之外，假设该项目未获得先前解决方案中要求的数据库架构师。这肯定是现实生活中会遇到的情况——这类资源通常很难获得。在这种情况下，开发人员将尽最大能力设计数据库。要了解项目对这个新限制的反应，不仅仅是添加开发人员，而是将项目限制为不超过四个开发人员（考虑到如果开发人员再多一些，那人数将与数据库架构师持平）。令人惊讶的是，这并没有改变持续时间，结果总成本为 62.7 人月，仅增加了 2%。原因是同样的四个开发人员更早开始工作，甚至不必消耗浮动时间。

3. 进一步的资源限制（迭代 5）

由于该项目可以由四个开发人员轻松应对，因此下一个有限资源计划将可用的开发人员限制为三个。这也不会更改项目的持续时间，因为可以用第四个开发人员换取一些浮动。至于成本，由于开发人员的使用效率更高，成本降低了 3%，降至 61.1 人月。图 11-11 显示了最终的人员配备分布图。

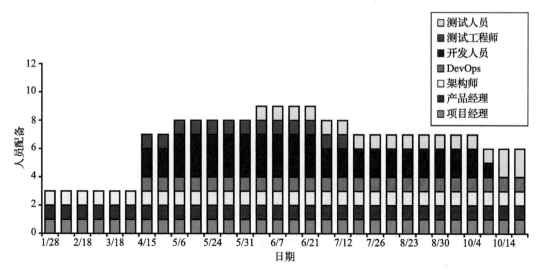

图 11-11　由三个开发人员和一个测试工程师组成的人员配备分布

注意这是测试工程师与三个开发人员一起工作。图 11-11 是迄今为止最好的人员配备分布，看起来非常像第 7 章中预期的模式（参见图 7-8）。

图 11-12 显示了计划挣值的浅 S 曲线。该图显示了相当平滑的浅 S 曲线。如果有什么不同的话，浅 S 就是太浅了。稍后我们将了解其含义。

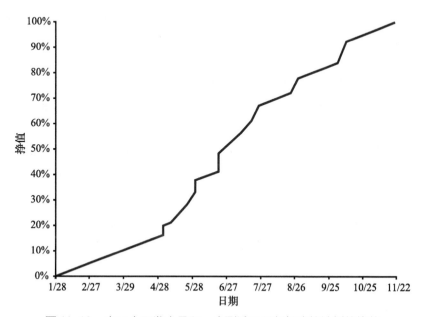

图 11-12　由三个开发人员和一个测试工程师组成的计划的挣值

图 11-13 显示了相应的网络图，使用第 8 章中介绍的绝对临界浮动色编码方案。该示例

项目使用 9 天作为红色的上限，黄色活动的上限为 26 天。活动 ID 以黑色显示在箭头上方，浮动值以箭头的颜色显示在线条下方。测试工程师的活动，即测试计划（活动 4）和测试工具（活动 5）有着 65 天的高浮动。请注意，M0 里程碑终止于前端，而 M1 里程碑终止于基础设施的末端。该图还显示了在 M0 和 M1 之间逐步使用资源以构建基础设施（活动 6、7 和 8）。

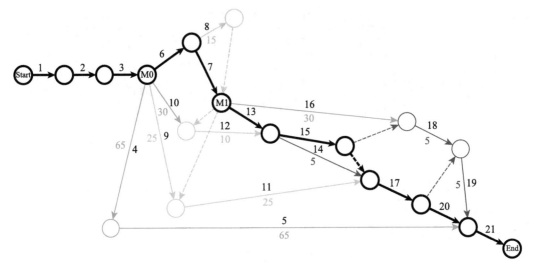

图 11-13　三个开发人员和一个测试工程师的网络图

4. 没有测试工程师（迭代 6）

减少资源的下一个实验是减少测试工程师，但保留三个开发人员。再者，该设计解决方案不会改变项目的持续时间和成本。第三个开发人员只需完成已分配的其他活动，即可接管测试工程师的活动。

问题在于，将测试计划和测试工具活动推迟到很晚才会消耗其浮动流量的 77%（从 65 天到 15 天）。这是非常危险的，因为如果浮动时间全部耗尽，则项目延期。

> **警告**　每个软件项目都应有一名测试工程师。测试工程师对成功至关重要，因此在你对专业的工程测试不抱任何希望前，也不要让开发人员做这件事。

11.2.5　亚临界化（迭代 7）

第 9 章解释了向决策者介绍亚临界（subcritical）人员配备影响的重要性。决策者常常没有意识到削减资源以降低成本的不现实性。通过将开发人员的数量限制为两个，并去掉测试工程师，示例项目将处于亚临界状态。在关键路径上的活动计划开始时，一些支持性的非关键活动尚未准备好，因此它们会阻碍原先的关键路径。现在的限制因素不是关键路径的持续时间，而是两个开发人员的可用性。因此，原有网络（尤其是原先的关键路径）不再适用。必须重新绘制网络图以反映对两个开发人员的依赖性。

回顾第 7 章，资源依赖关系是依赖关系，项目网络是依赖关系网络，而不仅仅是活动网络。因此，将对资源的依赖关系加入到网络中。实际上，在设计网络时具有一定的灵活性：只要满足活动之间的自然依赖关系，活动的实际顺序就会变化。要创建新的网络，我们将一如既往地基于浮动时间分配两个资源。在完成当前活动之后，每个开发人员都会进行下一个最低浮动时间的活动。同时，在开发人员的下一个活动和当前活动之间添加了依赖关系，以反映对开发人员的依赖关系。图 11-14 显示了示例项目的亚临界网络图。

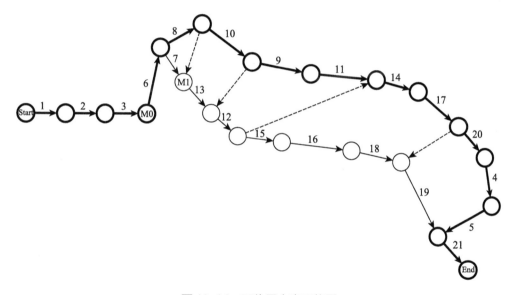

图 11-14　亚临界方案网络图

考虑到只有两个开发人员执行大部分工作，亚临界网络图看起来就像两个长字符串。一串活动是长关键路径；另一个字符串是第二个开发人员在一边填充。这个长的关键路径增加了项目的风险，因为项目现在有更多的关键活动。一般来说这种项目总是高风险项目。在只有一个开发人员的极端情况下，项目中的所有活动都是关键的，网络图是一个长串，风险是1.0。项目的持续时间等于所有活动的总和，但是由于风险最大，很有可能超过该持续时间。

1. 亚临界成本和持续时间

与三个开发人员和一个测试工程师的有限资源解决方案相比，由于活动的序列化，项目持续时间延长了 35%，达到 13.4 个月。在使用较小的开发团队时，由于较长的持续时间和不断增加的间接成本，项目总成本增加了 25%，达到 77.6 人月。这个结果清楚地证明了这一点：亚临界人员配备确实不会节省成本。

2. 计划挣值

图 11-15 显示了亚临界计划挣值。可以看到，假设的浅 S 曲线几乎是一条直线。在只有一个开发人员完成所有工作的极端情况下，计划挣值是一条直线。一般来说，计划挣值图中缺乏曲率是亚临界项目的一个警告标志。甚至图 11-12 中有些缺乏活力的浅 S 曲线也表明该项目接近于亚临界状态。

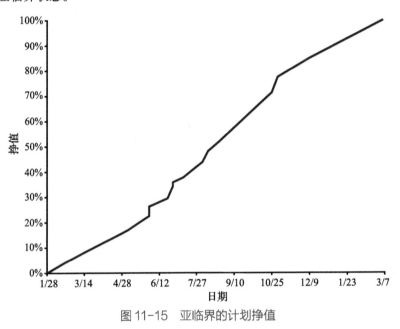

图 11-15　亚临界的计划挣值

专用资源和浮动

　　上述的几个迭代反复地限制了专用资源（如数据库架构师或测试工程师），而对进度或成本没有任何实质性的影响。一些管理者本能地期待这种行为。当架构师或其他项目负责人请求获得专家资源时，管理层通常会以额外的成本不会加快进度为由拒绝这一请求。在这方面，经理们是有道理的。但是，为这些专用资源指定活动限制了获得其他专家的机会，减少了专家资源的浮动，这样做就大大增加了项目的风险。大多数管理者完全忽略了这个后果。只有开发人员的高度受限项目总是高风险的项目，开发人员通常是业务领域的专家，额外再期望开发人员成为全能万事通是不切实际的，这样常常会导致令人失望的结果。

11.2.6 选择常规的解决方案

寻找常规的解决方案需要多次尝试使用资源和网络设计的组合。在所有这些中，到目前为止最好的解决方案是迭代 5（它依赖于三个开发人员和一个测试工程师），原因如下：

- 该解决方案利用最低级别的资源以符合常规解决方案的定义，该资源的最低级别允许项目沿关键路径不受阻碍地进行。
- 此解决方案绕开了对专家（如数据库架构师）的资源限制，同时又不损害关键资源（测试工程师）。
- 这个解决方案不期望所有的开发人员立即开始工作。
- 人员配备分布图和计划挣值图都表现出可接受的行为。

如预期的那样，该解决方案的前端包含了项目持续时间的 25%，并且该项目的效率为 23%。回顾第 7 章，大多数项目的效率不应超过 25%。本章的其余部分将迭代 5 用作常规解决方案，并将其用作其他迭代的基准。表 11-3 总结了常规解决方案的各种项目指标。

表 11-3 常规解决方案的项目测量指标

项目测量指标	价值	项目测量指标	价值
总成本（人月）	61.1	人员配备峰值	9
直接成本（人月）	21.8	平均开发人员	2.3
持续时间（月）	9.9	效率	23%
平均人员配备	6.1	前端	25%

11.3 网络压缩

使用常规解决方案后，可以尝试压缩项目并查看某些压缩技术的工作情况。压缩项目没有单一的正确方法。我们必须对可用性、复杂性和成本做出假设。第 9 章讨论了各种压缩技术。通常，最好的策略是从压缩项目的简便方法开始。出于演示目的，本章介绍了如何使用多种技术压缩项目。具体情况会有所不同。可以选择仅应用此处讨论的一些技术和思想，仔细权衡每个压缩解决方案的含义。

11.3.1 使用更好的资源进行压缩

压缩任何项目的最简单方法是使用更好的资源。这不需要对项目网络或活动进行任何更改。尽管它是最简单的压缩形式，但由于这些资源的可用性，可能也不是最简单的形式（更多信息请参见第 14 章）。这里的目的是衡量项目将如何用更好的资源来应对压缩，或者发现值得尝试的方法也好。如果能够找到方法，我们就考虑如何具体实施好这个方法。

1. 使用顶级开发人员进行压缩（迭代 8）

假设我们有一个顶尖的开发人员，他执行编码活动的速度比现有的开发人员快 30%。这样的顶级开发人员的成本可能比普通开发人员高出 30%。在这个项目中，可以假设顶级开发人员的成本比普通开发人员高 80%。

理想情况下，我们只能在关键路径上分配这样的资源，但这并不总是可能的（请参阅第 7 章中有关任务连续性的讨论）。 正常的基准解决方案将两个开发人员分配给关键路径，我们的目标是用顶级资源替换其中一个。要确定哪个活动，应该同时考虑活动数量和每人在关键路径上花费的天数。表 11-4 列出了常规解决方案中接触关键路径的两个开发人员的关键活动、非关键活动的数量和持续时间。显然，最好用顶级开发人员替换开发人员 2。

表 11-4　开发人员、关键活动和持续时间

资源	非关键活动	非关键活动持续时间（天）	关键活动	关键活动持续时间（天）
开发人员 1	4	85	2	35
开发人员 2	1	5	4	95

接下来，需要重新访问表 11-1（每个活动的持续时间估计），确定开发人员 2 负责的活动，并使用 5 天决议将它们的持续时间缩短 30%（因为使用了更好的资源，生产效率也相应提高）。这样就有了新的活动持续时间，重复项目持续时间和成本分析，同时为开发人员 2 增加 80% 的利润。图 11-16 显示了与顶级开发人员进行压缩之前和之后网络图上的关键路径。

新的项目持续时间为 9.5 个月，只比原来的常规解决方案短 4%。差异之所以如此之小，是因为出现了一条新的关键路径，而这条新路径阻碍了项目的发展。持续时间缩短不多，这很常见。即使这单一的资源是远远比其他团队成员更有效率，即使所有分配给顶级资源的活动完成的速度更快，即使分配给普通团队成员的活动时间不受顶级资源的影响，这些活动只是抑制压缩。

就成本而言，尽管拥有的顶级资源的成本要高出 80%，但压缩后的项目成本没有变化。出于间接成本的考虑，这也是可以预料的。大多数软件项目都有很高的间接成本。即使缩短一点时间，也有助于压缩成本，至少在最初的压缩尝试中是这样，因为总成本曲线的最小值在常规解决方案的左边（参见图 9-10）。

2. 使用第二个顶级开发人员进行压缩（迭代 9）

我们可以尝试使用多个顶级资源进行压缩。在这个例子中，要求第二个顶级开发人员来代替开发人员 1 是有意义的，因为第三个顶级开发人员只能在关键路径之外被分配。对于第二个顶级资源，压缩有一个更明显的效果：进度减少 11% 到 8.5 个月，总成本减少 3% 到 59.3 人月。

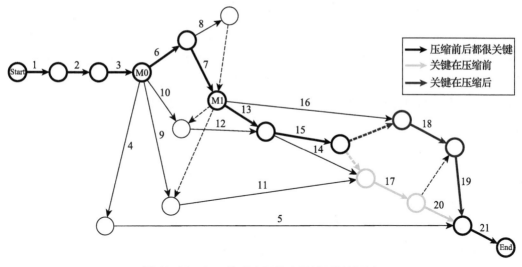

图 11-16　与一位顶尖开发人员的新关键路径

11.3.2　引入并行工作

通常，加速项目的唯一有意义的方法是引入并行工作。在软件项目中有多种并行工作的方式，其中一些更具挑战性。并行工作增加了项目的复杂性，因此在这里应该首先考虑最简单、最容易的技术。

1. 唾手可得

在大多数设计良好的系统中，并行工作的最佳候选者是基础设施和客户端设计，因为两者都独立于业务逻辑。之前，在迭代 2 中看到了这种独立性，它推动基础设施在 SDP 评审之后立即启动。为了实现与客户端（the Client）的并行工作，我们将客户端分割为独立的设计和开发活动。这种与客户端相关的设计活动通常包括 UX 设计、UI 设计和 API 或 SDK 设计（用于外部系统交互）。分离客户端还能更好地支持将客户端设计与后端系统分离，因为客户端应该为服务的使用者提供最佳体验，而不仅仅是反映底层系统。现在可以将基础设施开发和客户端设计活动并行地移到前面。

然而，这一举措有两个缺点。较小的缺点是较高的初始消耗率，它的增加仅仅是因为在开始时需要开发人员和核心团队。较大的缺点是，在组织承诺项目之前就开始工作往往会迫使组织决定项目将继续开展下去，即使明智的做法是取消项目。忽视沉没成本或对闪闪发光的 UI 模型有锚定偏差[⊖]是人类的天性。

⊖　https://en.wikipedia.org/wiki/Anchoring

我们建议，只有当项目确定往前推进，而 SDP 评审的目的仅仅是选择要进行的选项（以及签署项目）时，才将基础设施和客户端设计移到前端。可以通过只将基础设施开发并行地移到前端，在 SDP 评审之后继续进行客户端设计，从而降低偏向 SDP 决策的风险。最后，确保客户端设计活动不会被那些将 UI 工件等同于进展的人误解为重大进展。我们应该将前期工作与项目跟踪结合起来（参见附录 A），以确保决策者能够正确地理解项目的状态。

避免陷阱

将基础设施开发和客户端设计移到前端的开始，除了压缩项目之外，还有很大的好处。第 7 章讨论了一个经典的陷阱，在这个陷阱中，一旦前端开始，组织就通过配置项目人员和分配特性给开发人员来变相激励管理者做错误的事情。由于经理们的潜在动机是避免空荡的办公室和闲散的人手，分配基础设施开发和客户端设计给开发人员将使他们忙碌，给核心团队所需的时间来设计系统和项目。如果 SDP 评审（结束前端）在基础设施或客户端设计完成之前就终止了项目，那么我们只需中止这些活动并注销所涉及的成本。

---

2. 添加和拆分活动

确定并行工作的其他机会在项目的其他地方更具挑战性。必须具有创造力，并找到消除编码活动之间的依赖关系的方法。这几乎总是需要投资于支持并行工作的其他活动，如仿真器、模拟器和集成活动。还必须拆分活动并从中提取新的活动，以便详细设计契约、接口、消息或相关服务的设计。这些显式设计活动将与其他活动并行进行。

这种并行工作没有固定的公式。可以为一些关键活动或大多数活动执行此操作。我们可以预先或在运行中执行其他活动。很快就会看到，消除编码活动之间的所有依赖关系实际上是不可能的，因为当所有路径都接近临界时，压缩的收益会递减。如果我们关注最小持续时间点附近的直接成本曲线（见图 9-3）会发现：它的特点是一个陡峭的斜坡，需要更多的成本以减少对进度的影响。

3. 基础设施和客户端设计优先（迭代 10）

回到该示例，项目设计压缩的下一次迭代将设施架构并行移动到前端。它还将客户端活动分解为一些预先的设计工作（如需求、测试计划、UI 设计）和实际的客户端开发，并将客户端设计移到前期来进行。在此示例项目中，可以假定客户端设计活动独立于基础设施，并且每个客户端都是唯一的。表 11-5 列出了修改后的活动集、它们的持续时间以及它们在此压缩迭代中的依赖关系。请注意，日志记录（活动 6）、基础设施以及新的客户端等其他设计活动（活动 24 和 25）可以在项目启动时开始。还要注意，实际的客户端开发活动（活动 19 和 20）现在更短了，并且依赖于各自客户端设计活动的完成。

表 11-5　基础设施和客户端优先设计的相关活动

ID	活动	持续时间（天数）	依赖	ID	活动	持续时间（天数）	依赖
1	需求	15		14	引擎 A	15	12,13
2	架构	20	1	15	引擎 B	20	12,13
3	项目设计	20	2	16	引擎 C	10	22,23
4	测试计划	30	22	17	管理器 A	15	14,15,11
5	测试工具	35	4	18	管理器 B	20	15,16
6	日志记录	10		19	客户端 App1	15	17,18,24
7	安全	15	6	20	客户端 App2	20	17,25
8	发布 / 订阅	5	6	21	系统测试	30	5,19,20
9	资源 A	20	22	22	M0	0	3
10	资源 B	15	22	23	M1	0	7,8
11	资源访问 A	10	9,23	24	客户端 App1 设计	10	
12	资源访问 B	5	10,23	25	客户端 App2 设计	15	
13	资源访问 C	10	22,23				

通过将基础设施和客户端设计活动移至前期来压缩该项目时，会出现一些潜在的问题。首要问题是成本。前段的设施现在超过了基础设施和客户端设计活动的持续时间，即使由相同的资源串行完成也是如此。因此，与前期同时开始工作是浪费的，因为开发人员将在前期闲置。将基础设施和客户端设计推迟到关键时刻开始才更经济。这将增加项目的风险，但在压缩项目的同时降低成本。

在此迭代中，可以通过让两个技术栈相同的开发人员首先开发基础设施来进一步降低成本。在完成基础设施之后，他们将进行客户端设计活动。由于资源依赖关系是依赖关系，因此使客户端设计活动依赖于基础设施（M1）的完成。为了最大限度地压缩，在 SDP 评审（M0）之后，参与前端的两个开发人员立即进行其他项目活动（如资源）。在这种特定情况下，要正确计算浮动，还需要根据客户端设计活动的完成情况进行 SDP 评审。这从客户端本身消除了对客户端设计活动的依赖性，取而代之的是允许客户端从 SDP 评审继承依赖性。同样，在这种情况下，可以尝试覆盖关系网的依赖关系，因为前端的长度比基础设施和客户端设计活动的总和还长。表 11-6 显示了修改后网络的依赖关系（更改部分用删除线成下划线表示）。

表 11-6　已修改的基础设施和客户端优先设计活动的依赖性

ID	活动	持续时间（天数）	依赖	ID	活动	持续时间（天数）	依赖
1	需求	15		22	M0	0	3,~~24,25~~
…	…	…	…	23	M1	0	7,8
19	客户端 App1	15	17,18,~~24~~	24	客户端 App1 设计	10	~~23~~
20	客户端 App2	20	17,~~25~~	25	客户端 App2 设计	15	~~23~~
21	系统测试	30	5,19,20				

　　拆分活动的另一个挑战是增加了整个客户端的复杂性。可以通过将客户端设计活动和开发分配给前一次压缩迭代中技术栈相同的两个顶级开发人员，来弥补这种复杂性。使用顶级资源会有一定的压缩效果。但是，由于现在客户端和项目变得更加复杂且要求更高，可以通过假设构建客户端的时间不会减少 30%（但开发人员的成本仍要高出 80%）来进一步弥补这一损失。这些补偿已反映在图 11-5 和图 11-6 中活动 19 和 20 的持续时间估算中。

　　这种压缩迭代的结果是，成本比以前的解决方案增加到 62.6 人月，增加了 6%，而计划日程的缩短到 7.8 个月，缩短了 8%。生成的网络图如图 11-17 所示。

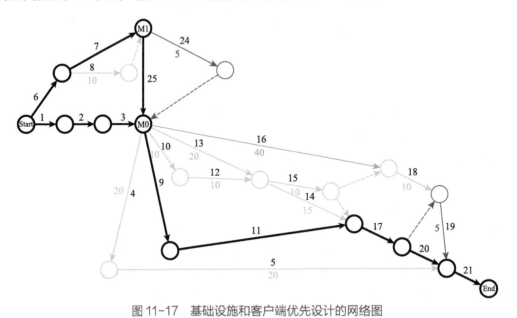

图 11-17　基础设施和客户端优先设计的网络图

> **注意**　图 11-17 的活动链很长 [10、12、15、18、19]，活动时间只有 5 到 10 天。考虑到项目周期，在计算风险时，应将只有 5（甚至 10）天浮动时间的长链视为关键路径。

4. 用模拟器压缩（迭代 11）

检查图 11-17 可以发现，在关键路径旁边已经形成了一条次关键路径（活动 10、12、15、18 和 19）。这意味着任何进一步的压缩都需要将这两个路径压缩到相似的程度。仅压缩其中一个，压缩几乎没有效果，因为另一路径决定了项目的周期。在这种情况下，最好寻找一个顶部（crown）——大型活动位于两条路径的顶部。压缩顶部会压缩两条路径。在此示例项目中，最佳选择是开发客户端应用程序（活动 19 和 20）和管理器服务（活动 17 和 18）。客户端和管理器是相对较大的活动，它们是两条路径。可以尝试压缩客户端、管理器或两者同时压缩。

当为它们所依赖的管理器服务开发模拟器（请参阅第 9 章）并将客户端的开发移至网络上游某个位置时，就可以压缩客户端开发，同时进行其他活动。由于没有任何模拟器能够完美替代真实服务，因此，一旦管理器完成，还需要在客户端和管理器之间添加明确的集成活动。这实际上将每个客户端开发分为两个活动：第一个是针对模拟器的开发活动，第二个是针对管理器的集成活动。这样，客户端的开发可能不会被压缩，但是整个项目的持续时间会缩短。

可以通过为管理器所依赖的引擎和资源访问服务开发模拟器来模拟这种方法，从而可以在项目的早期开发管理器。但是，这通常在设计良好的系统和项目中会困难得多。尽管模拟基础服务将需要更多的模拟器，并让项目网络图非常复杂，但真正的问题是时机的掌握。这些模拟器的开发，或多或少必须与其模拟的服务的开发同时进行，因此通过这种方法可以实现的实际压缩是有限的。应仅仅将内部服务的模拟器视为万不得已的方法。

在此示例项目中，最好的方法是仅模拟管理器。可以通过使用模拟器组合以前的压缩迭代（前端的基础设施和客户端设计）来进行压缩。压缩此迭代时会应用一些新的规划设想：

- 依赖关系。模拟器可以在前端之后启动，并且它们还需要基础设施。继承时依赖于 M0（活动 22）。
- 其他开发人员。当使用以前的压缩迭代作为起点时，需要另外两个开发人员来开发模拟器和实现客户端。
- 初始点。通过将模拟器和客户端上的工作推迟到至关重要的时间节点，可以减少另外两个开发人员的成本。但是，包含模拟器的网络图往往相当复杂。应该通过尽快启动模拟器来弥补这种复杂性，并使项目受益于更高的浮动而不是更低的成本。

表 11-7 列出了活动和对依赖关系的更改，同时将上一迭代用作基准解决方案，并合并了其规划设想（更改<u>以红色</u>表示）。

表 11-7 包含管理器模拟器的活动

ID	活动	持续时间（天数）	依赖	ID	活动	持续时间（天数）	依赖
1	需求	15		…	…	…	…
…	…	…	…	26	管理器 A 模拟器	15	22
17	管理器 A	15	…	27	管理器 B 模拟器	20	22
18	管理器 B	20	…	28	客户端 App1	15	26,27
19	客户端 App1 集成	15	17,18,28	29	客户端 App2	20	26
20	客户端 App2 集成	20	17,29				

图 11-18 显示了最终的人员配备分布结果，可以清楚地看到前段之后开发人员的急剧增长，以及对资源的近乎恒定的利用。该解决方案的平均人员编制为 8.9 人，高峰人员编制为 11 人。与以前的压缩迭代相比，模拟器解决方案的持续时间降至 7.1 个月，减少了 9%，但总成本仅增加到 63.5 人月，增加了 1%。成本的小幅增长是由于间接成本的降低，以及并行工作时团队效率和预期生产力的提高。

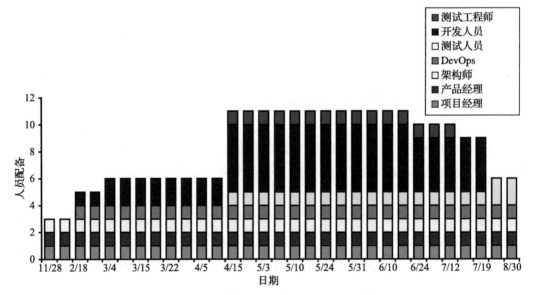

图 11-18 模拟器方案的人员配备分布图

图 11-19 展示了模拟器方案关系网。可以看到模拟器（活动 26 和 27）和客户开发（活动 28 和 29）的高涨。还应注意，几乎所有其他网络路径都是关键或接近关键的，并且在项目结束时存在很高的集成压力。该解决方案对于无法预料的情况是脆弱的，并且网络复杂性极大地增加了执行风险。

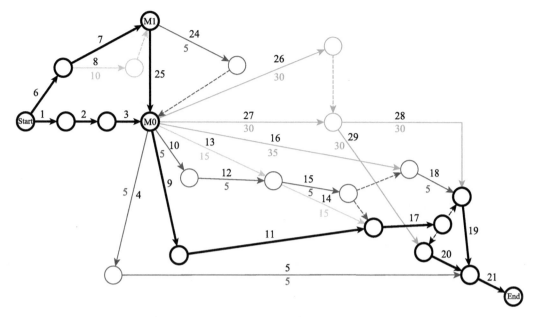

图 11-19　模拟器方案的网络图

11.3.3　压缩迭代结束

与常规方案相比，模拟器方案将计划时间缩短了 28%，而成本却仅增加了 4%。由于高昂的间接成本，压缩实际上可以收回成本。相比之下，直接成本增加了 59%，从百分比的角度来看，项目周期只是原来的 1/3。如第 9 章所述，软件项目的最大预期压缩率最多为 30%，从而使模拟器方案的压缩程度与该项目可能获得的压缩率相同。

虽然理论上可以进一步压缩（通过压缩管理器），但实际上这是项目设计团队应该做的。实现进一步压缩的可能性很小，核心团队将浪费时间设计不可能的项目。

11.3.4　产出分析

重要的是要认识到压缩方案与常规方案相比如何影响团队的预期产出（throughput）。如第 7 章所述，浅 S 曲线的斜率代表团队的产出。图 11-20 绘制了常规方案和相同比例下每个压缩方案的计划收益值的浅 S 曲线。

正如预期的那样，压缩方案的斜率较小，因为它们可以更快完成。可以通过将每条曲线替换为其各自的线性回归趋势线并检查该线的方程来量化所需产出的差异（参见图 11-21）。

趋势线是直线，那么 x 项的系数是线的间距，因此是团队的预期产出。在正常解决方案的情况下，该团队预计将以 39 个单位的生产率运行，而模拟器解决方案则需要 59 个单位的生产率（0.0039 对 0.0059，按比例缩放为整数）。这些生产率单位的确切性质并不重要。重要的是两种解决方案之间的区别：模拟器解决方案期望团队的产出提高 51%（59–39 = 20，这是 39 的 51%）。即使增加团队规模，也不大可能增加如此大的产出。

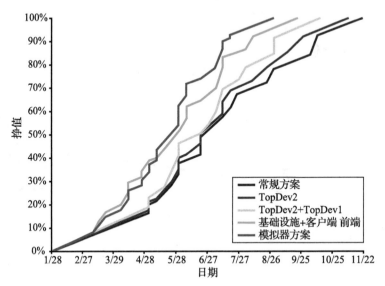

图 11-20　项目解决方案的已计划的挣值

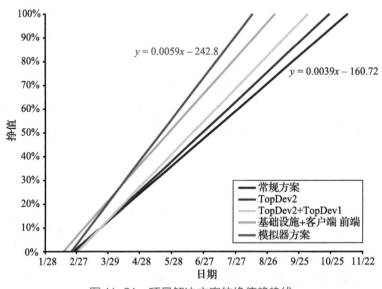

图 11-21　项目解决方案的挣值趋势线

尽管这不是一成不变的规则，但将一种方案与另一种方案的平均峰值人员配备比率进行比较，可以了解产出差异是否现实。对于模拟器方案，该比率为 81%，而常规方案为 68%。

换句话说，模拟器方案期望资源能够得到更充分的利用。由于模拟器方案还需要较大的平均团队规模（8.9 与常规方案的 6.1 相比），并且由于较大的团队效率较低，因此实现 51% 的产出增长的前景值得怀疑，尤其是在处理更复杂的项目时。这进一步巩固了模拟器方案对于大多数团队来说是难以企及的观点。

11.4　效率分析

每个项目设计方案的效率是一个相当容易计算的数字，而且是一个非常有说服力的值。回顾第 7 章，效率数值表示团队的预期效率，又表示有关限制、人员配备弹性和项目关键性设计的假设是否现实。图 11-22 显示了示例项目的项目方案效率图。

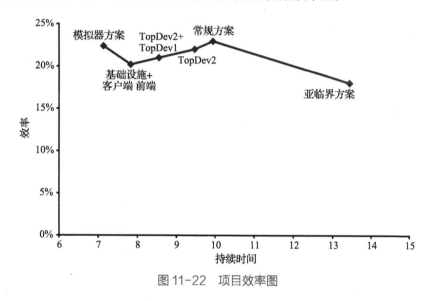

图 11-22　项目效率图

在图 11-22 中观察到，峰值效率是常规方案，这是由于资源利用率最低而且没有任何成本压缩造成的。当压缩项目时，效率会下降。虽然模拟器方案与常规方案不相上下，但我认为这是不现实的，因为项目要复杂得多，其可行性也存疑（如产出分析所示）。由于直接成本与间接成本的比率很低，在效率问题上，亚临界方案是很糟糕的。简而言之，常规方案是最有效的。

11.5　时间 - 成本曲线

设计了每个方案并生成其人员配备分布图后，就可以计算出每个方案的成本要素，如表 11-8 所示。

表 11-8　各种方案的持续时间、总成本和成本要素

设计方案	持续时间（月）	总成本（人月）	直接成本（人月）	间接成本（人月）
模拟器方案	7.1	63.5	34.8	28.7
基础设施 + 客户端 前端	7.8	62.6	30.4	32.2
TopDev1+TopDev2	8.5	59.3	26.6	32.7
TopDev2	9.5	61.1	24.2	36.9
常规方案	9.9	61.1	21.8	39.2
亚临界方案	13.4	77.6	20.9	56.7

使用这些成本数字，可以生成如图 11-23 所示的项目时间 – 成本曲线。请注意，由于图的缩放比例，直接成本曲线有点平坦。间接成本几乎是一条完美的直线。

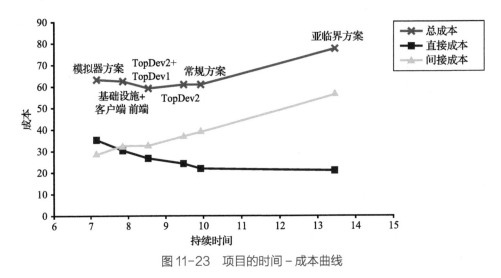

图 11-23　项目的时间 – 成本曲线

11.5.1　时间 – 成本相关模型

图 11-23 的时间 – 成本曲线是离散的，它们只能暗示特定方案之外的曲线的行为。然而，对于眼前的离散时间 – 成本曲线，我们还可以找到其相关模型。相关模型或趋势线是一种数学模型，其产生的曲线最适合离散数据点的分布（Microsoft Excel 等工具可以轻松执行此类分析）。相关模型允许我们绘制任意点的时间 – 成本曲线，而不仅仅是在已知的离散方案上。对于图 11-23 中的点，这些模型是间接成本的直线，并且是直接成本和间接成本的二次多项式。图 11-24 以虚线表示这些相关趋势线，以及它们的方程式和 R^2 值。

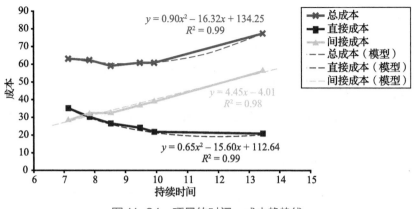

图 11-24　项目的时间 – 成本趋势线

R^2（也称为确定系数）是一个介于 0 和 1 之间的数字，代表模型的质量。大于 0.9 的数字表示模型非常吻合离散点。在这种情况下，项目设计方案范围内的方程式非常精确地描绘了它们的曲线。

图 11-24 提供了示例项目中成本随时间变化的方程式。对于直接和间接成本，方程式如下：

$$直接成本 = 0.65t^2 - 15.6t + 112.64$$

$$间接成本 = 4.45t - 4.01$$

其中 t 以月为单位。虽然总成本也有一个相关模型，但该模型是通过统计计算得出的，因此它不是直接成本和间接成本的完美总和。只需添加直接模型和间接模型的方程式，即可生成总成本的正确模型：

$$总成本 = 直接成本 + 间接成本$$
$$= 0.65t^2 - 15.6t + 112.64 + 4.45t - 4.01$$
$$= 0.65t^2 - 11.15t + 108.63$$

图 11-25 绘制了修改后的总成本模型以及相关的直接、间接成本模型。

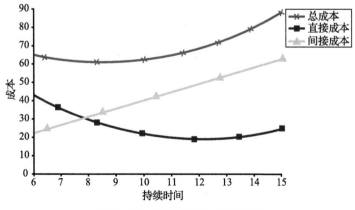

图 11-25　项目时间 – 成本模型

11.5.2 死亡区域

第 9 章介绍了死亡区域的概念，即时间 – 成本曲线下的区域。任何属于该领域的项目设计方案都是不可能构建的。拥有项目总成本的模型（甚至是离散曲线）使我们能够将项目死亡区域可视化，如图 11-26 所示。

识别死亡区域可以使我们明智地快速回答问题，避免投入不可能的项目。例如，假设管理层询问是否可以在 9 个月内用 4 个人构建示例项目。根据项目总成本模型，9 个月的项目成本超过 60 人月，平均需要 7 人：

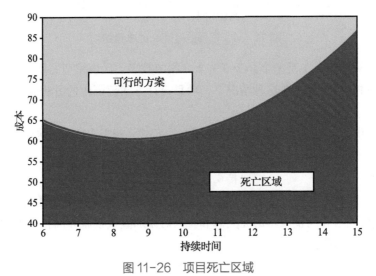

图 11-26　项目死亡区域

$$总成本 = 0.65 \times 9^2 - 11.15 \times 9 + 108.63 = 61.2$$
$$平均人员配备 = 61.2/9 = 6.8$$

假设平均人员配备与峰值人员配备的比例与常规方案相同（68%），则在 9 个月内交付的方案在 10 人时达到峰值。只要少于 10 人就会导致项目有时处于亚临界状态。4 个人 9 个月（即使使用 100% 的效率、100% 的时间）的组合成本为 36 人月。甚至在图 11-26 中看不到该特定的时间 – 成本坐标，因为它在死亡区域的深处。应该将这些发现提交给管理层，并询问他们是否愿意根据这些内容做出承诺。

> **注意**　很多时候，架构师或项目经理直观地感觉到一些武断的管理决策是不可行的，但是他们缺乏建议管理层改变决策的方法或数字。项目设计是一种客观的、非对抗式的表达事实和讨论现实的方式。

11.6　规划与风险

每种项目设计方案都有一定程度的风险。使用第 10 章中描述的风险建模技术，可以量化这些方案的风险水平，如表 11-9 所示。

表 11-9　各种方案的风险等级

设计方案	持续时间（月）	临界风险	活动风险
模拟器方案	7.1	0.81	0.76
基础设施 + 客户端 前端	7.8	0.77	0.81
TopDev1+TopDev2	8.5	0.79	0.80
TopDev2	9.5	0.70	0.77
常规方案	9.9	0.73	0.79
亚临界方案	13.4	0.79	0.79

图 11-27 绘制了项目设计方案的风险等级以及直接成本曲线。该图提供了关于风险的好消息和坏消息。好消息是：在这个项目中，临界风险和活动风险密切相关。当不同的模型在数字上一致时，这总是一个好兆头，从而使其更具可信度。坏消息是：到目前为止，所有的项目设计方案都是高风险的选择；更糟糕的是，它们的值都相似。这意味着不管方案如何，风险都会上升并趋于一致。另一个问题是图 11-27 包含亚临界点。亚临界方案绝对是一个要规避的方案，我们应该将其从本次分析和任何后续分析中删除。

通常，应避免基于糟糕的设计方案进行建模。为了应对高风险，应该对项目进行缓解。

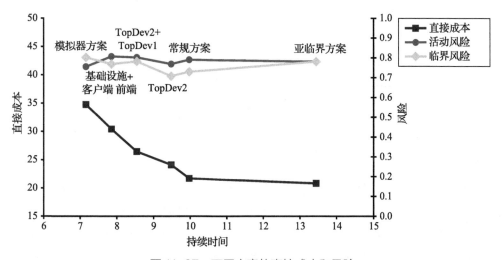

图 11-27　不同方案的直接成本和风险

11.6.1 风险缓解

因为在此示例项目中，所有的项目设计方案都是高风险的，所以应该缓解常规方案，并沿着关键路径加入浮动时间，直到风险降到可接受的水平。项目缓解是一个迭代的过程，因为我们事先不知道要缓解多少，或者项目对缓解的反应如何。

从常规方案的 9.9 个月到亚临界方案的最远点，第一次迭代将项目缓解 3.5 个月。此结果揭示了项目在整个方案持续时间内的响应方式。这样做会产生一个称为 D1 的缓解点（项目总持续时间为 13.4 个月），临界风险为 0.29，活动风险为 0.39。如第 10 章所述，0.3 应该是任何项目的最低风险级别，这意味着此迭代过度地进行了项目缓解。

下一次迭代将项目从正常持续时间缓解 2 个月，大约是 D1 缓解量的一半。这将产生 D2（项目总持续时间为 12 个月）。临界风险保持在 0.29 不变，因为这两个月的缓解量仍然大于本项目中用于绿色活动的下限。活动风险增加到 0.49。

类似地，将 D2 缓解一半产生 D3，缓解 1 个月（项目总持续时间为 10.9 个月），临界风险为 0.43，活动风险为 0.62。D3 的一半产生 D4，2 周的缓解量（项目总持续时间为 10.4 个月），临界风险为 0.45，活动风险为 0.7。图 11-28 绘制了项目的风险缓解曲线。

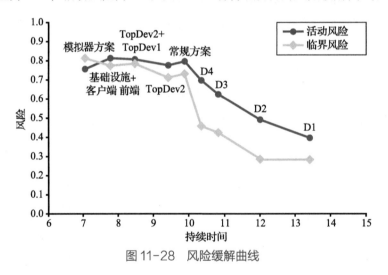

图 11-28　风险缓解曲线

1. 调整异常值

图 11-28 显示了两种风险模型之间的明显差异。这种差异是由于活动风险模型的局限性造成的，即当项目中的浮动时间没有均匀分布时，活动风险模型无法正确计算风险值（有关更多详细信息，请参阅第 10 章）。在缓解方案的情况下，测试计划和测试工具的高浮动时间值使活动风险值偏高。这些高浮动时间是从所有浮动时间值的平均值中减去一个以上的标准差，从而使它们成为异常值。

在缓解点计算活动风险时，可以通过将异常活动的浮动时间替换为所有浮动时间的平均值加上所有浮动时间的一个标准差来调整输入。使用电子表格，可以轻松地自动调整异常值。这种调整通常会使风险模型之间的关联更加紧密。

图 11-29 显示了调整后的活动风险曲线和临界风险曲线。可以发现，这两种风险模型现在是一致的。

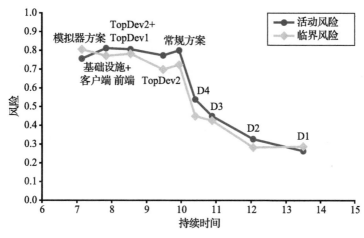

图 11-29　临界风险和调整后的活动风险缓解曲线

2. 风险临界点

图 11-29 最重要的方面是 D4 附近的风险临界点。将项目缓解到 D4 或再多一点，可以大大降低风险。因为 D4 就在临界点的边缘，所以应该更保守一点，缓解到 D3 来通过曲线的拐点。

3. 直接成本和缓解

要比较缓解的方案与其他方案，我们需要知道它们各自的成本。问题是缓解点只提供持续时间和风险。没有项目设计方案会产生这些点，它们只是具有额外浮动时间的常规方案网络的风险值。必须从已知的方案中推导出缓解方案的间接和直接成本。

在这个示例项目中，间接成本模型是一条直线，可以从其他项目设计方案（不包括亚临界方案）的间接成本中安全地推导出间接成本。例如，通过 D1 推导出间接成本为 51.1 人月。

直接成本的推导需要处理延迟的影响。额外的直接成本（超出常规方案的部分，用于创建缓解方案的）来自较长的关键路径和较长的非关键活动之间的空闲时间。由于人员配备不是完全动态的或弹性的，当出现延迟时，这通常意味着其他链上的人员都处于空闲状态，等待关键活动赶上。

在示例项目的常规方案中，在前端之后，直接成本主要由开发人员构成。直接成本其他构成因素有测试工程师活动和最终的系统测试。由于测试工程师有很大的浮动，可以假设测试工程师不会受到进度延迟的影响。常规方案的人员配备分布（如图 11-11 所示）表明，人员配备高峰出现在 3 个开发人员（甚至高峰不会持续太长时间），并且低至 1 个开发人员。从表 11-3 可以看出，一般的方案平均使用 2.3 个开发人员。因此，可以假设缓解会影响两个开发人员。其中一个消耗了额外的缓解浮动，另一个则消耗了空闲时间。

本项目计划假设中约定，活动之间的开发人员应计入直接成本。因此，当项目延迟时，这个延迟会将两个开发人员的直接成本乘以常规方案和缓解点之间的持续时间差。在最远缓解点 D1（13.4 个月）的情况下，其与常规方案（9.9 个月）的持续时间差为 3.5 个月，因此额外的直接成本为 7 人月。由于常规方案的直接成本为 21.8 人月，因此 D1 的直接成本为 28.8 人月。我们可以通过执行类似的计算来添加其他缓解点。图 11-30 显示了修改后的直接成本曲线和风险曲线。

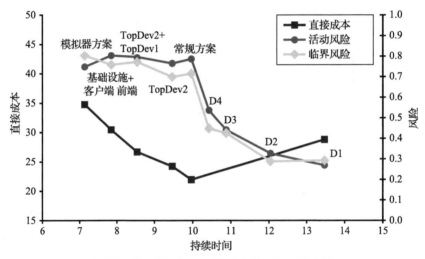

图 11-30　修改后的直接成本曲线和风险曲线

11.6.2　重建时间 - 成本曲线

使用 D1 的新成本数字，可以重建时间 - 成本曲线，同时排除亚临界方案的不良数据点。基于可能的方案，这会产生更好的时间 - 成本曲线。然后，就可以像以前一样继续计算相关模型。此过程生成以下成本公式：

$$直接成本 = 0.99t^2 - 21.32t + 136.57$$

$$间接成本 = 3.54t + 3.59$$

$$总成本 = 0.99t^2 - 17.78t + 140.16$$

这些曲线的 R^2 为 0.99，表明与数据点的拟合度非常好。图 11-31 显示了新的时间 - 成本曲线模型以及最小总成本和常规方案的点。

现在有了一个更好的总成本公式，可以用来计算项目的最小总成本点。总成本模型是以下形式的二阶多项式：

$$y = ax^2 + bx + c$$

回想一下微积分，这样一个多项式的最小值是在它的一阶导数为零时：

$$y' = 2ax + b = 0$$

$$x_{\min} = -\frac{b}{2a} = -\frac{-17.78}{2 \times 0.99} = 9.0$$

如第 9 章所述，最小总成本点总是移到常规方案的左边。虽然最小总成本的确切方案尚未可知，但第 9 章指出，对于大多数项目来说，找到这一点是不值得的。相反，为了简单起见，可以让常规方案的总成本与项目的最小总成本相等。在这种情况下，最小总成本为 60.3 人月，根据该模型，常规方案的总成本为 61.2 人月，差异为 1.5%。显然，在这种情况下简化假设是合理的。如果我们的目标是最小化总成本，那么常规方案拥有单一顶级开发人员的第一个压缩方案都是可行的选择。

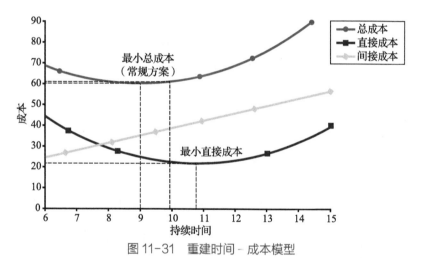

图 11-31　重建时间 - 成本模型

最小直接成本

仿照直接成本公式类似的步骤，可以很容易地计算出最小直接成本的时间点为 10.8 个月。理想情况下，常规方案点也是最小直接成本点。然而，在示例项目中，常规方案的值是 9.9 个月。这种差异部分原因是项目的离散模型和连续模型之间的差异造成的（参见图 11-30，其中常规方案就是最小直接成本，而图 11-31 则不然）。一个更有意义的原因是：重建时间 - 成本曲线以适应风险缓解点，该点已经发生了变化。在实践中，考虑到限制条件，常规方案往往会偏离最小直接成本点。本章其余部分使用 10.8 个月的持续时间作为最小直接成本的确切点。

11.6.3 风险模型化

现在可以为离散风险模型创建趋势线模型，如图 11-32 所示。在这个图中，两条趋势线相当近似。本章的其余部分使用活动风险趋势线，因为它更为保守：它高于几乎所有的方案。

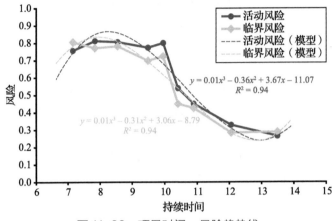

图 11-32 项目时间 - 风险趋势线

通过拟合多项式相关模型，可以得到项目风险的公式：

$$R = 0.01t^3 - 0.36t^2 + 3.67t - 11.07$$

其中 t 以月为单位。

> **注意** 多项式中第一项的系数较小，加上其是高次（三阶），意味着对于这个风险公式，需要更高的精度。虽然未在文本中显示，但本章中的所有剩余计算都使用八位小数。

使用风险公式，可以将风险模型与直接成本模型并排绘制，如图 11-33 所示。

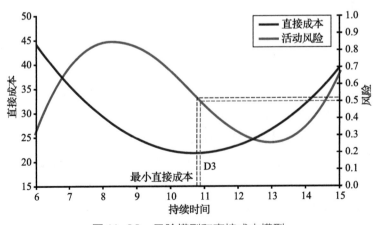

图 11-33 风险模型和直接成本模型

1. 最小直接成本和风险

如前所述，直接成本模型的最小值为 10.8 个月。将该时间值代入风险公式得出的风险值
为 0.52，即在最小直接成本点的风险为 0.52。图 11-33 用蓝色虚线将其可视化。

回顾第 10 章，理想情况下，最小直接成本应该在 0.5 风险处，该点是推荐的缓解目标。
该示例项目偏离了 4%。虽然该项目没有持续时间精确为 10.8 个月的项目设计方案，但其附
近已知的 D3 缓解点，持续时间为 10.9 个月（见图 11-33 中的红色虚线）。在实际操作上，这
些点是相同的。

2. 最佳项目设计方案

D3 处风险模型值为 0.50，这意味着 D3 是风险缓解的理想目标，也是实际最小直接成本
点。这使得 D3 在直接成本、持续时间和风险方面成为最佳点。D3 的总成本仅为 63.8 人月，
几乎与最低总成本相同。这也使得 D3 在总成本、持续时间和风险方面成为最佳点。

成为最佳点意味着项目设计方案具有实现计划承诺的最高概率（成功的定义）。我们应该
始终努力在最小成本点进行设计。图 11-34 显示了项目网络在 D3 处的浮动时间，如图所示，
网络图运行状况良好。

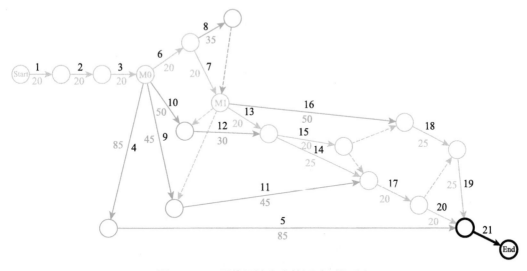

图 11-34 最佳设计方案的浮动时间分析

3. 最小风险

使用风险公式还可以计算最小风险点，该点为 12.98 个月，风险值为 0.248。第 10 章解
释了临界风险模型的最小风险值为 0.25（使用权重 [1，2，3，4]）。虽然 0.248 非常接近 0.25，
但它是使用活动风险公式生成的，与临界风险模型不同，该公式不受权重选择的影响。

11.6.4 风险包含与排除

图 11-29 的离散风险曲线表明，虽然压缩（compression）缩短了项目时间，但不一定会大幅增加风险，甚至这个示例项目的压缩反而在活动风险曲线上降低了一点风险。风险增加的主要原因是移动到了 D3（或最小直接成本）的左侧，所有压缩方案都有较高的风险。

使用风险模型，图 11-35 显示了所有项目设计方案如何映射到项目的风险曲线。可以看到，第二个压缩方案的风险几乎是最大的，而且压缩程度更高的解决方案具有预期降低的风险水平（第 10 章介绍的达芬奇效应）。显然，设计达到或超过最大风险点的任何方案都是不明智的。我们应该避免接近项目的最大风险点，但临界点在哪里？示例项目在风险曲线上的最大风险值为 0.85，因此接近该值的项目设计方案不是好的选择。第 10 章建议将 0.75 作为任何方案的最大风险水平。当风险高于 0.75 时，该项目通常很脆弱，很可能会延误进度。

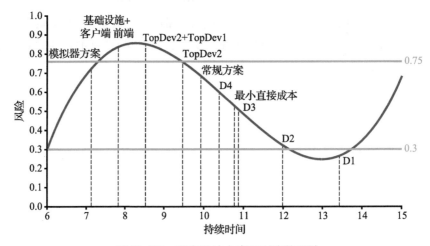

图 11-35　所有设计方案和对应的风险

使用风险公式，我们会发现 0.75 风险点的持续时间为 9.49 个月。虽然没有任何项目设计方案完全符合这一点，但第一个压缩点的持续时间为 9.5 个月，风险为 0.75。这表明第一次压缩是这个示例项目实际的上限。如前所述，0.3 应为最低的风险水平，排除了 0.27 风险的 D1 缓解点。0.32 风险的 D2 缓解点是可能的，但处于临界状态。

11.7　SDP 评审

所有详细的项目设计工作以 SDP 评审作为结束的标志，并在此向决策者展示项目设计的不同方案。我们不仅要做出明智的决策，而且要让正确的选择显而易见。到目前为止，最好的项目设计方案是 D3，一个月的缓解，满足了最小成本和 0.50 风险。

当向决策者展示结果时，列出第一个压缩点、常规方案，以及从常规方案中得到的一个月的最佳缓解方案。表 11-10 总结了这些可行的项目设计方案。

表 11-10　可行的项目设计方案

设计方案	持续时间（月）	总成本（人月）	风险
单个顶级开发人员	9.5	61.1	0.75
常规方案	9.9	61.1	0.68
一个月的缓解	10.9	63.8	0.50

展示方案

我们不应该提供表 11-10 中所示的原始信息，这缺乏可信度，因为不太可能有人见过这样的精确程度。我们还应该添加亚临界方案。由于亚临界方案的成本更高（以及风险更大、耗时更长），我们希望尽早排除此类想法。

表 11-11 列出了在 SDP 评审中应呈现的几种项目方案。注意进度和成本数字的四舍五入，这四舍五入是在获得某种许可的基础上进行的，以创建一个更突出的点差。虽然这不会改变决策过程中的任何内容，但确实为数字带来了更高的可信度。

表 11-11　供评审的项目设计方案

项目方案	持续时间（月）	总成本（人月）	风险
单个顶尖开发人员	9	61	0.75
常规方案	10	62	0.68
一个月的缓解	11	64	0.50
亚临界人员配备	13	77	0.78

风险数字没有四舍五入，是因为风险是评估方案的最佳方式。几乎可以肯定的是，决策者从未将风险量化作为推动明智决策的工具。必须向他们解释风险值是非线性的；也就是说，使用表 11-11 中的数字，0.68 风险比 0.5 风险高很多，而不仅仅是增加了 36%。为了说明此类非线性行为，可以使用风险和更熟悉的非线性领域（地震强度的里氏震级）之间的类比。如果风险数字是里氏地震级别，那相比于 5.0 级的地震，6.8 级地震的威力是其 500 倍，而 7.5 级地震的威力是其 5623 倍。这种简单的类比会将决策导向 0.50 风险的期望点。

| 第 12 章 |

高级技巧

项目设计是一门复杂的学科，之前的章节只介绍了一些基本概念。这是出于适度学习曲线的考虑，有意这样设计的。在这一章中，我们将讨论很多项目设计技巧，也会发现一些在许多项目中常见的、有用的其他技巧，它们的应用不局限于大型的或复杂的项目。这些技巧的共同点就是：它们会帮我们更好地应对风险和复杂性，也可以了解到如何成功地应对绝大多数的复杂和具有挑战的项目。

12.1　上帝活动

顾名思义，"上帝活动（God Activities）"就是那些对于项目来说太大的活动。"太大"可能是一个相对的概念，当一个活动相对于项目中的其他活动太大时，它就可以算作"上帝活动"。一个简单识别上帝活动的标准就是活动的持续时间与项目中所有活动的平均持续时间至少相差一个标准差。但是从绝对角度看，上帝活动也可以非常大，40～60 天（或更长）的持续时间对于典型的软件项目来说太长了。

直觉和经验可能已经告诉我们，应该避免这些活动。通常来说，上帝活动只是一些隐藏在表面之下的巨大不确定性的占位符（placeholders）。人们总是低估上帝活动的持续时间和付出。因此，当实际的活动持续时间更长时，这足以使项目运行脱轨。我们应该尽快处理这些危险，以确保有机会兑现自己的承诺。

上帝活动也常常会扭曲本书中所展示的项目设计技巧。上帝活动几乎总是关键路径的一部分，而关键路径的持续时间及其在活动网络中的位置通常取决于上帝活动的影响，这使得大多数关键路径管理技术无效。更糟糕的是，许多项目的风险模型常常因具有上帝活动而被错误地估计为低风险数字。在这些项目中，大部分的工作将花在关键的上帝活动中，使得该项目事实上是一个高风险的项目。这导致了风险的计算倾向于低估，因为其他活动轨道的关键上帝活动会使得真实的风险系数上浮。如果移除了这些附属活动（satellite activities），风险数字将会上升到 1.0，风险模型将正确地表示由上帝活动导致的高风险。

解决上帝活动

对上帝活动最好的做法是把它们分解成更小的独立活动。上帝活动的细分将显著提高评估的质量，减少不确定性，并且做出正确的风险评估。但如果工作范围真的很大呢？就应该把这些活动当作小项目来对待并压缩它们。首先，辨别上帝活动的内部阶段，并找到每个上帝活动内的这些内部阶段并行工作的方法。如果做不到，应该寻找其他方法让上帝活动变得不那么重要，不妨碍项目中的其他活动。

例如，为上帝活动开发模拟器，减少其他活动对上帝活动本身的依赖。这将使得我们能够与上帝活动并行工作，让上帝活动不那么重要（或者不再重要）。模拟器还可以通过对上帝活动设置约束来发现一些隐藏的假设，从而减少了上帝活动的不确定性，使上帝活动的详细设计变得更容易。

我们也应该考虑如何把上帝活动分解成单独的项目。考虑将上帝活动放入一个分支项目（side projects）是很重要的，尤其是当上帝活动的内部阶段是内在连续的。这将使得项目管理和进度跟踪更加容易。必须沿着网络路径来设计集成点，以减少最后的集成风险。通过这种方式提取上帝活动会增加项目其余部分的风险（一旦提取了上帝活动，其他活动的浮动就会小得多）。这通常是一件好事，因为如果不这样做，项目的风险数字就会低得让人难以置信。这种情况很常见，低风险数字往往是寻找上帝活动的信号。

12.2 风险交叉点

第 11 章的案例研究使用了风险低于 0.75 且高于 0.3 的简单指导原则来包含和排除项目设计选项。在决定项目设计选项时，我们可以比通用的经验法则更准确。

在图 11-33 中，在最小直接成本点处，紧靠其左侧，直接成本曲线基本平坦，但风险曲线陡峭。这是一种符合预期的表现，因为在绝大多数压缩的解决方案中，风险曲线通常会在直接成本达到最大值之前达到最大值。在直接成本达到最大值之前，达到最大风险的唯一途径是，在初始阶段，在最小直接成本的左边，风险曲线上升的速度要比直接成本曲线快得多。在最大风险点（稍微向右一点），风险曲线是平的或几乎是平的，而直接成本曲线相当陡峭。

因此，在最小直接成本处必须有一个点，即风险曲线的上升速度不再快于直接成本曲线。那个点被称为风险交叉点。在交叉点处，风险接近最大。因此，应该避免使用风险值高于交叉值的压缩方案。在大多数项目中，风险交叉点与风险曲线上的 0.75 值重合。

风险交叉点是一个保守点，因为它不是最大风险，也因为它是基于风险行为和直接成本，而不是风险的绝对值。也就是说，从大多数软件项目的记录来看，谨慎一点从来都不是坏事。

推导交叉点

要找到风险交叉点，需要比较直接成本曲线和风险曲线的增长率。可以使用一些基本的演算、电子表格中的图表或使用数值方程求解器来进行分析。本章的在线资源基本上以模板方式包含了这三种技术，因此可以轻松地找到风险交叉点。

曲线的增长率由其一阶导数表示，因此必须将风险曲线的一阶导数与直接成本曲线的一阶导数进行比较。第 11 章示例项目中的风险模型采用三次多项式的形式，其形式如下：

$$y = ax^3 + bx^2 + cx + d$$

该多项式的一阶导数采用此二次多项式的形式：

$$y' = 3ax^2 + 2bx + c$$

对于示例项目，风险公式为：

$$R = 0.01t^3 - 0.36t^2 + 3.67t - 11.07$$

因此，风险公式的一阶导数为：

$$R' = 0.03t^2 - 0.72t + 3.67$$

对于示例项目，直接成本公式为：

$$C = 0.99t^2 - 21.32t + 136.57$$

因此，直接成本公式的一阶导数为：

$$C' = 1.98t - 21.32$$

在比较两个导数方程之前，需要克服两个问题。第一个问题是，两条曲线介于最大风险和最小直接成本之间的值范围都是单调递减的（这意味着两条曲线的增长率将为负数），因此需比较增长率的绝对值。第二个问题是，原始增长率在幅度上是不相容的。对于示例项目，风险值的范围是 0 到 1，而成本值大约是 30。要正确比较这两个导数方程，必须首先在最大风险处将风险值缩放为成本值。

推荐的比例因子为：

$$F = \frac{R(t_{mr})}{C(t_{mr})}$$

式中，t_{mr} 是最大风险时的时间；$R(t_{mr})$ 是项目在 t_{mr} 的风险公式值；$C(t_{mr})$ 是项目在 t_{mr} 的成本公式值。

当风险曲线的一阶导数 R' 为零时，风险曲线将取最大值。当 $R' = 0$ 时，求解项目关于 t 的风险方程，则 t_{mr} 为 8.3 个月。相应的风险值 R 为 0.85，相应的直接成本值为 28 人月。这两个值之比 F 为 32.93，即示例项目的比例因子。

当满足以下所有条件时，项目的可接受风险水平出现：

- 时间位于项目最小风险点的左侧。
- 时间位于项目最大风险点的右侧。
- 从规模的绝对价值来看，风险的上升速度快于成本。

可以用下面的表达式把这些条件放在一起：

$$F \times | R' | > | C' |$$

将风险公式与直接成本公式的导数以及比例因子代入表达式，得出：

$$32.93 \times | 0.03t^2 - 0.72t + 3.67 | > | 1.98t - 21.32 |$$

求解该方程得到 t 的可接受范围：

$$9.03 < t < 12.31$$

结果不是一个，而是两个交叉点，分别为 9.03 个月和 12.31 个月。图 12-1 以绝对值的方式可视化了按比例缩放的风险导数和成本导数的行为。可以清楚地看到，风险导数的绝对值在两个地方都超过了成本导数的绝对值（因此是交叉点）。

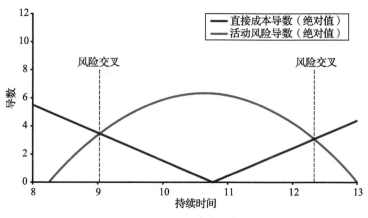

图 12-1　风险交叉点

除了数学，从项目设计的角度来看，之所以存在两个风险交叉点，与这些点的语义有关。在 9.03 个月时，风险为 0.81；在 12.31 个月时，风险为 0.28。将这些值叠加在图 12-2

中的风险曲线和直接成本曲线上可以揭示交叉点的真实含义。

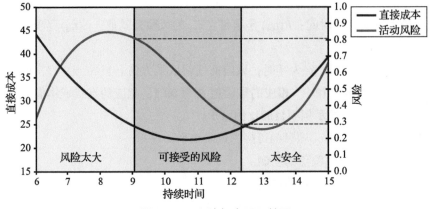

图 12-2　风险包含区和禁区

位于 9.03 个月风险交叉点左边的项目设计解决方案风险太大。位于 12.31 个月风险交叉点右边的项目设计解决方案太安全。在两个风险交叉点之间，风险是"正好的"。

可接受的风险和设计方案

交叉点为 0.81 和 0.28 的风险值与 0.75 和 0.30 的经验法则非常吻合。对于示例项目，可接受的风险区域包括第一个压缩解、正常解，以及 D4、D3 和 D2 的缓解点（参见图 11-35）。这些点都是实用的设计选择。在这种情况下，"实用"意味着该项目有合理的机会履行其承诺。压缩程度更高的解决方案风险太大，而且 D1 点也很安全。可以通过寻找最佳缓解目标，来进一步选择缓解点。

12.3　找到缓解目标

正如第 10 章所指出的，风险水平 0.5 是风险曲线中最陡的一点。这使它成为理想的缓解目标，因为它提供了最好的回报——也就是说，用最少的缓解量，就可以最大限度地降低风险。这个理想点是风险的临界点，因此是缓解的最小点。

如果已经绘制了风险曲线，可以看到临界点在哪里，如果有，则可以在临界点或更保守点在其右侧选择一个缓解点。该技术在第 11 章中被用于推荐图 11-29 中的 D3 作为缓解目标。然而，仅仅关注图表并不是一个好的工程实践。相反，应该应用初等微积分以一致和客观的方式来识别缓解目标。

假定用风险曲线模拟标准 Logistic 函数（至少在最小和最大风险之间），则曲线中的最陡点也表示曲线中的扭曲或拐点。在该点的左侧，风险曲线为凹形，在其右侧，风险曲线为凸形。微积分告诉我们，在拐点处，凹变为凸，曲线的二阶导数为零。理想风险曲线及其前两阶导数如图 12-3 所示。

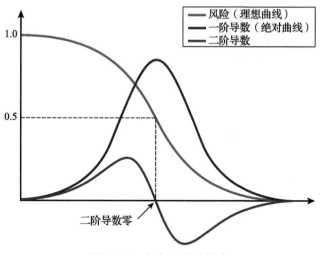

图 12-3　缓解目标的拐点

使用第 11 章中的示例项目来演示此技术，可以将风险方程式作为三阶多项式。它的一阶和二阶导数是：

$$y = ax^3 + bx^2 + cx + d$$
$$y' = 3ax^2 + 2bx + c$$
$$y'' = 6ax + 2b$$

当二阶导数等于零时可得到以下公式：

$$x = -\frac{b}{3a}$$

由于风险模型为：

$$R = 0.01t^3 - 0.36t^2 + 3.67t - 11.07$$

二阶导数为零的点是 10.62 个月：

$$t = -\frac{-0.36}{3 \times 0.01} = 10.62$$

在 10.62 个月时，风险值为 0.55，与理想目标 0.5 仅相差 10%。在图 12-4 中的离散风险曲线上绘制时，可以看到该值恰好位于 D4 和 D3 之间，从而证实了 D3 在第 11 章中作为缓解目标的选择。

与第 11 章中使用风险图的可视化和本能判断来确定临界点的方法不同，二阶导数提供了客观且可重复的标准。当没有立即明显的视觉风险临界点或风险曲线偏高或偏低，导致 0.5 准则无法使用时，这一点尤其重要。

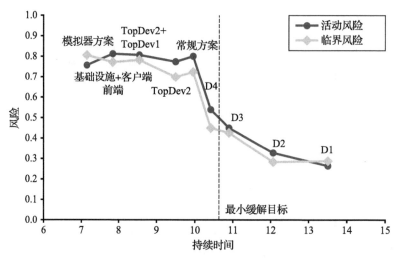

图 12-4　风险曲线上的缓解目标

12.4　几何风险

第 10 章介绍的风险模型均使用浮点数的算术平均值形式来计算风险。不幸的是，算术平均值不能很好地处理值的不均匀分布。例如，考虑数列 [1，2，3，1000]，该数列的算术平均值为 252，完全不能很好地表示该数列中的值。这种行为不是风险计算所独有的，在面对非常不均匀的分布时，试图使用算术平均值的任何尝试都不会产生令人满意的结果。在这种情况下，最好使用几何平均值而不是算术平均值。

一数列值的几何平均值是将 n 个值数列中的所有值相乘，然后取其乘积的 n 次根的值。给定一数列，其值分别表示为从 a_1 到 a_n，该数列的几何平均值为：

$$几何平均值 = \sqrt[n]{a_1 \times a_2 \times \cdots \times a_n} = \sqrt[n]{\prod_{i=1}^{n} a_i}$$

例如，虽然数列 [2，4，6] 的算术平均值为 4，但几何平均值是 3.63：

$$几何平均值 = \sqrt[3]{2 \times 4 \times 6} = 3.63$$

几何平均数总是小于或等于同一数列的算术平均数：

$$\sqrt[n]{\prod_{i=1}^{n} a_i} \leqslant \frac{\sum_{i=1}^{n} a_i}{n}$$

仅当数列中的所有值都相同时，这两个均值才相等。

最初，几何平均值看起来像是代数奇数，但是当涉及值的不均匀分布时，它会有很大作用。在几何均值计算中，极端离群值对结果的影响要小得多。对于 [1、2、3、1000] 的示例序列，几何平均值为 8.8，可以更好地表示该序列中的前三个数字。

12.4.1 几何临界风险

与算术临界风险一样，可以使用浮点颜色编码和相应活动的数量来计算几何临界风险。不是将浮动权重乘以对应活动数量，而是将其提高到对应活动数量的乘方。因此，几何临界公式为：

$$风险 = \frac{\sqrt[N]{(W_C)^{N_C} \times (W_R)^{N_R} \times (W_Y)^{N_Y} \times (W_G)^{N_G}}}{W_C}$$

式中，W_C 是关键活动的权重；W_R 是红色活动的权重；W_Y 是黄色活动的权重；W_G 是绿色活动的权重；N_C 是关键活动的数量；N_R 是红色活动的数量；N_Y 是黄色活动的数量；N_G 是绿色活动的数量；N 是项目中活动数量的总和（$N = N_C + N_R + N_Y + N_G$）。

使用图 10-4 的示例网络，几何临界风险为：

$$风险 = \frac{\sqrt[16]{4^6 \times 3^4 \times 2^2 \times 1^4}}{4} = 0.60$$

同一网络的相应算术临界风险为 0.69。与预期一样，几何临界风险数值略低于算术临界风险数值。

风险值的范围

与算术临界风险一样，当所有活动都是关键时，几何临界风险存在最大值为 1.0，而当网络中所有活动均为绿色时，几何临界风险的最小值为 W_G 除以 W_C：

$$风险 = \frac{\sqrt[N]{(W_C)^0 \times (W_R)^0 \times (W_Y)^0 \times (W_G)^N}}{W_C} = \frac{\sqrt[N]{1 \times 1 \times 1 \times (W_G)^N}}{W_C}$$

$$= \frac{W_G}{W_C}$$

12.4.2 几何斐波那契风险

可以使用临界权重之间的斐波那契比率来生成斐波那契几何风险模型。给定以下权重定义：

$$W_Y = \varphi \times W_G$$

$$W_R = \varphi^2 \times W_G$$

$$W_C = \varphi^3 \times W_G$$

斐波那契几何公式为：

$$风险 = \frac{\sqrt[N]{(\varphi^3 \times W_G)^{N_C} \times (\varphi^2 \times W_G)^{N_R} \times (\varphi \times W_G)^{N_Y} \times (W_G)^{N_G}}}{\varphi^3 \times W_G}$$

$$= \frac{\sqrt[N]{\varphi^{3N_C + 2N_R + N_Y} \times W_G^{N_C + N_R + N_Y + N_G}}}{\varphi^3 \times W_G} = \frac{\sqrt[N]{\varphi^{3N_C + 2N_R + N_Y} \times W_G^{N}}}{\varphi^3 \times W_G} = \frac{\sqrt[N]{\varphi^{3N_C + 2N_R + N_Y}}}{\varphi^3}$$

$$= \varphi^{\frac{3N_C + 2N_R + N_Y}{N} - 3}$$

风险值范围

与算术斐波那契风险类似，当所有活动为关键活动时，几何斐波那契风险的最大值为 1.0，而当网络中所有活动均为绿色时，最小值为 0.24（φ^{-3}）。

12.4.3　几何活动风险

几何活动风险公式采用项目中浮动时间的几何平均值。关键活动具有零浮动时间，容易引起问题，因为其几何平均值将始终为零。常见的解决方法是对系列中的所有值加 1，然后从所得的最终几何平均值中减去 1。

因此，几何活动风险公式为：

$$风险 = 1 - \frac{\sqrt[N]{\prod_{i=1}^{N}(F_i + 1)} - 1}{M}$$

式中，F_i 是第 i 个活动的浮动时间；N 是项目中活动的数量；M 是项目中所有活动的最大浮动数或表示为 Max（$F_1, F_2, ..., F_N$）。

使用图 10-4 的示例网络，几何活动风险为：

$$风险 = 1 - \frac{\sqrt[16]{1 \times 1 \times 1 \times 1 \times 1 \times 1 \times 31 \times 31 \times 31 \times 31 \times 11 \times 11 \times 6 \times 6 \times 6 \times 6} - 1}{30} = 0.87$$

同一网络的相应算术活动风险为 0.67。

风险值范围

随着更多活动变得关键，几何活动模型的最大值接近 1.0。但是当所有活动都是关键活动时，它的值就无法确定。当所有活动的浮动水平相同时，几何活动风险的最小值为 0。与算术活动风险不同，对于几何活动风险，无须调整异常高浮点的离群值，并且浮点不需要均匀分布。

12.4.4 几何风险行为

几何临界风险模型和几何斐波那契风险模型所产生的结果都与它们算术模型上的值相似。但是，几何活动公式曲线与其性质相似的算术活动公式曲线不能很好地吻合，并且其值在整个范围内都高得多。结果是几何活动风险值通常不符合本书中提供的风险值准则。

图 12-5 通过绘制第 11 章中示例项目的所有风险曲线，说明了几何风险模型之间行为的差异。

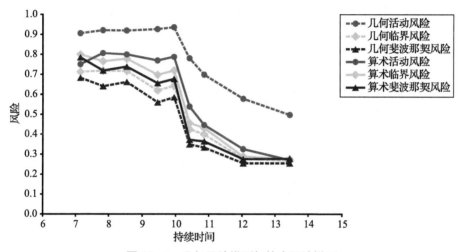

图 12-5 几何风险模型与算术风险模型

从图中可以看到，几何临界风险和几何斐波那契风险具有与算术模型相同的总体形状，仅略低于预期值。和预期一样，可以清楚地观察到相同的风险临界点。几何活动风险大大提高，并且其行为与算术活动风险有很大不同，没有容易辨别的风险临界点。

为什么选择几何风险

算术和几何临界（还有斐波那契数列）风险模型的相似行为表明：使用哪一个并不那么重要。这些差异不能证明：为这个项目构建另外的风险曲线所花费的时间和精力是值得的。如果有什么区别的话，出于向其他人解释风险建模的简易性的目的，应该选择算术模型。几何活动风险明显不如算术活动风险有用，但是它在某种情况下的实用性促使我决定在这里讨论它。

当我们尝试去计算一个带有上帝活动项目的风险时，几何活动风险是最后的手段。这类项目实际上具有相当高的风险，因为大部分的精力都被花费在关键的上帝活动上。如前所述，由于上帝活动比较大，其他活动具有相当大的浮动空间，因此降低了算术风险，给人一种错误的安全感。相反的是，几何活动风险模型为上帝活动的项目提供了预期的高风险值。

人们可以为几何活动风险生成一个相关模型并以算术模型来进行风险分析。

图 12-6 展示了第 11 章中示例项目几何活动风险及相关因素的模型。

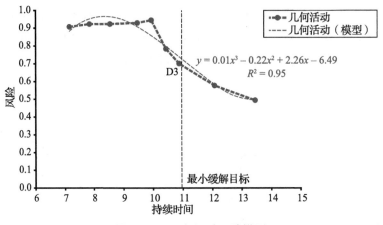

图 12-6　几何活动风险模型

最大风险点（8.3 个月）被算术模型和几何模型共享。几何活动模型（二阶导数等于零）的最小缓解目标在 10.94 个月，与算术模型的 10.62 个月相似，位于 D3 的右侧。几何风险的交点是 9.44 个月和 12.25 个月，略小于使用算术活动风险模型得到的 9.03 个月和 12.31 个月。正如我们所看到的，即使风险曲线的行为不同，两个模型的结果在很大程度上是相似的。

当然，应该像之前讨论的那样消除上帝活动，而不是寻找一个方法来计算一个带有上帝活动的项目的风险。然而，几何风险允许我们以事物本来的方式解决问题，而不是以它们应该的方式。

12.5　执行复杂度

在前面的几章中，对项目的讨论集中在开始工作之前驱动明智的决策。只有通过对时间、成本和风险的量化才能确定项目是否合理并可行。然而，两个项目的设计选项在其持续时间、成本和风险上可能是相似的，但是在其执行的复杂度上具有很大的差异。在这种情况下，执行复杂度是指项目网络的复杂程度和挑战性。

12.5.1　圈复杂度

圈复杂度是度量连接复杂度。它在度量任何可以表示为网络（包括代码和项目）的复杂度时是很有用的。

圈复杂度的公式：

$$复杂度 = E - N + 2 \times P$$

对于项目的执行复杂度来说，E 代表项目中依赖的数量；N 代表项目中活动的数量；P 代表项目中网络不连接的数量。

在一个具有良好设计的项目中，P 的值总是为 1，因为项目中应该有一个单独的网络。多个网络（$P > 1$）使得项目的复杂度增加。

为了证明圈复杂度的公式，表 12-1 给出的网络中，$E = 6$，$N = 5$，$P = 1$。圈复杂度结果为 3：

$$复杂度 = 6 - 5 + 2 \times 1 = 3$$

表 12-1　圈复杂度为 3 的样例

ID	活动	依赖	ID	活动	依赖
1	A		4	D	1,2
2	B		5	E	3,4
3	C	1,2			

12.5.2　项目类型与复杂度

虽然没有可以直接度量项目的执行复杂度的方法，但是可以使用圈复杂度来对其进行定性分析。项目内部的依赖关系越多，其执行起来的风险也就更大。这些依赖关系中的任何一个都可能产生延期，从而在项目中的其他多个相关联的地方造成延期。一个项目中的每个活动都取决于所有其他活动，则具有 N 个活动的项目的最大圈复杂度约为 N^2。

通常，项目并行程度越高，其执行复杂度就越高。最基本的一点，能够及时组织起规模足够大的团队并开展并行工作本身就是一项不简单的任务。并行工作（以及实现并行工作所需的其他工作）增加了工作量，扩大了团队规模。大规模的团队其执行效率通常低于小团队，并且大团队对管理层和管理方式的要求也更高。并行工作还导致了较高的圈复杂度，因为并行工作导致了 E 的增加速度快于 N 的增加速度。设想这样的极端情况，有一个具有 N 个活动的项目，这些活动同时开始并一起完成，每个活动独立于其他所有活动，而且都是并行完成的，显然，这个项目的圈复杂度为 $N + 2$。显而易见，这样的项目执行风险很大。

同样，如果项目的开发次序越接近串行，那么其执行起来就越简单。在极端情况下，具有 N 个活动的最简单项目是一组依次执行的活动。这样的项目可能具有的最小的圈复杂度正好是 1。资源很少的亚临界项目往往类似于这种一系列依次执行的活动。尽管此类亚临界项目的设计风险很高（接近 1.0），但执行风险却非常低。

从经验上看，一个设计良好的项目，其圈复杂度多为 10 或 12。虽然这个水平可能看起来很低，但必须了解，项目达到预期的可能性与执行复杂度并不成比例。例如，圈复杂度为 15 的项目与圈复杂度为 12 的项目相比，其复杂度仅高出 25%，但复杂度较低的项目成功的可能性却是高复杂度项目的两倍。因此，高执行复杂度与项目失败的可能性呈正相关。项目执行起来越复杂，项目就越容易失败。此外，一个成功交付的复杂项目并不能保证另一个复杂项目的成功。

当然，重复交付具有较高圈复杂度的项目是可行的，但是在整个团队中培养这种能力需要不少时间。这需要一个合理的架构、一套严格考量了风险的出色项目设计、一群能够协同高效工作的成员、一位对细节一丝不苟且能够积极地处理冲突的一流项目经理。如果团队中缺乏这些要素，就应该积极采取措施来降低执行复杂度，例如本章稍后将介绍的逐层设计和网联设计技术。

12.5.3　项目压缩与复杂度

项目的复杂度往往随着压缩程度而增加，并且可能以非线性方式增加。理想情况下，项目的复杂度随其开发持续时间变化的情况如图 12-7 的虚线所示。

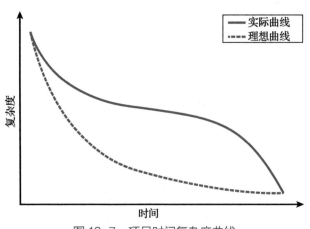

图 12-7　项目时间复杂度曲线

这种经典的非线性行为的问题在于，在不更改项目网络的情况下，无法使用更熟练的资源来压缩项目。虚线还假定可以通过增加所分配的时间来进一步降低复杂度，但是，如前所述，复杂度的最低要求为 1。更好地描绘项目复杂度的模型是图 12-7 中实线所示的某种 Logistic 函数。

Logistic 函数上相对平坦的区域代表着使用更好资源的情况。曲线左侧的急剧上升对应于并行工作和项目的压缩。曲线右侧的急剧下降代表了项目的亚临界方案（这也需要花费相当多的时间）。图 12-8 通过绘制第 11 章中示例项目的复杂度曲线来演示这种行为。

回想一下第 11 章,即使是压缩程度最高的方案,实际上其代价也不比常规方案大。复杂度分析表明,在这种情况下,最大程度压缩项目真正产生的代价是其圈复杂度增加了 25%,这也表明项目的执行将更加艰巨,面临的风险也更大。

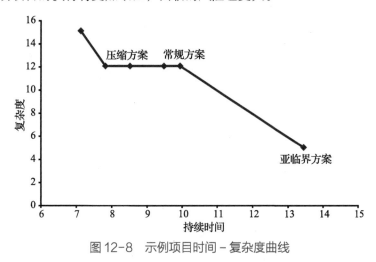

图 12-8 示例项目时间 – 复杂度曲线

12.6 超大型项目

本书的项目设计方法无关乎项目的规模大小。但是,随着项目的扩大,项目设计也确实变得更具挑战性。人们对项目内的细节、约束以及内部的依赖关系的认识是有限的。当项目规模大到一定程度后,人们就几乎无法设计好这类项目。大多数人可以设计好一个最多包含 100 个活动的项目。但通过实践,这种上限也可以增加。精心设计的系统和项目甚至可以处理几百项活动。

具有数百个甚至数千个活动的超大型项目的复杂度不言而喻。它们通常涉及多个部门、数十或数百人、庞大的预算和紧张的时间安排。实际上,最后三个通常都是最常见的,因为公司首先要大胆规划进度,然后在项目上投入大量人力和物力,以期从中受益。

项目规模越大,项目设计就越具有挑战性,而项目设计就越是重中之重。 首先,项目越大,失败的风险就越大。其次,更重要的是,项目一经启动,团队就必须计划进行并行开发,因为没有人会等待 500 年(或者就算是 5 年)的交付时间。更糟糕的是,从超大型项目一开始,整个团队的氛围都将变得紧张起来,因为此类项目的成败与公司以及许多员工的未来息息相关。大多数人都将忐忑不安,而管理人员更是如坐针毡。

几乎无一例外,所有超大型项目的开发都以失败告终。超大规模往往关联着不好的结果⊖。项目规模越大,项目完成情况与预期的偏差就越大,由最初的规划和预算所导致的延期

⊖ Nassim Nicholas Taleb, *Antifragile* (Random House, 2012).

就会越长，耗费也越来越高。可以说，超大型项目就是现代的通灵塔——圣经中最大的失败项目。

12.6.1　复杂系统与脆弱性

大型项目注定要失败，这并非偶然，而是其复杂度的直接结果。在这种情况下，区分繁杂和复杂是很重要的。大多数软件系统是繁杂的，而不是复杂的。一个繁杂的系统仍然可以有确定性的行为，并且可以准确地理解它的内部工作方式。这样的系统能够可重复响应特定的输入，并且其过去的行为预示了其未来的行为。与一个繁杂的系统相比，天气、经济和我们的身体都是复杂的系统。这种系统的特征，一是缺乏对内部机制的理解，二是无法预测行为。这种复杂的行为并不一定是由众多繁杂的内部部件造成的。例如，三个相互环绕的天体是一个复杂的不确定系统，而带枢轴的单摆也是一个复杂的系统。这两个例子并不都是繁杂的系统，但它们仍然是复杂的系统。

在过去，复杂的软件系统被限制在任务关键型系统中，其中所处的业务领域就很复杂。在过去 20 年中，由于系统连接性、多样性和云计算的规模的增加，企业系统甚至只是常规软件系统，现在都表现出复杂的系统特性。

复杂系统的一个基本特性是它们对条件的微小变化以非线性的方式做出反应。这就是"最后一片雪花效应"，多一片雪花就能在积雪的山坡上引起雪崩。

一片雪花是如此危险，因为复杂度随规模大小呈非线性增加。在大型系统中，复杂度的增长导致失败风险相应地增加。风险函数本身可以是一个高度非线性的复杂函数，类似于幂律函数。即使函数的基础接近于 1，并且系统规模增长缓慢（一次多写一行代码，或者在山那边多放一片雪花），随着时间的推移，复杂度的增加及其对风险的复合效应将导致失控的反应。

1. 复杂性驱动程序

复杂性理论[⊖]试图解释为什么复杂系统会有这样的行为。根据复杂性理论，所有复杂系统共享四个关键元素：连接性、多样性、交互作用和反馈循环。任何非线性失效行为都是这些复杂性驱动因素的产物。

即使一个系统很大，但如果各个部分断开，复杂度将不会增加。在一个由 n 个部分组成的连接系统中，连接的复杂度按 n^2 的比例增长（这种关系称为梅特卡夫定律[⊖]）。你甚至可以根据连锁反应将连接性复杂度划分为 n^n 级，其中任何单个更改都会导致 n 个更改，而其中每

⊖ https://en.wikipedia.org/wiki/Complex_system
⊖ https://en.wikipedia.org/wiki/Metcalfe's_law

个更改又会导致 n 个附加更改,依此类推。

系统中仍然可以有相互连接的部分,如果这些部分是彼此的克隆或简单的变体,那么管理和控制就没那么复杂了。另一方面,系统越多样化(例如不同的团队有他们自己的工具、编码标准或设计),系统就越复杂,越容易出错。例如,假设有一家航空公司使用 20 种不同类型的飞机,每一种都针对自己的市场,具有独特的部件、机油、飞行员和维护计划。那么这个如此复杂的系统注定会因其多样性而失败。与之相比,另外一家航空公司只使用一种通用型飞机,这种飞机不是专门为任何市场设计的,可以为所有市场、乘客和里程提供服务。第二家航空公司不仅运营起来更加简单,而且更加稳健,能够对市场变化做出更快的反应。这些想法应该与第 4 章讨论的可组合设计的优点产生共鸣。

我们甚至可以控制和管理一个相互连接的多样系统,只要其中各部分之间不存在激烈的交互。因为这种交互可能会在整个系统中产生不稳定的意外后果,通常涉及不同的方面,如进度、成本、质量、执行、性能、可靠性、现金流、客户满意度、保留率和士气。如果不加以抑制,这些变化将以反馈循环的形式触发更多的交互。这样的反馈回路将问题放大到这样的程度:输入或状态条件在过去不是问题,但现在却可以使系统崩溃。

> **注意** 这些复杂性驱动因素还解释了为什么功能分解的系统既复杂又脆弱。功能分解与所有客户和时间点上所需的功能都具有多样性。架构中产生的巨大多样性直接导致失控的复杂性。

2. 规模、复杂性和质量

大型项目失败的另一个原因与质量有关。当一个复杂的系统依赖于完成一系列任务(比如一系列服务项目或活动)之间的相互作用,并且当任何任务的失败导致整个系统的失败时,任何质量问题都会产生严重的副作用,即使其组件非常简单。这在 1986 年得到证实,当时一个价值 30 美分的 O 形环击落了一架价值 30 亿美元的航天飞机。

当整体的质量取决于所有组成部分的质量时,整体的质量就是各个组成部分质量的乘积[⊖],其结果是高度非线性衰减行为。例如,假设系统执行一个由 10 个小任务组成的复杂任务,每个小任务都有 99% 的近乎完美的质量。在这种情况下,总质量只有 90% ($0.99^{10} = 0.904$)。

实际上 99% 的质量或可靠性假设也是不现实的,因为绝大多数软件单元从未测试过 99% 的所有可能输入、与所有连接组件的所有可能交互、状态变化的所有可能反馈循环、所有部署和客户环境等场景。实际的单元质量结果可能更低。如果每个单元都经过测试并且合

⊖ Michael Kremer, "The O-Ring Theory of Economic Development," *Quarterly Journal of Economics* 108, no. 3 (1993): 551-575.

格率在 90% 以内，则系统质量将下降到 35%。每个组件的质量下降 10%，整个系统质量则会降低 65%。

一个系统拥有的组件越多，效果就越差，系统就越容易受到质量问题的影响。这就解释了为什么大型项目常常因为质量差而无法使用。

12.6.2　网络群

大型项目成功的关键是通过缩小项目的规模来消除导致复杂的因素。必须把项目建设为一个网络群。对于一个非常大的项目，可以创建几个较小、不太复杂的项目，这些项目更有可能成功。这样做成本通常至少会增加一点，但是失败的可能性将大大降低。

建成一个网络群，有一个限制条件是这个项目是可行的，即项目能以这种方式构建。如果这个项目是可行的，那么这些网络很有可能不是紧密耦合的，并且能分割成独立的子网络。否则，这个项目注定要失败。

一旦拥有了网络群，就可以像设计其他项目一样设计、管理和执行每一个网络。

> **注意**　将大型系统视为部分或子系统的集合（参见第 3 章）是网络群思想的另一种表现形式。每个部分都是独立的，远没有整个系统复杂。这个子系统集合还有一个独特的优点，即每个子系统包含的组件比整个系统少得多，因此对前面讨论的累积质量下降没有那么敏感。

12.6.3　设计网络群

由于事先不知道项目是否能够细分或网络群如何工作，我们需要参与一个用于发现网络群的初步小型项目。设计网络群从来都不只一种方式。事实上，网络的形状和结构通常有多种可能性。这些可能性几乎是不等价的，因为其中一些可能更容易处理些，必须比较各种选项。

与所有的设计工作一样，设计网络群应该迭代地进行。首先设计大型项目，然后沿着大型关键路径将其分割成单独的可管理项目。寻找网络交互的连接点。这些连接是开始分割的最佳地点。不仅要寻找依赖关系的连接点，还要寻找时间的连接点：如果一组活动在另一组活动开始之前就完成了，那么即使所有的依赖都交织在一起，也存在一个时间连接点。一种更高级的技术是寻找一种分割方法，使网络的总圈复杂度最小化。在这种情况下，对于总圈复杂度，$P > 1$ 是可以接受的，而每个子网具有 $P = 1$。

图 12-9 显示了一个大型项目的示例，图 12-10 显示了其生成的三个独立子网。

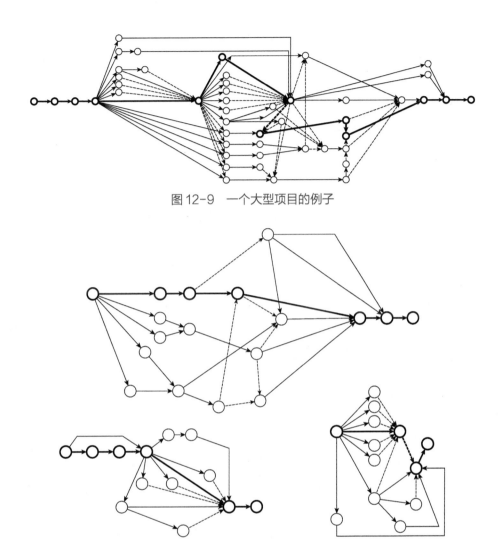

图 12-9　一个大型项目的例子

图 12-10　由此产生的网络群

通常，刚启动的大型项目对于这样的工作来说太混乱了。在这种情况下，花时间来简化或改进大型项目的设计将有助于识别网络群。通过引入计划假设和对大型项目设置约束来寻找降低复杂性的方法。强迫某些阶段在其他阶段开始之前完成。消除伪装成需求的解决方案。

图 12-9 中的关系图是经过了多次复杂度降低迭代才达到的状态。初始的图难以理解且不可行。

1. 解耦网络

至少在最初的时候，网络群可能包括一些破坏分割，或以某种方式阻止所有网络并行工作的依赖项。我们可以通过花时间研究以下的网络解耦技术来解决这些问题：

- 架构和接口
- 模拟器
- 开发标准
- 构建、测试和自动化部署
- 质量保证（不仅是质量控制）

2. 创造性的解决方案

虽然网络群建设没有固定套路，但最好的指导方针就是要有创造性。我们会发现自己经常诉诸创造性的解决方案，来解决那些阻碍分割的非技术问题。政治斗争和故意阻拦可能会把大型项目的各个部分集中起来，而不是分发出去。在这种情况下，我们需要确定权力结构，缓和局势，以便进行分发。涉及竞争的跨组织问题也许会妨碍网络间本身的沟通和合作，表现为项目僵化的顺序流。或许开发人员分布在不同地点，而管理层坚持以职能方式为不同地点提供工作。这种分解与正确的网络群或实际的技能所处的地点毫无关系。可能需要提出一个可能包含人事调整的大规模重组方案，使组织结构能够反映出网络群的理念，而不是违背这一理念。（关于这个主题的更多内容将在下一节应对康威定律中讨论）

或许一些原来的小组由于个人的偏好而被授权参与项目。没有采用分割，而其他一切都围绕着原来的小组，项目就会产生瓶颈。一种可能的解决方案是将原来的团队转换为跨网络的、由领域专家和测试工程师组成的团队。

最后，可以由不同的人尝试网络群的渲染图，原因很简单，有些人也许能看到其他人看不到的网络的简单之处。要考虑到所面临的风险，必须从多角度出发。花点时间仔细设计网络群。不要匆匆草率完成。这肯定很难，因为每个人都渴望开始工作。然而，由于项目的规模很大，如果没有这个至关重要的规划构建阶段，项目必然会出现失败。

3. 应对康威定律

在 1968 年马尔文·康威提出了康威定律[○]，它指出一个组织所做出的系统架构设计，往往拷贝于组织的沟通结构。根据康威定律，一个集中的、自顶而下的组织只能生成集中的、自顶而下的架构，而永远不会是分布式的架构。同样地，依照职能划分的组织将只会想起对系统进行功能上的分解。当然，在数字通讯时代，康威定律也不是万能的，但是很普遍。

如果康威定律对我们的成功构成了威胁，一个应对它的实用方法就是去重构组织。如果这样做，首先要建立一个正确且适当的设计，然后在设计中反映出组织结构、汇报结构和沟通渠道。在 SDP 审查中，不要回避提出把重组作为设计建议的一部分。

○　Melvin E. Conway, "How Do Committees Invent?," *Datamation*, 14, no. 5 (1968): 28-31.

虽然康威定律原本是对系统设计提出的，但是这定律同样适用于项目设计，贴合网络的本质。如果项目设计包含了一个网络群，我们有可能不得不模拟网络组织的重组去贴合自己的设计。即使在一个常规大小的项目中，应对康威定律的程度也取决于特定的情况。如果在观察中（甚至是一种直觉）告诉自己这是必要的，请注意组织的动态变化并进行正确的结构设计。

12.7 小项目

超大项目的反面就是小项目（甚至是更小的项目）。违反直觉的是，仔细设计这种小项目是很重要的，因为小项目比常规大小的项目更容易受到项目设计错误的影响。由于规模过小，小项目对变化的反应更厉害。例如，考虑错误地安排了一个人的影响。在一个 15 人的团队中，这样一个错误会影响大概 7% 的可用资源。在一个 5 人的团队中，他会影响 20% 的项目资源。一个项目可能会在这 7% 的错误中幸存下来，但是 20% 的错误就是一个很严重的问题。大型的项目可能会有资源缓冲区来应对错误。对于一个小项目来讲，每个错误都是致命的。

从积极的一面来讲，小项目可能过于简单以至于不需要项目设计。例如，如果项目只有一个人，那么项目网络就是一长串的活动，它的持续时间就是所有活动的持续时间之和。通过很少的项目设计，就能知道它的持续时间和成本。也没有必要去建立一个时间 – 成本曲线或者计算风险（这将是 1.0）。因为大多数的网络形式和一两个简单的串不同，而且应避免有潜在风险的项目，实际的场景中，几乎总是要设计，哪怕是小项目。

12.8 基于层次设计

迄今为止，本书中所有的项目设计样例都是基于活动之间的逻辑依赖所生成的活动网络。我称这种方法为"基于依赖的设计"。但是，还有另外一个选项，即根据项目的架构层次来构建项目。当使用元设计方法设计架构时，这是一个直白的过程。开始时，可以建立实用程序，接着是资源和资源访问，然后是引擎、管理器和客户端，如图 12-11 所示。我称之为"按照层设计的技术"。

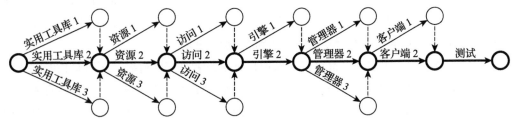

图 12-11 基于层次设计项目

正如图 12-11 所示，网络图基本上是一系列脉冲，每个脉冲对应于架构中的一层。尽管脉冲是顺序的并且通常是串行的，但在内部每个脉冲都是并行构造的。元设计方法遵循封闭式架构原理，可在脉冲内进行并行工作。

当基于层次设计时，进度表就类似于基于依赖设计的相同项目，两种情况都能归咎于一个相似的由跨层次的架构模块所组成的关键路径。

> **警告**　进行分层设计时，请不要忘记将非结构性活动（例如显式集成和系统测试）添加到网络中。

12.8.1　基于层次设计的利弊

基于层次设计的一个缺点就是风险会增加。理论上来说，如果每个层次中的所有服务都有相同的持续时间，那么它们都是一样的关键，且风险系数接近 1.0。即使不是这种情况，任何层产生的任何延迟都会立即延迟整个项目，因为随后的脉冲将被搁置。但是，当按依赖设计时，只有关键的活动才有延迟项目的风险。最好的（并且几乎是强制的）解决基于层次设计项目高风险的方法是使用风险缓解。因为几乎所有的活动都将会是关键的或接近关键的，项目要对缓解的效果响应很明显，因为每个脉冲的所有活动都会产生额外的浮动。为进一步补偿基于层次设计的潜在的风险，应缓解项目来让它的风险系数小于 0.5，甚至是 0.4。缓解方法在这个层次上表明了基于层次设计的项目会比按依赖设计的项目花费更多时间。

基于层次设计会扩大团队并且反过来会增加项目的直接成本。通过依赖关系设计，可以找到最低的资源水平，通过交换浮动资源量允许在关键路径上无阻碍地工作。基于层次设计，所需要的资源可能会和完成当前层次的一样多。在下一个脉冲到来之前，整个团队必须在并行处理每个脉冲中的所有活动。我们必须假设被下一个层次所需要的是现在层次中的所有组件。

考虑到这点，基于层次设计的明显优势是能够产生一个非常简单的项目设计来执行。它是复杂项目网络的最优解，可以将总体圈复杂度降低一半或更多。理论上来讲，因为脉冲是连续的，因此项目经理在任何时候都只能应对每个脉冲的执行复杂性和支持活动。每个脉冲的圈复杂度大体上对应并行活动的数量。在一个典型的基于方法的系统中，圈复杂度会低至 4 或 5，而按依赖设计的项目的圈复杂度会达到 50 或者更多。

在软件工业界中，很多项目都可以容忍项目延误或者是产能过剩。所以真正的挑战就是复杂度，而非持续时间或成本。当有可能时，在一个基于功能的系统中，我更愿意采用基于层次设计来解决不那么做就会带来的风险和复杂的执行。与大多数项目设计一样，分层设计首先要考虑正确的架构。

我们可以把基于层次设计和按依赖设计的技术结合起来。例如，第 11 章的项目样例在项目开始时移除了所有的基础设施，尽管在事实上它们的逻辑依赖能使它们在项目更后期的时候进行。项目的余下部分是基于逻辑依赖来设计的。

> **注意** 只有初始网络依赖的设计方法，在基于层次设计和按依赖设计时有所不同。前几章中的所有其他项目设计技术都以完全相同的方式应用。

12.8.2 层次与构造

基于层次设计和构建是第 4 章设计规则的完美样例：功能始终是集成的各个方面，而不是实现。只有完成所有的层后，才能把它们集成为功能。这意味着分层设计非常适合常规项目，而不是具有多个独立子系统的较大且更复杂的项目。回到房屋的类比，对于一栋简单的房屋，建筑总是分层的——通常是地基，管道，墙壁，屋顶等。对于大型多层建筑，每个楼层都是一个单独的项目，其中包含管道，墙壁，天花板和其他任务。

最后的观察是，逐层设计项目基本上会将项目分解为较小的子项目。这些较小的项目是按顺序完成的，并按时间间隔分开。这类似于将大型项目分成较小的网络，并具有非常相似的好处。

|第13章|

项目设计示例

　　虽然在第 11 章中说明了一个示例项目，但该项目的重点是介绍在使用项目设计技术时的思考过程以及它们之间的关系，其次才是端到端的项目设计。本章的重点是如何在实际项目中推动项目设计的决策以及何时应用某种项目设计的技术。这里设计的项目构建了与第 5 章中的示例系统一样的 TradeMe 系统。本章的项目和第 5 章中的系统设计案例研究一样，都是 IDesign 为其客户设计的实际项目之一。该设计团队由两名 IDesign 架构师（一名资深专家和一名学员）以及客户的项目经理组成。虽然示例删去或混淆了一些具体的业务细节，但这里完整地展示了它的项目设计。其中系统和项目的设计工作都在不到一周的时间内就全部完成了。

　　本章中所有使用的数据和计算都可以在本书的在线资源里下载。但是当第一次阅读本章时，建议不要一看到问题就去翻看参考文件中的计算结果。我们更应该关注这些计算结果的推理过程和计算结果的解释。一旦掌握了这些，就可以在详细探索数据时将本章作为一个参考，去实践这些技术并检验自己的理解。

警告　本章不会重复前几章，并避免去解释具体的项目设计技术。如果我们对前几章有了透彻的理解，可以帮助自己充分利用本示例。

13.1 估算

TradeMe 项目设计工作包括了两种类型的估算：单个活动估算和总体项目评估。在项目设计解决方案中使用了单个活动估算，而总体的项目评估则用于验证项目设计的结果。

13.1.1 单个活动估算

通过列出项目中的活动类型来估算单个活动，以避免错过关键活动。该团队将 TradeMe 活动分为三类：结构编码活动、非结构编码活动、非编码活动。

在构建活动列表时，设计团队将每个列表扩展为包括单个活动和每个活动的持续时间估算。团队还根据客户的流程或他们自己的经验指定了每个活动的责任人。

1. 估算假设

设计团队清楚地记录了估算的任何初始约束或假设，TradeMe 项目依赖以下估算假设：

- 详细设计。各个开发人员都有能力进行详细的设计，因此每个编码活动都包含其自己的详细设计阶段。
- 开发过程。依靠本书中的大多数最佳实践，该团队可以快速、干净地构建系统。

2. 结构活动

TradeMe 项目的结构活动来自系统架构（参见图 5-14）。这些活动包括实用程序、资源、资源访问、管理器、引擎和客户端，并且大多数是开发人员的任务。架构师负责消息总线和工作流仓库的关键活动。表 13-1 列出了该项目的某些结构编码活动的持续时间估算。

3. 非结构化编码活动

TradeMe 设计团队确定了一些未直接对应到架构的编码活动。这些活动是系统运营理念和公司发展进程的结果。表 13-2 列出了该团队针对该项目的非结构编码活动的持续时间估算。

表 13-1　一些结构编码活动的持续时间估算

ID	活动	持续时间（天）	角色	ID	活动	持续时间（天）	角色
14	日志记录	10	开发人员	26	付款访问	10	开发人员
15	消息总线	15	架构师	…	…	…	…
16	安全	20	开发人员	35	搜索引擎	15	开发人员
18	付款数据库	5	数据库架构师	…	…	…	…
…	…	…	…	38	市场管理器	10	开发人员
23	工作流仓库	15	架构师	…	…	…	…
…	…	…	…	45	应用商店 App	25	开发人员

表 13-2　非结构编码活动的持续时间估算

ID	活动	持续时间（天）	角色
10	系统测试工具	25	测试工程师
36	抽象管理器	30	开发人员
40	回归测试工具	10	开发人员

Abstract Manager（抽象管理器）是该系统中其他管理器的基础服务。它包含大量的工作流管理以及消息总线交互。派生管理器执行特定的工作流程。其他两项活动均与测试相关。The System Test Harness（系统测试工具）属于测试工程师，而 Regression Test Harness（回归测试工具）属于开发人员。

4. 非编码活动

TradeMe 项目有许多非编码活动，这些活动一般集中在项目的开始或结束时。非编码活动属于核心团队的各个成员、测试工程师、测试人员或像 UX 设计人员这样的外部专家。这些活动展示在表 13-3 中。该列表还受公司的开发进程、计划假设和对质量的承诺等因素的驱动。

表 13-3　非编码活动的持续时间估算

ID	活动	持续时间（天）	角色
2	需求	15	架构师，产品经理
3	架构	15	架构师，产品经理
4	项目计划	10	架构师，产品经理
5	管理教育	5	架构师，项目经理，产品经理
7	UX 设计	10	UX/UI 专家
8	开发人员培训	5	架构师
9	测试计划	25	测试工程师
11	构建和设置	10	DevOps 人员
12	UI 设计	20	UX/UI 专家
13	产品手册	20	产品经理
25	数据迁移	10	开发人员
46	手册打磨	10	产品经理
47	系统测试	10	质量控制人员
48	系统部署	10	架构师，项目经理，产品经理，开发运维人员

13.1.2　总体项目估算

设计团队请了一个由 20 个人组成的团队对 TradeMe 项目进行整体评估。提供的唯一输入是 TradeMe 的静态架构和系统的操作概念。设计团队使用了宽带估算技术，算出 10.5 个月的持续时间，平均人员为 7.1 人。这相当于 74.6 人月的总成本。

13.2　依赖关系和项目网络

然后，设计团队着手确定各种活动之间的依赖关系。TradeMe 的起点是架构和结构组件之间的行为依赖关系。为此，团队添加了非行为依赖性，例如非编码活动或独立于架构的编码活动。设计团队还利用项目设计模式和合理的复杂性降低技术来简化网络并简化即将进行的项目执行。结果是项目网络的第一次迭代。

13.2.1　行为依赖

在构建第一组依赖项时，设计团队检查了用例和支持它们的调用链。对于每个调用链，列出了链中的所有组件（通常按架构层次结构顺序，例如最早是"资源"和最后是"客户端"），然后添加依赖性。例如，当他们检查添加技工用例（参见图 5-18）时，设计团队发现会员管理器调用了法规引擎，因此他们将法规引擎作为预处理添加到会员管理器中。

从用例中提取依赖项需要进行多次，因为每个调用链都可能揭示不同的依赖项。设计团队甚至发现了调用链中一些缺失的依赖项。例如，仅基于第 5 章的调用链，法规引擎仅需要法规访问服务。但经过进一步分析，设计团队决定法规引擎也依赖于项目访问和承包商访问。

1. 抽象结构依赖性

抽象管理器封装了常见的工作流管理操作（如持久性、状态管理）。因此，设计团队在抽象管理器和 Workflow Repository（工作流仓库）之间增加了依赖关系。其他管理器本身依赖于抽象管理器。同样，抽象管理器为所有管理器提供了消息总线依赖性。

2. 操作依赖

由于系统的操作概念，一些代码相关性在调用链中是隐含的。在 TradeMe 中，客户端与管理器之间的所有通信（以及管理器与其他管理器之间）在消息总线上流动，从而在它们之间创建了操作的（而非结构的）依赖性。依赖性表明客户端需要管理者对测试和部署做好准备。

13.2.2　非行为依赖

TradeMe 项目还包含了无法直接追溯到系统所需行为或其操作概念的依赖关系。这些依赖关系涉及了编码和非编码活动。它主要源于公司的开发过程和 TradeMe 的计划假设。比如，新系统必须继承旧系统中的遗留数据。数据迁移需要首先完成新资源（数据库），因此数据迁移活动取决于资源。同样，管理器的完成要求使用回归测试工具。此外，在设计项目时，该计划仍必须考虑一些剩余的前端活动。最后，该公司拥有自己的发布程序和内部的依赖关系，这些依赖关系被合并为结束活动之间的依赖关系。

13.2.3　覆盖某些依赖

在 TradeMe 项目中，一个核心的操作概念是使用消息总线。选择正确的消息总线技术并使消息总线关联的消息和协议的详细设计和编码活动保持一致，这至关重要。调用链派生的依赖关系表明，该项目可以将消息总线活动推迟到客户端和管理器需要时再进行。但这会有风险，开发团队选择的消息总线可能使有关设计或实现的先前决策变得无效。团队认为在项目中首先要澄清消息总线活动更安全。

类似的逻辑也适用于安全性。尽管调用链分析表明只有客户端和管理器才需要采取明确的安全措施，但是安全性非常重要，项目必须确保在所有业务逻辑活动之前完成安全。这样可以保证所有活动在需要时都能获得安全性支持，并避免了安全性成为事后考虑或后期的补充。

降低复杂度

项目设计团队还覆盖了依赖关系，以便降低新兴网络的复杂性。特别是他们改变了以下依赖关系：

- 先完成基础设施。在 TradeMe 项目中，大多数活动取决于实用程序组件，例如日志记录。将基础设施（包括 Build（构建））移到项目的开始，大大减少了项目中的依赖关系数量。它还有利于所有组件可使用基础设施，以防新需求出现，尤其是那些不需要单独基于调用链的组件。
- 添加里程碑。即使在项目的初期，设计团队也建立了三个里程碑。SDP Review（SDP 评审）里程碑包含了前端活动。其他两个里程碑是 Infrastructure Complete（基础设施完成）和 Managers Complete（管理器完成）：所有开发活动都取决于基础设施的里程碑，而所有客户端则取决于管理器的完成情况
- 合并继承的依赖关系。设计团队尽可能将依赖关系合并为继承的依赖关系。例如，即使客户端需要消息总线，也可以通过其管理器依赖关系继承该依赖关系。

13.2.4　完整性检查

在初步建立网络之后，设计团队执行了以下完整性检查：
- 确认 TradeMe 项目具有单一的开始活动和单一的结束活动。

- 验证项目中的每个活动都位于一条在关键路径某处结束的路径上。
- 验证初始风险度量得出的风险数相对较低。
- 计算不分配任何资源的项目持续时间。7.8 个月后，这将作为常规方案的重要检查。

13.3 常规方案

公司提供了以下计划假设：

- **核心团队。** 整个项目中都需要核心团队。核心团队由一个架构师、一个项目经理和一个产品经理组成。核心团队一般不直接从事项目的具体研发工作。此类工作包括由架构师完成的关键高风险活动，以及已分配给产品经理的制作用户手册。
- **访问专家。** 项目可以访问行家或专家，例如测试工程师、数据库架构师和 UX / UI 设计师。
- **安排任务。** 开发人员按照 1：1 分配服务或其他编码活动。在基于浮动分配的基础上，TradeMe 尽可能保持任务连续性（参见第 7 章）。
- **质量控制。** 从构造开始到项目结束，都需要一个质量控制测试人员。仅在系统测试活动期间，才将测试人员视为直接成本。系统测试活动需要另外一名测试人员。
- **构建和运维。** 从构造开始到项目结束，都需要一名专职的工程师，负责构建、配置、部署和 DevOps 等工作。
- **开发人员。** 任务之间的开发人员被认为是直接成本，而不是间接成本。TradeMe 的高质量期望消除了系统测试过程中对开发人员的需求。

表 13-4 概述了项目每个阶段需要哪些角色。

表 13-4 项目的角色和阶段

角色	前端	基础设施	服务	测试	角色	前端	基础设施	服务	测试
架构师	×	×	×	×	测试人员		×	×	×
项目经理	×	×	×	×	DevOps		×	×	
产品经理	×	×	×	×	开发人员		×	×	

13.3.1 网络图

将资源分配给各种活动会影响项目网络。在某些地方，除了活动之间的逻辑依赖关系之外，网络还包含对资源的依赖关系。合并继承的依赖关系后，网络图如图 13-1 所示。

图 13-1 包含几个折叠的依赖关系（每个箭头用两个活动编号表示），这些依赖关系简化了该图而不影响其性质。该网络图最值得注意的是它包含两个关键路径。

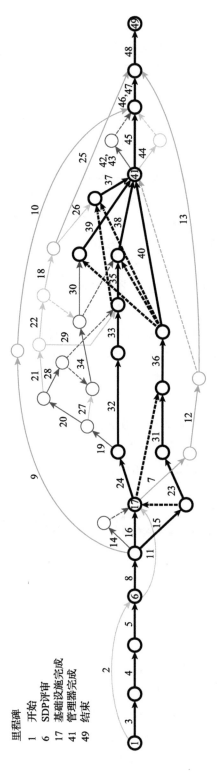

里程碑
1 开始
6 SDP评审
17 基础设施完成
41 管理器完成
49 结束

图13-1 逻辑依赖网络图

13.3.2 计划进度

图 13-2 记录了第一个常规方案的计划挣值。该解决方案的持续时间为 7.8 个月，这表明人员配备分布并未延长关键路径。图 13-2 中的图的总体形状为浅 S 曲线，但并不理想。该项目的启动相当顺利，但是该项目的后半段时间不是很顺畅。陡峭的计划挣值曲线也反映这些地方风险值在升高。活动风险和临界风险均为 0.7。

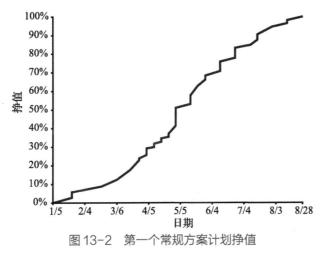

图 13-2 第一个常规方案计划挣值

13.3.3 计划的人员配备分布

图 13-3 显示了第一个常规方案的人员配备分布图。与计划的挣值图一样，图 13-3 中的分布也存在问题。项目中心的明显峰值表示浪费，意味着对人员配备弹性的不切实际的期望（参见第 7 章和图 7-10）。

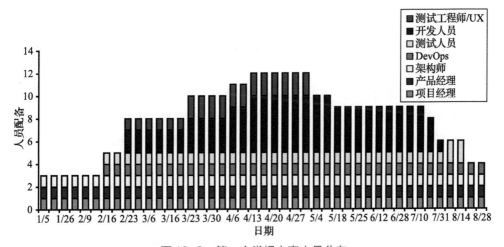

图 13-3 第一个常规方案人员分布

13.3.4　成本和效率

根据人员配备分布情况，该项目的总成本为 59 人月：32 人月的直接成本和 27 人月的间接成本。与间接成本相比，直接成本更高，这表明该解决方案很可能位于时间－成本曲线的左侧，此时间接成本仍然很低。

计算得出的项目效率为 32%。由于实际上限为 25%，因此如此高的效率值得怀疑。总的来说，直接成本高于间接成本、人员配备分布图中明显的峰值以及高效率都强烈表明了对人员配备弹性的过于激进的假设。该解决方案期望在所有并行网络路径上，资源将始终在正确的时间可用，以保持进度。相当陡峭的计划挣值图将这种期望形象化了。简而言之，这种在常规方案上的首次尝试假定团队非常高效，但有可能效率太高而不现实。

13.3.5　结果总结

表 13-5 总结了第一个常规方案的项目测量指标。

表 13-5　第一个常规方案的项目测量指标

项目测量指标	数值	项目测量指标	数值
持续时间（月）	7.8	平均开发人员	3.5
总成本（人月）	59	效率	32%
直接成本（人月）	32	活动风险	0.7
人员配备峰值	12	临界风险	0.7
平均人员配备	7.5		

13.4　压缩方案

下一步是考虑加速项目的方案。由于存在两个关键路径，因此最好的操作方法是通过启用并行工作来压缩该项目。

从图 13-1 中可以明显看出，管理器服务（活动 36、37、38、39）以及回归测试工具（活动 40）覆盖了两条关键路径以及两条次关键路径。而客户端（活动 42、43、44、45）则取决于所有管理器的完成情况，从而延长了项目时间。这使得客户端和服务器自然成为候选的压缩项。

13.4.1　添加启用活动

对于每个管理器服务，设计团队都添加了以下活动，从而进行了压缩：

- 契约设计活动使客户端与管理器脱钩。在 SDP 评审之后，可能已经开始了各种契约设计活动，但是最好将它们推迟到基础设施完成之后。每个契约的预计工作量为 5 天。
- 管理器模拟器可以很好地执行管理器的契约。模拟器必须能够充分开发客户端，其现在依赖于模拟器，而不是实际的管理器。模拟器不依赖于诸如资源访问或引擎之类的低级服务。模拟器仅需要进行模拟的管理器契约和消息总线。契约本身依赖于包括消息总线的基础设施。每个模拟器的估算工时为 15 天。
- 一项专门的活动，将客户端与管理器进行集成并对其进行了重新测试。集成活动取决于实际管理器与其客户端的完成情况。现在，系统测试活动不仅需要客户端，还需要完成所有管理器集成。每个集成活动的估算工时为 5 天。

图 13-4 显示了一个简化的网络图，用红色显示了与压缩有关的活动。在压缩网络中，管理器只是接近临界点，并且在与常规方案相似的时间线上开发。最重要的变化（首先允许压缩）是客户端现在提前一个月完成。但是，由于管理器进行了更多的集成活动，所以项目持续时间减少了将近一个月。

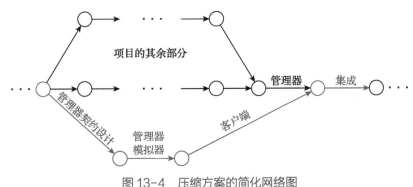

图 13-4　压缩方案的简化网络图

管理器的持续时间估算

管理器对他们自身的持续时间估算是保持不变的。在常规方案中，每个管理器活动必须在内部包括一些用于设计服务契约的投资。从理论上讲，一旦设计团队将契约设计从管理器中提取出来变为单独的活动，每个管理器就应该花更少的时间。但实际操作起来，这种时间的减少却很难实现。拆分活动不会起到 100% 的效果，并且由于存在了解契约及其对管理器的内部执行的影响的需要，不可避免地会损失一些工作。为了抵消上述缺点造成的影响，设计团队对管理器的持续时间估算与常规方案的持续时间估算相同。

13.4.2　分配资源

压缩方案的其余步骤实际上与常规方案相同。但是，设计团队发现，通过在一项开发活动中使用架构师，并且将计划推迟一周，他们可以在整个项目中减少两个开发人员。该公司认为，为了避免在争取更多开发人员方面所面临的挑战，他们可以接受因为人员的减少而造成轻微延误。压缩方案的持续时间为 7.1 个月，与常规方案（7.8 个月）相比，提前了 3 周（9%）。新的资源的确会造成更多浮动时间的消耗，新的风险值也会变为 0.74。

13.4.3　计划进度

图 13-5 显示了压缩方案的计划挣值。该曲线在项目结束时逐渐变缓，优于常规方案。

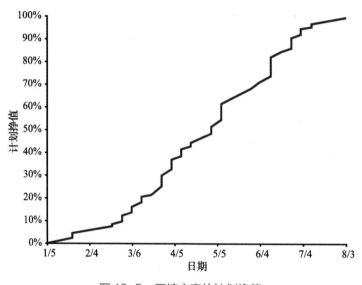

图 13-5　压缩方案的计划挣值

13.4.4　计划的人员配备分布

图 13-6 展示了压缩方案的人员配备分布情况。人员配备分布在很大程度上是固定的。虽然将人员从初始的 3 人增加到 12 人是有挑战性的，然而是可以实现的。人员配备峰值为 12 人，与常规方案相同。平均人员配备为 8.2 人，对比常规方案为 7.5 人。

13.4.5　成本和效率

压缩方案的成本为 58.5 人月，略低于常规方案的 59 人月。直接成本为 36.7 人月，而常规方案的直接成本为 32 人月。尽管此项目设计解决方案速度更快且成本更低，但与常规方案的真正区别在于预期的项目效率，这个值在压缩方案中为 37%。如果说常规方案想要达到

32% 的效率需要一支高效的团队，那么压缩方案需要的则是一支英雄团队。加之 0.74 的较高风险，压缩方案的效果很可能会不尽如人意。

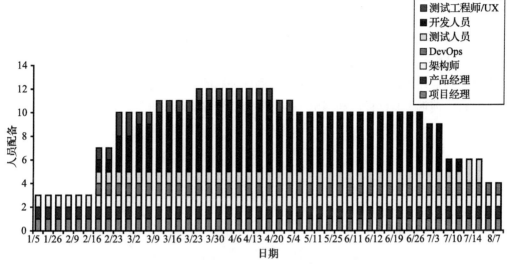

图 13-6　压缩方案的人员配备分布情况

13.4.6　结果总结

表 13-6 总结了压缩方案的指标。压缩方案使本来就充满挑战的项目（见图 13-1）更具挑战性，并且产生了不切实际的高效率预期。然而它更主要的缺点，是在集成阶段而不是执行阶段复杂度的增加。在项目即将结束时不可避免地要进行多重的并行的集成。如果其中任何一部分出现问题，团队将没有时间进行维护。用执行复杂度和集成风险的增加来换取少于一个月的时间压缩量并不是明智的。

表 13-6　压缩方案的项目指标

项目指标	值	项目指标	值
持续时间（月）	7.1	平均开发人员	4.7
总成本（人月）	58.5	效率	37%
直接成本（人月）	36.7	活动风险	0.73
人员配备峰值	12	临界风险	0.75
平均人员配备	8.2		

即使这样，这种压缩的尝试也不是单纯的浪费时间——它证明了压缩方案是无效的。压缩方案还帮助了设计团队更好地了解项目，并在时间–成本曲线上提供了另一个要点。

13.5　分层设计

　　第一个常规方案的主要问题不是不切实际的效率，而是项目网络的复杂性。仅通过检查图 13-1 中的（已经简化的）网络图就可以明显地看出这种复杂性。网络的圈复杂度为 33 个单位。综合对团队过高效率期望的考虑，这意味着很高的执行风险。

　　设计团队没有选择接受这种高复杂度，而是选择了按架构层次，而不是活动之间的逻辑依赖性来重新设计项目。这主要产生了一系列脉冲状的活动。这些脉冲对应于架构的层次或项目的阶段：前端、基础设施和基础工作，资源、资源访问、引擎、管理器、客户端和发布活动（图 13-7）。

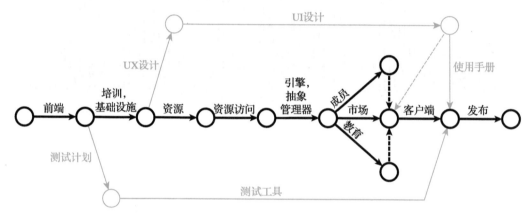

图 13-7　分层设计组网图

　　当脉冲被串行化并彼此顺序地进行时，脉冲的内部是并行执行的。在图 13-7 中，除了扩展的管理器脉冲以外，所有脉冲都被折叠。剩下的一些支持活动（例如 UI 设计和测试工具）不是脉冲串的一部分，但它们具有很高的浮动性。

　　图 13-7 的一个显而易见的特点就是该网络与图 13-1 相比是多么简单。由于这些脉冲是按时间顺序排列的，因此项目经理只需应对每个脉冲的复杂性及其支持活动。在 TradeMe 中，单个脉冲的复杂度为 2、4、5、4、4、4、4、2。支持活动的复杂度为 1，由于它们的高浮动性，支持活动对执行复杂度几乎没有影响。

13.5.1　分层设计和风险

　　如第 12 章所述，分层设计会产生风险更大的项目。设计团队发现，使用 TradeMe 时，分层设计方案的风险为 0.76，高于原始的常规方案（按照依赖设计方案）的 0.7。当忽略高浮动支持活动时，风险甚至更高，达到 0.79。

13.5.2　人员配备分布

图 13-8 显示了分层设计解决方案的计划人员配备。人员配备分布图的总体情况是令人满意的。该项目仅需要 4 个开发人员，人员配备最高为 11 人。

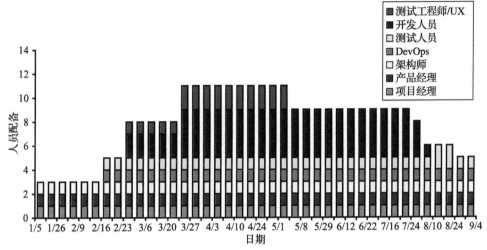

图 13-8　分层设计的人员配备分布

13.5.3　结果总结

表 13-7 显示了分层设计 TradeMe 的项目指标。

表 13-7　分层设计解决方案的项目指标

项目指标	值	项目指标	值
持续时间	8.1	平均开发人员	3.4
总成本	60.8	效率	31%
直接成本	32.2	活动风险	0.75
人员配备峰值	11	临界风险	0.76
平均人员配备	7.5		

13.6　亚临界方案

分层设计方案需要 4 个开发人员。公司可能会关心如果不能满足 4 个开发人员将会发生什么。因此，研究亚临界状态的影响是很重要的。计划假设仍然允许外部专家访问。

对于这个项目，任何少于 4 个开发人员的分层设计方案都为亚临界状态，因此设计团队选择研究一个由两个开发人员组成的解决方案。这些开发人员被额外分配了数据库设计的工作。亚临界网络图类似于图 13-7 中的图，不同之处在于内部每个脉冲仅由两个平行的活动串组成。

13.6.1 持续时间、计划进度和风险

亚临界方案将项目延长至 11.1 个月。计划的挣值曲线（如图 13-9 所示）几乎是一条直线，其线性回归趋势线的 R^2 为 0.98。

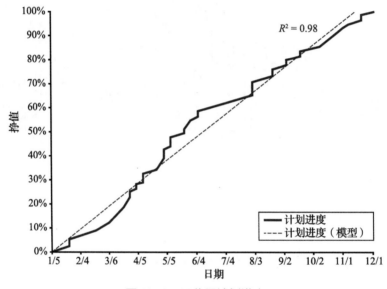

图 13-9 亚临界计划进度

通过该方案的风险指数 0.84 也可以反映出其亚临界性质。如果公司必须采用此方案，则设计团队建议将项目时间放宽至少一个月。缓解会使项目进度压缩至 12 个月以内，该项目进度时间比采用分层设计方案长 50% 或更多。

13.6.2 成本和效率

亚临界方案的总成本为 74.1 人月，直接成本为 30.4 人月，合理的预期效率为 25%。该方案的典型特征（参见第 7 章）为人员配备分布图（未显示）缺少中心的驼峰。

13.6.3 结果总结

表 13-8 显示了亚临界方案的项目指标。

表 13-8　亚临界方案的项目指标

项目指标	值	项目指标	值
持续时间（月）	11.1	平均开发人员	2
总成本（人月）	74.1	效率	25%
直接成本（人月）	30.4	活动风险	0.85
人员配备峰值	9	临界风险	0.82
平均人员配备	6.7		

将亚临界时间和成本指标（11.1 个月和 74.1 人月）与总体估算的时间和成本指标（10.5 个月和 74.6 人月）相比会更好一些，持续时间相差约 5%，成本相差不到 1%。这种关联表明，亚临界方案数可以是该项目的备选，与此同时，更为实际的 25% 效率也使亚临界方案具有更高的可信度。

13.7　比较选项

通过对表 13-5 和表 13-7 的结果进行分析，可以发现几个明显的观察结果。首先，无论团队使用的是分层设计还是按照依赖设计，项目的持续时间基本保持不变。正如第 12 章所述，这种相似性是可预测的。毕竟，基于调用链的依赖关系主要是层的产物，而项目的持续时间则取决于层中的最长路径。此外，开发人员的平均人员配备水平和效率没有发生变化。主要的不同之处在于，它极大地降低了执行的复杂性，并增加了分层设计方案的风险。

简而言之，对于 TradeMe，除风险外，分层设计在各个方面均与第一种常规方案相当或更好。即使分层设计方案的成本更高且花费的时间更长，其执行的简单性使其成为显而易见的选择。分层设计方案也远比其衍生的亚临界方案好。亚临界方案成本更高，花费时间更长且风险更高。设计团队采用了分层设计方案作为其余分析的常规方案。

13.8　计划与风险

此时，设计团队已经为构建系统提供了四个方案：压缩方案、按照依赖的常规方案、分层的常规方案以及分层设计方案的亚临界选项。由于亚临界方案是分层设计方案的后备方案，因此设计团队将其从风险分析中排除。

13.8.1　风险缓解

分层设计方案具有较高的风险和临界脉冲，为此设计团队通过使用风险缓解来降低这些风险。由于不知道适当的缓解量，设计团队尝试在 1 周，2 周，4 周，6 周和 8 周时进行缓解，并观察风险行为。表 13-9 显示了三个设计选项和五个缓解点的风险值。

表 13-9 选项和缓解点的风险值

选项	持续时间（月）	临界风险	活动风险	选项	持续时间（月）	临界风险	活动风险
压缩	7.1	0.75	0.73	D2	8.5	0.48	0.57
按照依赖设计	7.8	0.70	0.70	D3	9.0	0.42	0.46
分层设计	8.1	0.76	0.75	D4	9.4	0.27	0.39
D1	8.3	0.60	0.65	D5	9.9	0.27	0.34

图 13-10 绘制了这些选项和时间轴上的缓解点。临界风险表现与预期一致，且随缓解沿一定的 Logistic 函数下降。活动风险也随着缓解而降低，但由于活动风险模型不能很好地反映浮动时间的不均匀分布，两条曲线之间出现了缺口。产生表 13-9 中的值的计算可通过第 11 章所述调整浮动时间异常值来解决此问题，即通过用浮动时间平均值加一个浮动时间标准偏差替换离群值。在这种情况下，调整是不够的。浮动时间调整为标准偏差的一半时，曲线完美对齐。然而，设计团队选择只使用不需要任何调整的临界风险曲线。研究小组发现，由于风险曲线趋于平稳，因此超过 D4 的缓解过度。

根据表 13-9 的值，设计团队找到了风险曲线的多项式关联模型，R^2 为 0.96：

$$风险 = 0.09t^3 - 2.28t^2 + 19.19t - 52.40$$

其中 t 以月为单位。

使用这种风险模型，最大风险为 7.4 个月时，风险值为 0.78。这一点介于按照依赖设计方案的 7.8 个月和压缩方案的 7.1 个月之间（参见图 13-11）。设计团队不再考虑压缩方案，因为它已经超过了最大风险点。甚至按照依赖设计方案也存在风险：7.8 个月时，风险已经达到了最大建议值 0.75。分层设计方案的风险为 0.68。最低风险点为 9.7 个月时，风险值为 0.25。

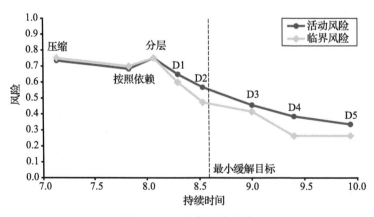

图 13-10 离散风险曲线

表 13-10 显示了这些点的风险值，图 13-11 将其沿着风险模型曲线进行了可视化。

表 13-10 风险模型值和关注点

选项	持续时间（月）	风险模型	选项	持续时间（月）	风险模型
压缩	7.1	0.75	D2	8.53	0.53
最大风险	7.4	0.78	最小缓解目标	8.6	0.52
按照依赖设计	7.8	0.74	D3	9.0	0.38
分层设计	8.1	0.68	最小风险	9.7	0.25
最小直接成本	8.46	0.56			

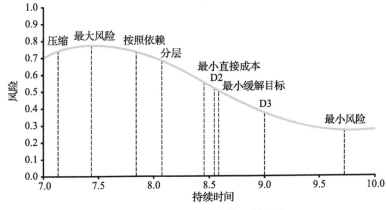

图 13-11 风险模型曲线和关注点

发现缓解目标

使用第 12 章中介绍的技术，设计团队计算了在 8.6 个月时的最小风险缓解目标（风险曲线的二阶导数为零），风险值为 0.52。该点位于 D2 和 D3 缓解点之间（参见图 13-10），使其指向右侧的点 D3，即建议的缓解目标。在风险模型中，D3 持续时间的风险为 0.38，略小于 D3 的实际值 0.42。尽管缓解目标的风险值似乎较低（大大低于理想值 0.5），但它符合第 12 章的建议，即将分层设计项目缓解至 0.4 以补偿其固有风险。

发现缓解目标的最后一项技术是计算最低直接成本点。然而，在缓解点的直接成本是未知的。

通过查看图 13-8 和表 13-7，设计团队保守地估算，缓解需要 75% 的开发人员在缓解期间继续工作。这使团队可以计算将项目扩展到 D5 缓解点时的直接成本。设计团队将额外的直接成本添加到了分层设计方案的已知直接成本中，该解决方案提供了直接成本曲线和合适的关联模型：

$$直接成本 = 2.98t^2 - 50.42t + 244.53$$

使用直接成本公式，设计团队在 D2 之前确定了最低直接成本点为 8.46 个月。将 8.46 个月的期限代入风险公式，得出的风险为 0.56。直接成本模型的最小点与风险模型的二阶导数的零点之间的持续时间差为 1%，从而确定 D3 为缓解目标。顺便说一句，最低直接成本为 31.4 人月，而 D3 的直接成本为 32.2 人月，仅相差 3%。

13.8.2 重新计算成本

推荐 D3 要求设计团队提供该点的总成本。虽然直接成本可以从先前的公式中得知，但间接成本在整个缓解范围内都是未知的。设计团队对三种已知解决方案的间接成本进行了建模，获得了以下公式描述的简单直线：

$$间接成本 = 7.27t - 30.01$$

设计团队将直接和间接成本方程式加在一起得出系统中总成本的公式：

$$总成本 = 2.98t^2 - 50.42t + 244.53 + 7.27t - 30.01 = 2.98t^2 - 43.5t + 214.52$$

使用此公式，得出 D3 的总成本为 67.6 人月。

> **注意** 尽管设计团队没有与 TradeMe 的客户实时进行互动，但他们使用直接成本和风险模型来找到项目的风险交叉点。这些风险分别为 7.64 个月和 0.77 风险（对于过于危险的交叉点）和 9.47 个月和 0.27 风险（对于过于安全的风险交叉点）。这些点分别与 0.75 和 0.3 的准则很好地吻合，并确认了前面讨论的项目设计要点的有效性。

13.9 为 SDP 评审做准备

到目前为止，最好的项目设计方案是 D3，即从分层设计解决方案中缓解一个月。它提供了一个简单、可实现的项目，降低了风险，并且几乎是最低的直接成本。从持续时间、成本和风险的角度来看，间接成本较低，使得该解决方案成为项目的最佳选择。

除了这个最佳点，设计团队还向公司的决策者提出了依赖设计方案。它表明，由于团队的高复杂度和不切实际的预期效率，缩短进度的任何尝试都会大大增加设计风险和执行风险。

由于潜在的资源短缺，设计团队发现有必要考虑亚临界方案，但只能进行适当的缓解。重复进行与分层设计方案相似的步骤，缓解的亚临界方案的风险为 0.47，持续时间为 11.8 个月，总成本为 79.5 人月。缓解的亚临界方案的提出，既显示了项目人员不足的后果，又说明了如果需要，项目仍然可行。

由于它们的风险较高，因此没有必要考虑分层设计和亚临界方案的非缓解选项。表 13-11

总结了设计团队在 SDP 评审中提出的项目设计选项。

表 13-11 可行的项目设计方案

项目选项	持续时间（月）	总成本（人月）	风险	复杂度
活动驱动	8	61	0.74	高
架构驱动	9	68	0.38	低
人手不足	12	80	0.47	低

对于演示文稿，设计团队重命名了设计选项，以避免诸如"常规""缓解""亚临界"和"分层"之类的项目设计术语。在表 13-11 中，标签"活动驱动"代表按依赖关系进行设计，"架构驱动"代表分层设计，"人员不足"代表亚临界。

该表使用简单的术语，例如"高"和"低"来表示复杂度，并四舍五入除风险值以外的所有数字。该表和缓地促使决策者采用缓解的分层设计方案。

| 第 14 章 |

总　　结

前面的章节集中阐述了设计项目的技术方面。当然，可以将项目设计视为一项技术设计任务。在实践了数十年的项目设计之后，我发现它实际上是一种思维方式，而不仅仅是一种专业知识。我们不应该简单地计算风险或成本并努力完成任务。必须在项目的各个方面争取完全的优势，应该为项目可能遇到的每个风险准备应对措施——那种需要超越机制和数量的措施。应该采用一种整体方法，其中会涉及个体特点和态度、与管理层和开发人员的互动方式，以及对"设计对开发过程和产品生命周期的影响"的认知。我在本书的系统和项目设计两部分中提出的思想想法，为实现软件工程的卓越水平打开了一扇窗户。这取决于我们保持开放性、不断改进并完善这些想法、发展自己的风格并进行调整。本章的最后部分提出了一些应该如何处理这些方面的建议，但更重要的是如何继续这一过程。

14.1　项目设计时间

关于何时设计项目的问题有几个回答。一个简单的回答就是"始终进行"。与大多数软件项目的糟糕的状态相比，可以理解，项目设计提供的内容必须是令人信服的。

作为工程师，我对诸如"从不"和"始终"之类的绝对答案保持警惕。我们应该从投入产出比（ROI）的角度回答何时设计项目的问题。将设计项目的时间和成本以最快的时间、最低的成本和最安全的方式来与构建系统的收益进行比较。由于设计项目只需要几天到一周的时间，因此从 ROI 的角度来看，很容易证明设计项目大多数是合理的。此外，项目范围越大，我们在为提供最佳解决方案的项目设计上投入的资金就应该越多。对于一个大型且昂贵的项目，即使从最佳角度进行一点更改，其绝对值也可能巨大，而且有可能超过项目的设计成本。

何时设计项目的另一个回答"只要有任何激进的截止日期（aggressive deadline）"。即使没用压缩技术，仅按最普通的常规方案的关键路径分配最高效的团队也可击败其他方法，特别是与尝试迭代构建系统的项目相比。

14.1.1　真实的答案

关于何时设计项目的最终答案是整本书中最重要的部分。想象一下，我们有一个构建杀手级应用的好主意，这可能会大获成功。我们需要一些资金来构建它，以支付从雇用人员到支付云计算时间的成本。我们可以寻求风险投资来换取大部分股权，然后每周工作 60 个小时，持续数年，以解决可能会失败的问题。我们还可以为项目自筹资金：可以出售房屋、清算养老金计划和生活储蓄，以及从朋友和家人那里借钱。

如果我们选择自筹资金，我们会投资项目设计吗？这笔投资是时间和精力上的一笔小投资还是一笔大投资？我们是否会说没有时间进行项目设计？我们是说最好先开始构建东西，然后再弄清楚，还是我们会在破产甚至项目毁灭前做些什么来弄清楚项目是否可以负担得起。我们会跳过项目设计的任何技术或分析吗？即使我们负担得起该项目，我们是否仍将设计该项目用来识别风险排除区域？我们会再一次重复所有计算以取得良好效果吗？我们会首先设计该项目，看看是否应该出售房屋并辞职吗？毕竟，如果该项目需要 300 万美元，而我们只能筹集 200 万美元，则应保留房屋，而不是新成立一家公司。在项目期间也是如此。如果我们只有一年的营销窗口，而该项目实际上是一个为期两年的项目，那么我们就什么也不要做。如果是自筹资金，我们是否希望开发人员按照项目的详细组装说明来处理，而不是浪费我们有限的资源来自行解决？

接下来，想象一个项目，在此项目中，经理对未履行承诺的情况要承担个人责任。在失败的情况下，经理必须为项目成本超支（如果不是损失的销售）以及任何契约义务而自掏腰包，而不是在履行承诺时获得丰厚的奖金。在这种情况下，经理会反对项目设计还是坚持呢？经理会因为"这不是我们在此要做的事"而拒绝吗？经理是否会在系统和项目设计上投入少量或大量资金，以确保其承诺与团队的成果保持一致？经理会避免找出死亡区域（death zone）在哪里吗？经理会放弃合理的架构以确保项目设计本身不会有太大变化吗？经理会以没有人使用这种方式为由而拒绝设计项目吗？

这种不和谐是明显的。在公司付款时，大多数人会表现出冷酷、轻率和自满的态度。大多数人都避免自己思考，因为教条地遵循失败行业的常规做法，并以此作为挥霍他人钱财的借口，要容易得多。大多数人只是在找借口，例如他们没有时间、项目设计过程是错误的或者项目设计过度。然而，当他们冒着被开除的危险时，这些人就会成为项目设计的狂热者。这种行为上的差异是缺乏个人和专业诚信的直接结果。关于何时设计项目这个问题的真正答案是：当你拥有诚信的时候就可以开始设计项目。

14.1.2 迈向未来

我能给你的最好的职业建议是：**把公司的钱当作自己的钱。**

没有比这更重要的了。大多数管理者无法区分出色设计与糟糕设计，因此他们从不仅凭架构提拔或奖励你。但是，如果我们将公司的钱当成自己的钱，并对项目进行彻底的设计以找到最实惠、最安全的系统构建方法，并且全力以赴地拒绝其他措施，那么必将引起高层的注意。通过对公司资产的最大尊重，我们将赢得他们的尊重，因为尊重永远是对等的。相反，人们不尊重那些对他们不敬的人。当我们对自己的行动和决定负责时，我们在高层眼中的价值将大大增加。如果我们总是兑现自己的承诺，将赢得至高（top brass）的信任。当下一个机会到来时，他们将把机会提供给其所信任的尊重时间和金钱的人：你。

这个建议是从我自己的职业发展中得出的。在我 30 岁之前，我领导着一家位于硅谷的财富100 强公司的软件架构团队，硅谷是软件行业在全世界最有竞争力的地方。我升到最高职位，几乎没有发挥我的架构实力（正如所讨论的那样，几乎没有什么用）。但是，我确实总是将我的系统设计与项目设计捆绑在一起，而这一切都与众不同。在我看来，公司的钱就是我的钱。

财务分析

对于大多数规模较大的项目，某人必须以某种方式决定如何为该项目付款。项目经理甚至可能必须提供项目的预期消耗率或现金流量。这对于大型项目尤其重要。对于这些项目，客户通常无法在项目开始或结束时一次性付清，这要求开发组织通过付款时间表为这项工作提供资金。在大多数情况下，由于缺乏对项目流程或其网络设计的知识，财务计划被简化为一些猜测、一厢情愿和按功能分解付款（例如，每个功能有一定金额）。这通常是灾难的根源。事实证明，无须对项目的财务方面进行猜测。只需很少的额外工作，我们就可以将项目设计扩展到项目的财务分析中。

基于人员配备分布情况，我们可以计算项目每个时间段的成本。接下来，以绝对值或相对值（百分比）的形式，将这些成本作为一个总和显示。我们甚至可以用数字或图形方式显示一段时间内的直接成本或总成本（对于财务计划，我们应该使用货币单位而不是工作量单位，因此我们需要了解组织的人月成本）。

在有关软件设计的书中提到该项目的财务计划方面的原因与财务无关，尽管如此，它却是有价值的。在大多数软件项目中，试图设计系统和项目，投资于最佳实践并兑现承诺的人们都面临着艰苦的挑战，似乎其他人都一心以最糟糕的方式做事情。

在组织中某个地方需要制定财务决策的财务计划人员或高级管理人员、决策层（如副总裁或 CIO）。这些人拥有巨大的权力和权威，但常常盲目行动。如果让这些高层知道我们可以按照此处显示的程度设计项目的财务细节，那么他们会坚持要求我们这样做。当然，能否产生项目的成本和现金流取决于可行的项目设计，而这又源于拥有正确的体系结构。蓦然发现，高层成了我们做正确事的最大盟友。

14.2　一般性指导

不要设计时钟。

经过多年对软件项目一次又一次的失望之后，那些第一次接触到项目设计思想的人被其设计的精确性所吸引，并被其工程原理所吸引。他们倾向于在每次计算中都追逐最后一位数字，并完善最后的假设和估算，从而错过了合理的项目设计要点。项目设计能够实现的最重要的事情是对项目做出明智的决定：是否具有可行性；如果可以，则在哪种选择下进行。我们选择的项目设计选项将始终与实际情况有所不同，实际的项目执行情况虽然类似，但与我们设计的内容并不完全相同。项目经理必须对项目设计进行跟进，经常根据计划追踪项目并采取纠正措施（请参阅附录 A）。

即使是最佳的项目设计解决方案，也只会在执行过程中为我们提供奋斗的目标，仅此而已。请注意，在这种情况下，"最佳"是指根据我们的团队可以开发的产品（在时间、成本和风险方面）进行最精准的设计，而不一定是最优化的设计。

将项目设计视为日晷，而不是时钟。日晷是一种非常简单的设备（在地面上竖立着一根棍子），但足以分辨时间到分钟（如果我们知道日期和纬度）。但是，时钟可以精确到秒，是一个复杂得多的设备，其中每个内部细节都必须经过完美的调整才能完全起作用。依此类推，我们的项目设计工作只需要足够好就可以大致判断出可以提交的内容。每个细节都十分完美的最精确解决方案是不错的选择，但是必须有一个正常可行的解决方案。

14.2.1　架构与估算

切勿在没有封装易变性的坚实架构的情况下就设计项目。

如果没有正确的系统架构，则系统设计有时会改变。这些更改意味着我们将构建一个不同的系统，这将使项目设计无效。一旦发生这种情况，在项目开始时是否拥有最佳的项目设计就无关紧要。根据本书第一部分的规定，无论是否使用元设计方法的结构，我们都需要花费时间来处理易变性。

与体系结构不同，评估和特定资源是好的项目设计的第二要务。网络的拓扑结构（从体系结构派生）决定了项目的持续时间，而不是开发人员的能力，或者说，是各个估算的变化。与实际情况大不相同的估计可能会严重影响项目。但是，只要估计或多或少是正确的，那么所涉及的实际持续时间是长还是短都没有关系。对于一个颇具规模的项目，我们将进行数十项活动，这些活动的单项估算可能会偏离到任一方向。总体而言，这些偏离会相互抵消。开发人员的能力也是如此。当我们拥有世界上最差或最好的开发人员时，情况会截然不同，但是只要我们拥有不错的开发人员，事情就会好办得多。在提出项目设计思路时要有创造力，认识到相关制约因素并解决各种陷阱，这比使每个估算都无比准确更为重要。

14.2.2　设计立场

我们不应该教条地运用本书中的思想。

我们应根据具体情况调整项目设计工具，而又不影响最终结果。这本书旨在向你展示一切可能，激发你的自然好奇心，鼓励你发挥创造力并发挥领导作用。

如果可能，请勿秘密设计项目。设计工件和可见的设计过程建立了对决策者的信任。如果利益相关者提出要求，请教育他们：你在做什么以及为什么要这样做。

14.2.3　可选性

与管理人员沟通好可选性。

当我们与管理人员互动时，请使用我称为**"可选性"**（optionality）的语言：准确地描述管理人员可选择的项，并对这些选项进行客观评估。这与项目设计中的核心概念非常吻合：没有"独一无二"项目。构建和交付任何系统总是有多种选择。每个选项都是时间、成本和风险的可行组合。因此，我们应该设计一些可供管理人员选择的选项。

良好管理的本质是选择正确的选项。此外，给人们提供选择的权利。毕竟，如果确实没有其他选择，那么也就不需要经理。缺乏选项的管理者将被迫通过引入任意选项来证明自己的存在。

如果没有有助于项目的设计，这样的人为选择总是产生不好的结果。为了避免这种危险，我们必须向管理层提供预先选择的一组可行的项目设计选项。例如，第 11 章共调查了 15 个项目设计方案，但相应的 SDP 评审只有 4 个方案。

也就是说，不要过度选择。提供过多的选择会让人们感到不安，这是一个被称为"选择悖论"的困境[⊖]。这种悖论的根源在于即使我们做出的选择足够好，也可能会错过一些更好的选项。

这是我就有多少选项所给出的准则：

- 两个选项太少了——太接近于根本没有选项。
- 三种选择是理想的，大多数人可以轻松地在三个选项之间进行选择。
- 四个选项都可以，只要其中至少一个（可能是两个）是明显的错误即可。
- 五个选项太多了，即使它们都是不错的选择。

14.2.4　压缩

压缩不要超过 30%。

无论选择哪种方式压缩项目，从完善的常规解决方案开始，我们可能会看到在进度上最大压缩率是减少 30%。这样高度压缩的项目可能会遭受较高的执行和进度风险。当我们第一次开始使用项目设计工具并在团队中建立能力时，请避免使用压缩率超过 25% 的解决方案。

1. 了解项目

即使任何压缩解决方案的可能性很小，也要始终追求压缩项目。

压缩揭示了项目的真实本质和行为，更好地了解自己的项目，总会有收获。压缩使我们可以对项目的时间 - 成本曲线建模，当需要评估计划变更的效果时，获取成本和风险的公式将非常有用。能够迅速而果断地确定变更请求的可能结果也非常有价值。另一种选择是直觉和冲突。

即使我们怀疑传入的请求是不合理的，但说"不"（尤其是对有权威或权力的人）也不利于我们的职业发展。说"不"的唯一方法是让"他们"说"不"。通过呈现对计划、成本和风险的影响数据，我们可以在直觉反应之前豁然开朗，从而实现了不带情绪、客观的讨论。在没有数字和度量的情况下，任何事情都会发生。对现实的无知不是罪，而是渎职。如果决策者意识到数据与其对客户的承诺不一致，但他们仍然坚称自己履行了承诺，那么他们就是在进行欺诈。由于这种不负责任的行为是不可接受的，因此在存在大量数字的情况下，他们将找到取消承诺或更改以前"不可更改的"日期的方法。

2. 压缩顶级资源

谨慎、明智地压缩顶级资源。

当依赖顶级资源时，正确的项目设计对于知道将其应用于何处至关重要。尽管如此，使用顶级资源进行压缩可能适得其反。首先，顶尖人才通常是稀缺的，因此我们可能无法满足

⊖　Barry Schwartz, *The Paradox of Choice: Why More Is Less* (Ecco, 2004).

履行承诺所需的最优秀的资源。等待它们会造成延迟，并破坏压缩的目的。即使有可用资源，顶级资源也可能使情况变得更糟，因为利用这些资源压缩关键路径可能会导致新的关键路径出现。由于我们是根据浮动和功能分配资源的，因此，现在冒着最差的开发人员将在新的关键路径上工作的风险。

即使分配给以前很关键的活动，顶级资源也经常闲置，等待其他活动和项目中的开发人员赶上来。这会降低项目的效率。为了避免这种情况，我们可能需要一个更大的团队，可以通过并行工作来压缩其他路径，但团队规模的这类增加将降低效率并增加成本。最后，使用顶级资源进行压缩，通常需要两个或更多的这类"英雄"来压缩多个关键或接近关键的路径，以便从压缩中获益。

当分配顶级资源时，我们应避免盲目地去做（例如，将顶级资源分配给所有当前的关键活动）。评估哪个网络路径将从资源中受益最大，确定对其他路径的影响，甚至尝试跨链组合。可能由于关键路径的变动，我们必须多次重新分配顶级资源。我们还应该查看活动大小以及关键程度。例如，我们可能有大量的非关键活动，并且不确定性很高，很容易造成项目异常。在此处分配顶级资源将减少这种风险，并最终帮助我们兑现承诺。

3. 修剪模糊前端

压缩项目的最简单方法是调整项目的初始活动，即模糊前端（fuzzy front end）。

虽然没有任何项目能加速到超出其关键路径，但前端不一样。在准备或评估任务中，寻找前端并行工作的方式，这将压缩前端（进而压缩项目），而不会对项目的其余部分进行任何更改。例如，图 14-1 显示了一个前端很长的项目（上图），它包含了一些至关重要的技术和设计选择，架构师必须先解决这些问题，然后才能进行项目的其他工作。通过临时契约聘请第二个架构师来帮助完成上述两项决定，前端时间减少了 1/3（图 14-1 中的下部图）。

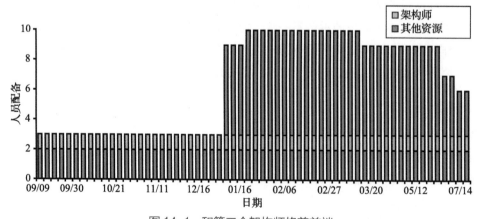

图 14-1　和第二个架构师修剪前端

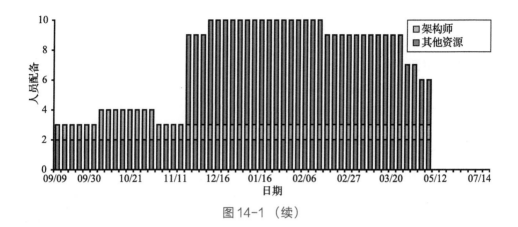

图 14-1 （续）

14.2.5 计划与风险

用浮动时间（float）预先抵消意外。

风险指数表明项目遇到第一个障碍时是否会崩溃，或者项目是否可以利用该障碍进行改进，以使设计更好地逼近现实。拥有足够的浮动时间（以低风险表明）使我们有机会在不可预见的情况下茁壮成长。

我还发现，项目对浮动时间的需求既有心理上的要求，也有物理上的要求。物理需求很明确：我们可以使用浮动时间来处理变更和转移资源。心理需求是所有参与者的内心平和。在具有足够浮动时间的项目中，人们会放松；他们可以专注并交付。

行为而非价值

第 10 章建议最小缓解目标为 0.5，最小风险等级为 0.3。正如这些风险准则一样有价值，在检查项目风险曲线时，我们应该意识到行为比价值更重要。在对项目进行缓解时，请查找风险临界点而不是查找那些为 0.5 的值。虽然某些事会使整个风险曲线更高或更低，但仍然可能存在风险的临界点。当常规解决方案已经具有低风险时，尤其如此。我们可能需要缓解项目，但是我们可以通过使用临界点行为来进行减压。

14.3 项目设计的设计

项目设计是一项面向细节的活动。我们应该将项目设计的行为视为需要规划和设计的另一项复杂工作。换句话说，我们需要设计项目设计（design project design），甚至在设计时使用项目设计工具。我们从系统设计开始这项设计工作，然后作为一个连续的设计工作来进行项目设计。

为了帮助你入门，以下是一些常见的设计活动：

1. 收集核心用例；

2. 设计系统并生成调用链和组件列表；

3. 列出非编码活动；

4. 估算所有活动的持续时间和所需资源；

5. 使用宽带和 / 或工具估算整个项目；

6. 设计常规方案；

7. 探索有限资源方案；

8. 找到亚临界方案；

9. 使用顶级资源进行压缩；

10. 使用并行工作进行压缩；

11. 使用活动更改进行压缩；

12. 压缩到最小持续时间；

13. 执行吞吐量、效率和复杂度等分析；

14. 生成时间 – 成本曲线；

15. 针对正常方案缓解；

16. 重建时间 – 成本曲线；

17. 将时间 – 成本曲线与总体项目估算进行比较；

18. 量化风险并建立风险模型；

19. 查找包含在内、排除在外的风险区域；

20. 确定可行的选项；

21. 准备进行 SDP 评审。

尽管其中一些活动可以与其他活动并行进行，但是系统设计和项目设计中的活动确实具有相互依赖性。下一步的逻辑步骤是使用简单的网络图设计项目设计，甚至计算工作的总持续时间。图 14-2 显示了这样的项目设计网络图。我们可以使用活动的典型持续时间来确定可能的关键路径。如果由单个架构师来设计项目，则该图实际上将是一个很长的字符串。如果架构师有助手的话，或者架构师正在等待某些信息，建议该图将活动设为并行执行。

列表中的活动 6、7、8、9、10、11 和 12（图 14-2 中以蓝色显示）是特定的项目设计解决方案。我们可以将每个任务进一步细分为以下任务列表：

1. 界定计划假设；

2. 收集人员需求；

3. 审查和修订活动，估算和资源清单；

4. 确定依赖关系；

5. 修改网络以适应约束；

6. 修改网络以降低复杂性；

7. 为活动分配资源并重做网络；

8. 绘制网络图；

9. 评估浅 S 曲线；

10. 评估人员配备分布图；

11. 修改计划假设并重新设计网络；

12. 计算成本要素；

13. 分析浮动；

14. 计算风险。

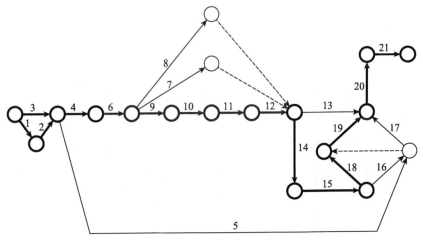

图 14-2　项目设计的设计

14.4　不同的视角

在任何系统中，区分工作量和范围很重要。软件系统中的架构在范围和时间上都必须是无所不包的。它必须包括所有必需的组件，并且在当前和未来很长的一段时间保持正确（只要业务性质不变）。我们必须避免由于有缺陷的设计而导致的非常昂贵且不稳定的变更。架构在项目的投入上应该非常有限。本书的第一部分介绍了即使在大型系统中，我们也可以在几天到一周的时间内完成基于波动性的、可靠的分解。这样做需要知道如何正确地做事，借助实践和经验，当然我们可以做得到。

与架构相比，设计——特别是服务详细设计或客户端 UI 设计，既耗时又受范围限制。精简一些交互服务的详细设计可能需要数周时间。

最后，编码是最耗时且在范围上是最受限制的。开发人员永远不要一次编写多个服务，否则将花费大量时间测试和集成每个服务。

图 14-3 定性地说明了软件项目的范围与工作量。实际上，我们可以看到范围和工作量是成反比的。当某事的范围更大时，它的工作量更小，反之亦然。

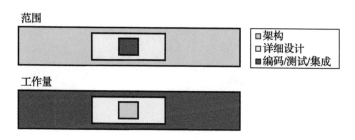

图 14-3　软件系统的范围和工作量之对比

子系统和时间线

第 3 章讨论了将子系统映射到架构的垂直切片的概念。在一个大型项目中，我们可能有几个这样的子系统，这些子系统应该完全解耦并且彼此独立，而每个子系统都有自己的活动集合，例如详细的设计和构建。在串行项目中，子系统是连续的，如图 14-4 所示。

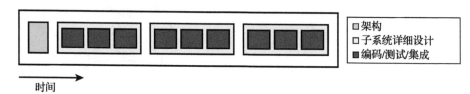

图 14-4　串行项目生命周期

请注意，子系统总是在现有架构基础上设计和构建。图 14-4 中的工作量分配仍然是图 14-3 的工作量分配。

我们也许可以压缩项目并开始并行工作。图 14-5 显示了按时间线排列的并发子系统开发的两个视图。

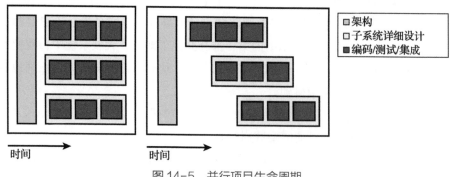

图 14-5　并行项目生命周期

我们选择哪个并行生命周期取决于架构子系统之间的依赖性程度。在图 14-5 中，右侧的生命周期使子系统在时间轴上重叠。在这种情况下，一旦子系统所依赖的接口的实现完成，就可以开始构建子系统。然后，我们可以与上一个子系统并行处理其余子系统。我们甚至可以创建完全并行的管道，如图 14-5 左侧的布局。在这种情况下，我们将以最少的集成独立于其他子系统，并与其他子系统同时构建每个子系统。

14.5　交接

团队的构成和结构对项目设计有重要影响。在此，"团队的构成"专门指资深与初级开发人员的比例。大多数组织（甚至个体）都根据多年的经验来确定资历。我使用的定义是，资深开发人员是能够设计服务细节的人员，而初级开发人员则不能。在将系统的主要体系结构分解为服务之后，将进行详细设计。对于每个服务，详细设计都包含服务公共接口或契约、其消息和数据契约以及内部详细信息（例如类层次结构或安全性）的设计。

请注意，资深开发人员的定义不是能够或知道如何进行详细设计的开发人员。相反，一旦你向他们展示了如何正确地进行设计，资深开发人员就是能够进行详细设计的人员。

14.5.1　初级交接

当我们只有初级开发人员时，架构师必须提供服务的详细设计。这就定义了架构师和开发人员之间的**初级交接**。初级交接会过度增加架构师的工作量。例如，在一个为期 12 个月的项目中，整个持续时间的大约 3～4 个月就会直接花在详细设计上。

架构师的详细设计工作可以在前端进行，也可以在开发人员构建某些服务时进行。这两个选项都是不好的。

预先提出所有服务的正确详细信息非常困难，并且预先查看所有服务中的所有详细信息如何组合在一起也会带来很大的挑战。可以预先设计一些服务，但不是全部。真正的问题是仅在前端进行详细设计就花费太长时间。管理层不太可能理解详细设计的重要性，并且对延长前端时间会畏缩不前。因此，管理层会被迫将该架构移交给初级开发人员，从而给项目带来风险。

在架构师匆匆忙忙地设计服务的同时，开发人员并行地构建架构师已设计好的服务，虽然这样可以正常进行，但是详细设计会让架构师负担过多而成为瓶颈，并可能大大减慢项目进度。

14.5.2　高级交接

资深开发人员能够应对详细设计的挑战至关重要。如果尚不具备此能力，则在适当的培

训和指导下，资深开发人员可以执行详细的设计工作，从而允许架构师与开发人员之间进行
高级交接。

在高级交接中，架构师可以仅仅使用接口定义或所建议的设计模式来提供服务的总体纲
要，在 SDP 评审后立即交接设计。现在，详细设计是每个服务的一部分，而架构师只需要对
其进行检查并根据需要进行修改。实际上，为额外的资深开发人员付出代价的唯一原因是实
现高级交接。高级交接是加速任何项目的最安全方法，因为它可以压缩进度表，同时避免更
改关键路径、增加执行风险或引入瓶颈。由于较短的项目成本会更低，因此资深开发人员所
花的成本实际上要比初级开发人员所花的成本低。

14.5.3 资深开发人员作为初级架构师

高级交接的问题是资深开发人员的可用性不足。我们可能有一个或两个、也许三个资深
开发人员，但不是整个团队。如果是这种情况，则不应使用一两个资深开发人员作为开发人
员。相反，请更改流程，以使这些资深开发人员主要进行详细的设计工作。图 14-6 显示了该
流程的样子。

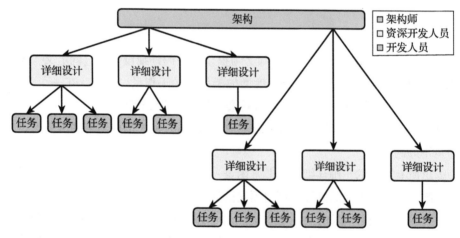

图 14-6　和初级架构师并行工作

架构师必须提供全面的架构，如本书第 1 部分所述。架构在系统的生命周期内不会改
变，并且始终在架构的基础上完成软件的构造。架构设计仍在项目的前期进行。前期也可能
包含第一批服务的详细设计。这种详细的设计既由资深开发人员完成，又在架构师的指导下
用作培训和学习的机会。实际上，这使资深开发人员变成了初级架构师。

一旦完成了详细的服务设计，初级开发人员便可以介入并构建实际的服务。但是，任
何细微的设计改进都要求初级开发人员咨询设计该服务的资深开发人员。一旦完成了每个服

务的构建，初级开发人员便会与资深开发人员（而不是其初级同行）进行代码审查，然后与其他初级开发人员进行集成和测试。同时，资深开发人员仍在忙于下面一系列服务的详细设计。在移交给初级开发人员之前，将与架构师一起审查每个设计。

以这种方式工作是减轻初次交接风险的最佳且唯一的方法。显然，这也需要精心的项目设计。我们必须确切知道可以预先设计多少个服务，以及如何使交付与构造同步。我们还必须添加明确的服务详细设计活动，甚至添加其他集成点，以解决从服务中提取详细设计的风险。

14.6　实践

与系统设计一样，在进行项目设计时，我们必须进行练习。专业人士（从律师、医生到飞行员）的基本期望是，他们对自己的业务了如指掌并且坚持不懈。压力之下，每个人都会寻求训练提升。不幸的是，与系统设计不同，即使项目设计对于成功至关重要，而且正如第 7 章所讨论的软件架构师的责任，也几乎没有软件架构师对项目设计有所了解或接受过培训。

使项目设计实践更加复杂的是另外两个问题。首先，项目设计是一个广泛的主题。本书涵盖了现代软件架构师所需的核心知识体系，包括系统设计和项目设计。就页数而言，项目设计内容是系统设计的两倍。现在，我们应该感觉到自己任重道远。未经培训和实践，我们就无法内化和正确使用本书的概念。通过在工作中设计实际项目来弄清项目设计不仅麻烦，而且有悖常识。我们想成为刚从医学院毕业的医生的第一位患者吗？我们想和一位新飞行员一起飞行吗？我们为第一个程序感到骄傲吗？

其次，在许多情况下，项目设计会产生不直观的结果。我们不仅需要练习以掌握大量的知识，而且还需要发展新的直觉。好消息是，可以掌握项目设计技能，能从项目设计质量的快速、显著的提高和实践者的成功率中可见一斑。

第 2 章强调了系统设计实践的重要性。始终将设计系统的实践与设计项目的实践相结合。从一个简单的、常规的解决方案开始，进行训练，直到我们对实际系统的常规解决方案感到满意为止。然后，不断积累，以找到进度、成本和风险方面的最佳解决方案。

检查我们自己做过的项目，借助事后观察的优势，尝试重建已发生的项目设计，并将其与应完成的工作进行对比，以确定计划假设、经典错误和正确决策。列出所有可能提出的解决方案，为 SDP 评审做准备。查看我们当前的项目，看看能否根据团队目前的工作列出必要的活动、做出正确的估算并计算出真实的进度和成本？当前的风险水平是多少？需要什么以缓解项目？哪种压缩水平可行？

如果我们认为自己做对了，请再次提高标准，并找到改进这些设计的方法。永远不要止步不前。开发新的技术，完善自己的风格，并成为项目设计的、有激情的专家和拥护者。

14.7　项目设计的口头汇报

尽管汇报是一种有效的技术，而且投资回报率很高，但在软件行业却没有得到充分利用。汇报项目设计工作和结果很重要，它提供了一种在项目和角色之间共享经验教训的方法，以便每个人都可以从他人的经验中学习。它所要做的只是自我反省、分析以及对改进的渴望。我们应该为每个项目进行汇报，并在软件开发生命周期中做出汇报。我们应该把项目作为整体汇报项目，并汇报每个子系统或里程碑。我们将例行汇报作为日常工作的一部分越多，并从中受益的可能性就越大。

汇报的主题取决于我们认为重要的内容和需要改进的地方。它们可能包括以下注意事项：

- 估计和准确性。对于每项活动，请问自己，与实际持续时间相比，初始估算的准确性如何，以及必须调整估算的次数和方向。我们是否可以在以后的项目中加入明显的模式来改进估算？查看活动的初始列表，以了解我们遗漏了什么、哪些是多余的。计算估算误差相互抵消的程度。

- 设计效果和准确性。将初步的大致项目估算的准确性与详细的项目设计、实际的持续时间和成本进行比较。我们对团队生产力的估算有多准确？风险缓解是否必要？如果需要，是太多还是太少？最后，压缩后的项目是否可行？项目经理和团队如何处理复杂性？

- 个人和团队合作。团队成员的团队合作的表现如何？有坏家伙吗？我们能否通过使用更好的工具或技术来使团队更具生产力？团队是否及时沟通问题？团队成员对计划及其在计划中的作用的理解程度如何？

- 下次应避免或改进的内容。列出人员、流程、设计和技术中遇到的所有错误或麻烦的优先列表。对于每一项，请确定我们如何能早发现问题或避免此类问题。列出引起问题的原因及应采取的措施，还应包括未造成伤害的风险征兆。

- 先前的汇报中反复出现的问题。最好的改进方法之一是避免过去的错误并防止已知问题的发生。一个项目接一个项目出现相同的错误时，这对每个人都是有害的。同样的问题反复出现的原因很可能说得过去，尽管如此，尽管面临挑战，我们仍必须消除重复出现的错误。

- 对质量的承诺。对质量的承诺有缺失吗，或存在什么程度的质量承诺？它与成功有多么紧密的联系？

兑现承诺的成功项目的汇报依旧非常重要。我们必须知道是否真的成功，仅仅是因为我们很幸运，还是因为拥有可行的系统和项目设计。即使项目成功了，我们能做得更好吗？我们应该怎么做才能维持我们做对的事情？

14.8　关于质量

总体而言，本书中的所有内容都与质量有关。拥有坚固的架构的真正目的是最终获得尽可能简单的系统，从而能提供一个更高质量的系统，更易于测试和维护。不可否认的是：质量和生产力紧密相关，当产品到处都是缺陷时，就无法实现我们的计划和预算承诺。当团队花费更少的时间寻找问题时，团队将花费更多的时间来增加价值。精心设计的系统和项目是按时完成任务的唯一方法。

对于任何软件系统，质量都取决于项目设计，该项目设计包括至关重要的质量控制活动，并将其作为项目的组成部分。我们的项目设计必须在时间和资源上考虑质量控制活动。如果项目设计目标是快速、干净地构建系统，请不要走捷径。

项目设计的副作用是，设计良好的项目是低压力项目。只要有时间和项目所需的资源，人们就会对自己的能力和领导力充满信心。他们知道时间计划是可行的，并且每个活动都已考虑在内。当人们的压力减轻时，他们会注意细节，并且不会存在分歧、遗漏某些东西，从而提高了质量。此外，精心设计的项目可最大限度地提高团队效率。通过允许团队以最低成本的方式更容易地识别、隔离和修复缺陷，这有助于提升质量。允许团队以低成本且便捷的方式识别、隔离和修复缺陷，将有助于进一步提高质量。

我们的系统和项目设计工作应激发团队产生尽可能高质量的代码。我们会看到成功是令人上瘾的：一旦人们能够正确地工作，他们就会为自己所做的事感到自豪，并且永远不会退缩。没有人喜欢低质量的、紧张的和因指责而困扰的高压力的环境。

14.8.1　质量控制活动

我们的项目设计应始终考虑质量控制要素或活动。其中包括：

- 服务水平测试。在估算每个服务的持续时间和工作量时，请确保该估算包括为服务编写测试计划、依据计划执行单元测试以及集成测试所需的时间。如果相关，请增加集成测试中回归测试的时间。
- 系统测试计划。项目必须有个明确的活动列出合格的测试工程师要编写测试计划，包括列出破坏系统并证明其无效的所有方法。
- 系统测试工具。该项目必须有个明确的活动，由合格的测试工程师开发全面的测试工具。
- 系统测试。该项目必须有个明确的活动，软件质量控制的测试人员应在使用测试工具的同时执行测试计划。
- 每日冒烟测试。作为项目间接成本的一部分，我们必须每天对演化中的系统进行干净的构建，为其加电，并用水沿管道冲洗（打比方）。这种冒烟测试可以发现系统管道中的问题，例如主机、实例化、序列化、连接性、超时、安全性和同步方面的缺陷。通过将结果与前一天的冒烟测试进行比较，我们可以快速隔离出管道问题。

- 间接成本。质量不是免费的，但它确实会为此付出代价，因为缺陷的价格极其昂贵。确保正确考虑所需的质量投资，尤其是以间接成本的形式。

- 测试自动化脚本。自动化测试应该是项目中的明确活动。

- 回归测试设计和实施。该项目必须具有全面的回归测试，该测试可以在系统、子系统、服务和所有可能的交互发生的瞬间检测出不稳定的变化。这将防止通过修复现有缺陷或简单地进行更改而引入的新缺陷的连锁反应。虽然持续进行回归测试通常被视为间接成本，但项目必须包含用于编写回归测试及其自动化的活动。

- 系统级审查。第 9 章讨论了在服务级别进行广泛的同行评审的必要性。由于缺陷可能发生在任何地方，因此我们应该将检查扩展到系统级别。核心团队和开发人员必须审查系统需求规范、体系结构、系统测试计划、系统测试工具代码以及任何其他系统级代码工作。无论是服务评审还是系统评审，最有效、最高效的评审本质上都是结构化的评审[○]，并指定了角色（主持人、作者、记录员、评审员等）以及后续跟踪工作，以确保建议在整个系统中得到应用。团队至少应进行非正式评审，其中涉及与一个或多个同伴一起浏览这些工作。无论使用哪种方法，这些评审都需要高度的相互参与承诺质量的团队精神。事实上，交付高质量软件就是一项团队运动。

该列表仅包含一部分。这里的目的不是为我们提供所有必需的质量控制活动，而是让我们在项目中能考虑到所有必需的活动以更好地控制质量。

14.8.2　质量保证活动

我们的项目设计应始终考虑质量保证活动。前面的章节（尤其是第 9 章）已经讨论了质量保证，但是我们应该在过程和项目设计中添加以下质量保证活动：

- 培训。如果我们的开发人员不尝试自己寻找新技术，那么成本将大大降低（并且在质量方面要好得多）。通过将开发人员送去培训（或内部培训），我们会很快消除由于学习曲线或经验不足而造成的许多缺陷。

- 编写关键的 SOP。软件开发是如此复杂且具有挑战性，因此不应错过任何机会。如果我们还没有针对所有关键活动的标准操作程序（Standard Operating Procedure，SOP），请花时间研究和编写它们。

- 采用标准。与 SOP 相似，我们必须具有设计标准（请参阅附录 C）和编码标准。通过遵循最佳实践，可以防止出现问题和缺陷。

___

○　https://en.wikipedia.org/wiki/Software_inspection

- 进行质量检查。积极聘请真正的质量保证人员。让他们审查开发过程，对其进行调整以确保质量，并创建一个有效且易于遵循的过程。此过程是为了查找并消除造成缺陷的根本原因，甚至可以在最初就避免出现缺陷。
- 收集和分析关键指标。度量标准使我们能够在问题发生之前就发现问题。它们包括与开发相关的指标，例如估算准确性、效率、通过评审发现的缺陷、质量和复杂性趋势、以及运行时指标，例如正常运行时间和可靠性。如果需要，设计活动以构建用于收集指标的工具，并考虑定期收集和分析它们的间接成本。通过强制执行异常度量标准的 SOP 对其进行备份。
- 口头汇报。如上一节所述，在研发过程中我们及时汇报工作，并在项目完成后汇报整个项目。

14.8.3 质量与文化

大多数经理不信任他们的团队。这些经理经历了太多的失望，他们发现团队付出的努力与期望的结果之间几乎没有关联。因此，管理人员诉诸微观管理。这是长期信任缺失的直接结果。开发人员对微观管理感到沮丧和冷漠，并失去了所剩无几的责任感。这进一步降低了信任度，导致恶性循环。

扭转这种局面的最好方法是通过不懈地追求质量来感染团队。当完全致力于质量时，团队将从质量的角度推动每项活动，修复破碎的文化并营造卓越的工程氛围。要达到此状态，我们必须提供正确的上下文和环境。实际上，这意味着要完成本书中的所有内容，甚至更多。

结果将是从微观管理到质量保证的过渡。允许和信任人们控制他们的工作质量是授权的本质。一旦落实到位，我们将了解质量是最终的项目管理技术，只需要很少的管理就可以最大限度地提高团队的生产力。经理们现在专注于为团队提供正确的环境，信任团队能够按时、按预算开发出无懈可击的软件系统。

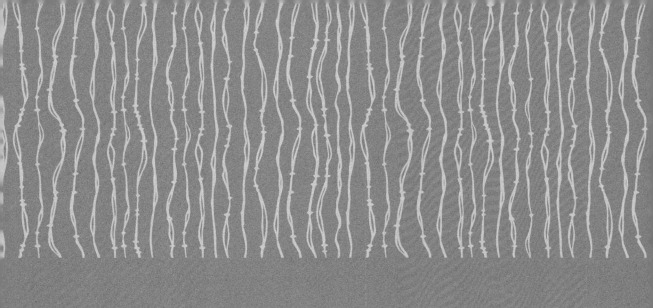

附　录

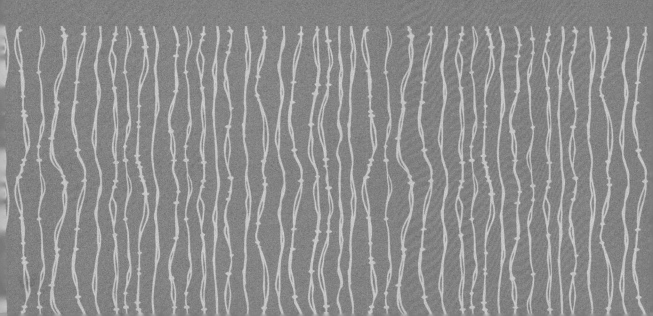

附录 A

项目跟踪

历史上最容易被误解的语录之一是"没有任何作战计划在与敌人遭遇后还有效。"从那时起，这句话就被断章取义地当作根本没有计划的理由，而这与它的初衷完全相反。面对瞬息万变的环境，成功的关键是不要依赖单一的静态计划。相反，必须具有灵活性，可以在几个精心布置的选项之间快速进行转换。最初计划的目的仅仅是通过使可用资源与目标尽可能地一致来提供战斗机会。从那之后，人们必须不断跟踪计划并根据需要对其进行修改，通常是对当前计划进行修改，转而采用另一种预先计划好的方案，或者设计新的方案。

本书中的项目设计技术支持两个目标。第一个目标是在 SDP 评审过程中做出有根据的决策，以确保决策者选择可行的方案。这样的选择可以作为开始执行的适当起点，从而提供成功机会。项目设计的第二个目标是在执行过程中调整计划。项目经理必须不断将实际发生的事情与计划相关联，并且架构师需要使用项目设计工具来重新设计项目以响应现实。这通常采取适度的项目重新设计迭代的形式。你需要避免任何大的改动，而是使用大量的小改动平稳地推动项目。否则，所需的校正程度可能会令人生畏，并导致项目失败。

一个好的项目计划不是你要签字然后放在抽屉里再尘封的东西。一个好的项目计划是一个实时文档，你会不断修改它以满足你的需求。这需要了解你相对于计划的位置，前进的方向以及针对不断变化的情况要采取的纠正措施。这就是项目跟踪的全部内容。

项目跟踪是项目管理和执行的一部分，不是软件架构师的责任。因此，我将项目跟踪包括在本书中，但作为系统和项目设计主要讨论的附录。

A.1　活动生命周期和状态

　　项目跟踪要求能够知道项目在资源和活动中的位置。在前面的章节中，对项目活动的讨论主要将活动视为原子单元，并对每个活动的持续时间或成本进行了估算。不管活动内部发生什么，这都可以设计项目。这种方法并不能够进行项目跟踪。你可以将项目中的每个活动（无论是服务活动还是非编码活动）分解为自己的小生命周期，并完成内部任务。这样的任务可以是顺序的，在时间轴上交错或迭代的。例如，图 A-1 显示了一个服务的可能生命周期。

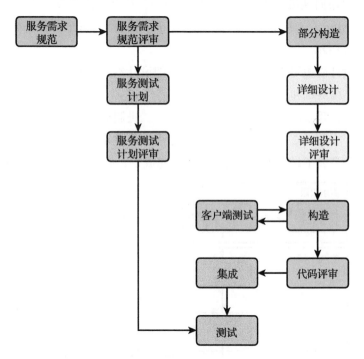

图 A-1　服务生命周期

　　每个服务都以服务需求规范（SRS）开始。这可能很简短，只要几个段落或几页概述服务需要做什么。架构师需要评审 SRS。有了 SRS，开发人员可以继续编写服务测试计划（STP），列出所有开发人员将证明服务不起作用的方式。即使进行了高级交接，当开发人员可以进行服务的详细设计时，开发人员也不能总是在没有获得对服务本质的额外了解的情况下开始详细设计。获得这种洞察力的最佳方法是通过构造来获得对技术可以提供的或可用的详细设计方案的第一手资料。有了这种洞察力，开发人员可以继续设计服务的详细信息，然后由架构师（可能与其他人）进行审查。一旦详细设计获得批准，开发人员便可以为服务构建代码。在构建服务的同时，开发人员构建了一个白盒测试客户端。该测试客户端通过在不断发展的代码上调用调试器，使开发人员能够测试每个参数、条件和错误处理路径。完成代码后，开发人员将与架构师和其他开发人员一起评审代码，将服务与其他服务集成，最后根据测试计划执行黑盒单元测试。

请注意，图中的每个检查任务必须成功完成。评审失败会导致开发人员重复之前的内部任务。为了清楚起见，图 A-1 没有显示这些重复。

A.1.1 阶段退出标准

不管具体的生命周期流程如何，大多数活动都会具有内部阶段，例如 Requirements（需求）、Detailed Design（详细设计）或 Construction（构造）。每个阶段都包含一个或多个内部任务，如图 A-2 所示。

例如，详细设计阶段可能包括一些构造，详细设计本身以及设计评审。构造阶段可能包括实际构造、客户端测试和代码评审。

为了支持跟踪，重要的是为每个阶段定义一个二进制退出标准，即用于判断该阶段是否完成的单个条件。在图 A-2 中的生命周期中，你可以将评审和测试用作该阶段的二进制退出标准。例如，一旦完成了代码审查，构造阶段就完成了，而不仅仅是在代码被检入时。

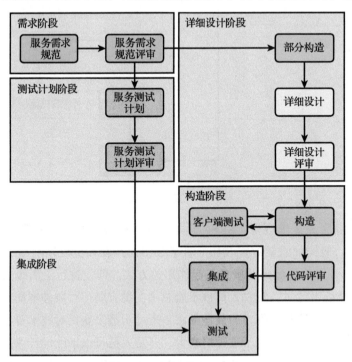

图 A-2　活动阶段和任务

A.1.2 阶段权重

尽管每个活动可能都有多个阶段，但这些阶段可能对完成活动的贡献不同。我们需要以权重的形式（在本例中为百分比）评估阶段的贡献。例如，考虑表 A-1 中列出的阶段的活动。在此样本活动中，需求阶段占活动完成的 15%，而详细设计阶段占完成的 20%。

我们可以通过几种方式分配阶段的权重。例如，可以评估阶段的重要性，或者可以估计每个阶段的持续时间（天），然后除以所有阶段的总和。或者，也可以除以阶段数（例如，分为 5 个阶段，每个阶段都计为 20%），或者甚至可以考虑活动的类型。例如，我们可以决定需求阶段的权重为用户界面活动的 40%，而日志记录活动的权重仅为 10%。

表 A-1　活动阶段和权重

活动阶段	权重（%）	活动阶段	权重（%）
需求阶段	15	构造阶段	40
详细设计	20	集成	15
测试计划	10	总和	100

对于精确的跟踪，只要我们在所有活动中一致地应用该技术，则使用哪种技术来分配各阶段的权重并不重要。在多数大规模的项目中，我们将在所有活动中完成数百个阶段。平均而言，权重分配中的任何差异都会相互抵消。

A.1.3 活动状态

给定二进制退出标准和每个阶段的权重，我们可以计算任何时间点的每个活动的进度。通过跟踪，进度是活动（或整个项目）的完成状态，以百分比表示。

活动进度的公式：

$$A(t) = \sum_{j=1}^{m} W_j$$

式中，W_j 是活动 j 阶段的权重；m 是时间 t 时活动已完成的阶段数；t 是一个时间点。

时间 t 的活动进度是到时间 t 时完成的所有阶段的权重之和。例如，使用表 A-1，如果前三个阶段（需求、详细设计和测试计划）完成，然后活动完成 45%（15+20+10）。

类似于计算一个活动的进度，我们可以并且应该跟踪每个活动所花费的工作量。通过跟踪，工作量是在活动（或整个项目）上花费的直接成本，占活动（或整个项目）的估计直接成本的百分比。一项活动的工作量公式是：

$$C(t) = \frac{S(t)}{R}$$

式中，$S(t)$ 是在时间 t 花费在活动上的累积直接成本；R 是活动的估计直接成本；t 是一个时间点。

必须指出，工作量与进度无关。例如，一个使用固定资源估计持续时间为 10 天的活动在开始 15 天后只能完成 60%。这项活动已经花费了其计划直接成本的 150%。

> **注意** 进度和工作量都是无单位的：它们是百分比。这使我们能够避免特定的值，并在同一分析中对它们进行比较。

A.2 项目状态

项目进度公式为：

$$P(t) = \frac{\sum_{i=1}^{N}(E_i \times A_i(t))}{\sum_{i=1}^{N}E_i}$$

式中，E_i 是活动 i 的估计持续时间；$A_i(t)$ 是时间 t 时活动 i 的进度；t 是一个时间点；N 是项目中活动的数量。

t 时刻的总体项目进度是两个估计值之和之间的比。第一个是每个单独活动的所有估计持续时间乘以活动进度的总和。第二个是所有活动估计的总和。请注意，这个简单的公式提供了项目在所有活动、开发人员、生命周期和阶段中的进度。

A.2.1 进度和挣值

第 7 章讨论了挣值的概念。作为时间函数的计划挣值公式和项目进度公式非常相似。如果所有活动都完全按计划完成，那么随着时间的推移，进度将与计划挣值、项目的计划浅 S 曲线相匹配。项目的进度仅是迄今为止的实际挣值。

为了说明这一点，请考虑表 A-2 中的简单项目。假设在 t 时刻用户界面活动只完成了 45%。由于 20% 中的 45% 是 9%，到目前为止在用户界面活动中完成的工作已经为项目的完成赢得了 9%。同样，我们可以计算出项目中所有活动在时间 t 的实际挣值。

表 A-2 示例项目当前进度

活动	持续时间	价值（%）	完成（%）	实际挣值
前端	40	20	100	20
访问服务	30	15	75	11.25

（续）

活动	持续时间	价值（%）	完成（%）	实际挣值
UI	40	20	45	9
管理器服务	20	10	0	0
实用工具库服务	40	20	0	0
系统测试	30	15	0	0
总计	200	100	—	40.25

将表 A-2 中所有活动的实际挣值相加可以看出，项目在时间 t 时完成了 40.25%。这与进度公式得出的值相同：

$$P(t) = \frac{40 \times 1.0 + 30 \times 0.75 + 40 \times 0.45}{40 + 30 + 40 + 20 + 40 + 30} = 0.4025$$

A.2.2　累计工作量

项目工作量公式是：

$$D(t) \frac{\sum_{i=1}^{N}(R_i \times C_i(t))}{\sum_{i=1}^{N} R_i} = \frac{\sum_{i=1}^{N}\left(R_i \times \dfrac{S_i(t)}{R_i}\right)}{\sum_{i=1}^{N} R_i} = \frac{\sum_{i=1}^{N} S_i(t)}{\sum_{i=1}^{N} R_i}$$

式中，R_i 是活动 i 的估计直接成本；$C_i(t)$ 是活动 i 在时间 t 的工作量；$S_i(t)$ 是在时间 t 时用于活动 i 的累计直接成本；t 是一个时间点；N 是项目中的活动数。

整个项目的工作量只是所有活动的直接成本的总和除以所有活动的所有直接成本估算的总和。这提供了作为总直接成本支出占项目计划直接成本的百分比的工作量。

再次注意项目工作量与计划挣值公式的相似性。如果每个活动被分配给一个资源，并且这些活动最终的成本与计划的完全一致，并且在计划的日期完成，则工作量曲线将与计划挣值曲线相匹配。如果每项活动计划的资源多于（或少于）一项，那么必须根据其计划的直接成本曲线来跟踪工作量。然而，在大多数项目中，两条曲线应该紧密匹配。为了简单起见，本附录的其余部分假设每项活动都是为一种资源设计的。

A.2.3　累计间接成本

项目的间接成本主要是时间和团队结构的函数；它独立于单个活动的工作量或进度。我们可以使用类似于目前所描述的技术来查找间接成本的当前状态。需要确定对间接成本有贡献的团队成员（如核心团队、开发运维人员或测试人员），并跟踪他们在项目上花费的时间减去他们的直接成本（如果有的话）。

由于间接成本独立于项目的进度和工作量，跟踪间接成本并不是非常有用。所以我们可能看到的是一条上升的直线，这无助于提出任何纠正措施。

然而，在一种情况下，跟踪间接成本是有帮助的：当报告项目迄今的总成本时，在这种情况下，我们应该将间接成本添加到直接成本中。本章的其余部分在跟踪项目并将其与计划进行比较时，只关注累积的直接成本（工作量）。

A.3 跟踪进度和工作量

将项目的实际进度与工作量结合起来，可以让我们找到项目的当前状态。我们应该定期重复这些计算。这使我们可以根据项目的计划挣值来绘制项目的进度和工作量。图 A-3 展示了一个示例项目的这种跟踪形式。

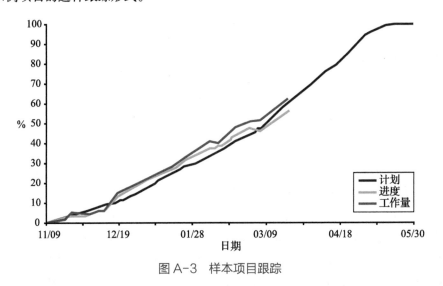

图 A-3　样本项目跟踪

图 A-3 中的蓝线显示了项目的计划挣值。计划挣值应该是一条浅 S 曲线；在这个例子中，可以很快看到它为什么偏离 S 形状。基于图上显示的时间点，进度线显示项目的实际进度（实际挣值），表示工作量的线显示花费的工作量。

A.4 预测

项目跟踪可以让我们准确地查看之前和现在的进度。然而，真正重要的问题不是项目的当前状态是什么，而是项目将会如何发展。要解答这个问题，我们可以画出进度和工作量映射成的曲线。考虑图 A-4 的通用项目视图。

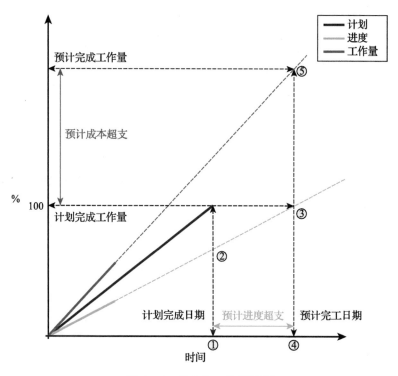

图 A-4　进度和工作量预测

为简单起见，图 A-4 用其线性回归趋势线代替了浅 S 曲线，如图中实线所示。蓝线表示计划的项目挣值。理想情况下，绿色的进度线和红色的工作量线应该与蓝色的计划线匹配。项目预期在计划挣值达到 100% 时完成，对应图 A-4 中的点 1。然而，可以看到进度线（实际进度）在计划线之下。

如果外推绿色的进度线，将得到图 A-4 中的虚线。可以看到，到点 1 时，预估的进度线只完成了大约 65%（图 A-4 中的点 2）。当预估的进度线达到 100%，即图 A-4 中的点 3 时，项目才会真正完成。图 A-4 中点 4 对应点 3 的时间，点 4 和点 1 之间的差距是项目的预计进度超支。

同样，可以推测出衡量的工作量曲线，并在图 A-4 中找到点 5。图 A-4 中点 5 和点 3 之间工作量的差异是项目的预计直接成本超支（以百分比表示）。

注意　由于间接成本通常与时间呈线性关系，预计进度超出百分比也表示预计间接成本超出。

假设这是一个为期一年的项目，你每周对项目进行评估。项目进行一个月后，你已经

有了四个参考点，足够拟合出一条很好地符合所记录的进度和工作量的回归趋势线。回顾第 7 章，挣值曲线的斜率代表了团队的生产能力。因此，在一个为期一年的项目进行了一个月之后，你已经通过一个被团队的实际生产情况高度校准了的预测很好地了解了项目的发展趋势。最初的计划挣值就是这样产生的。预计的进展和工作量曲线是很符合实际情况的。

图 A-5 是对图 A-3 的实际预测。考虑到预测不会百分之百准确，该项目可能会有大约一个月的时间进度落后（或 13%）和大约 8% 的工作量超支。

在图 A-3 和图 A-5 中，计划挣值是一个截断的浅 S 曲线，因为这个项目在 SDP 评审之后才开始被跟踪。通过去除计划开始时过于平缓的部分，线性趋势线预测变得更适合这个曲线。

> **注意** 本书的在线资源包含一个模板电子表格，我们可以借助它来轻松地跟踪项目进度和工作量，并自动画出趋势线。

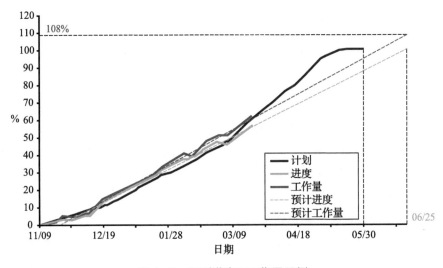

图 A-5　预测进度和工作量示例

A.5　预测和纠正措施

预测项目的进展和工作量提供了一种无与伦比的能力来判断项目当前的状况和它的发展趋势。这样就有可能再次提高标准并讨论补救措施。注意，当一些特殊情况出现时，重要的是要处理根本的，而不是表面的问题。例如，超出最后期限或工作量超出预期都是表面问题，而不是问题的根本。本节包含我们可能会遇到的常见症状，可能采取的纠正措施，以及推荐使用的最佳行动方案。

A.5.1　正常进行

让我们来看图 A-6 的进度和工作量预测。在该图中，预计的进度和工作量曲线与计划完全吻合，并且该项目即将大功告成。我们不必对这种情况采取任何行动；没有必要做任何改进。知道什么时候不用做和知道什么时候该去做同样重要。

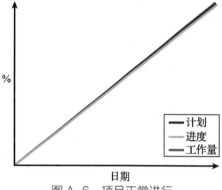

图 A-6　项目正常进行

遵循计划

在任何项目中，让进度和工作量与计划保持一致应该是一种正常的状态，因为这是实现承诺的唯一途径。大多数人对于如何在最后期限前完成任务都有错误的思维模式。许多人认为，在项目期间，他们可以偏离承诺，然后，通过英勇的行动和决心，他们可以在最后期限前完成任务。虽然这种情况可能会发生，但可能性很小，而且这肯定不是一个可重复的期望。大多数项目都没有英雄来拯救它，项目也不能经受住剧烈的变化。

项目管理的基本原则是：

要在最后期限前完成任务，唯一的方法就是在整个项目的过程中都按时完成计划。

保持原来的计划（或修改后的计划）并不容易，这需要项目经理不断地跟踪并在整个项目执行过程中采取许多纠正措施。我们必须对预测轨迹透露的信息做出响应，并避免让进度、工作量和计划之间拉开差距。

A.5.2　低估

让我们看到图 A-7 的挣值和工作量预测。这个项目显然做得不好。进度在计划之下，努力在计划之上。可能的解释是你低估了项目和项目中的活动。

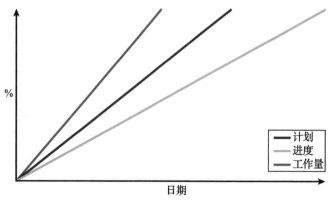

图 A-7　显示低估的预测

纠正措施

在处理低估时，有两个公认的纠正措施。第一种方法是根据团队的（现在已知的）生产能力上调预估。实际上，我们可以看到当计划的进度线达到100%时，那个时间点就成为了项目的新的完成日期。我们需要降低蓝色的计划线，直到它遇到绿色的进度线。这是功能驱动项目中的典型补救措施，在这种情况下，我们必须实现与竞争产品或遗留系统的对等，并且不要在遗漏关键方面的情况下发布系统。

然而，在一个日期驱动的项目中，我们必须在一个设定的日期发布，那么将最后期限推后是行不通的。在这种情况下，我们应该采取第二种相应的行动：缩小项目的范围。通过缩小范围，团队到目前为止产生的挣值越来越重要，绿色进度线将与蓝色计划线重合。

当然，你可以将推迟截止日期和缩小范围的方法组合起来，并且进度预测会准确地表明每种补救措施的需求量。无论选择哪种答案，都需要重新设计项目。

不幸的是，许多不想在截止日期或范围上妥协的人的下意识的反应是将更多的人投入到该项目中。正如弗雷德里克·布鲁克斯博士（Fredrick Brooks）所观察到的，这就像试图通过汽油来扑灭大火[⊖]。

有几个原因可以解释为什么在一个后期项目中增加人员几乎总是让事情变得更糟。首先，即使增加人员使绿色进度线更接近蓝色计划线，它也会使红色工作量线猛增。假定破坏项目的另一个方面来修复项目的一个方面是没有意义的（尤其是如果该项目已经使用了比计划多的人员，如图A-7所示）。其次，必须加入并培训新员工。这就需要干扰其他团队成员，而这些成员通常是最有资质的，重要的是，他们很可能处在关键路径上；停止或减慢他们的工作将意味着进一步拖延该项目。我们最终会因为帮助新员工提升和协助新人入职现有团队付出时间成本。最后，即使没有入职成本，新团队也会更大，因此效率也会更低。

该规则有一个例外，那就是靠近项目的初始阶段。在初始阶段，我们可以在团队成员的全面入职培训方面投入精力。更重要的是，可以避免在刚开始就增加人员，因为可以转向更激进的压缩项目设计解决方案。由于并行工作，这种解决方案通常确实需要额外的资源。请注意，压缩项目会带来更高的风险和复杂度，因此我们需要仔细权衡新解决方案的整体效果。

A.5.3　资源泄漏

考虑图A-8的进度和工作量预测。在这个项目中，进度和工作量都在计划之下，进度甚至在工作量之下。这通常是资源泄露的结果：人员被分配到你的项目，但他们正在别的项目上工作。因此，他们无法达到所要求的工作量，进度进一步落后。资源泄露在软件行业中很普遍，我们观察到泄露高达工作量的50%。

⊖　Frederick P. Brooks, *The Mythical Man-Month* (Addison-Wesley, 1975).

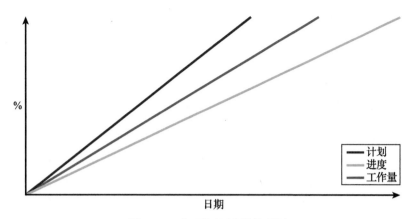

图 A-8 表明资源泄露的预测

纠正措施

识别资源泄露时，自然的本能是简单地堵塞泄露。但是，堵塞泄露往往会适得其反：在使你成为众矢之的的同时，它可能引爆其他项目。最好的解决方法是召开一个会议，由你的团队正在参与的项目的项目经理、你自己和负责这两者的最低级别经理参加。在展示预测图（例如图 A-8）之后，你将为监督经理提供两个选择。如果另一个项目比你自己的项目更重要，则图 A-8 中的绿线代表你的团队在这些新情况下可以产生的成果，而且必须按时完成任务。但是，如果你的项目更重要，那么另一个团队的项目经理必须立即撤销对你的团队成员的所有源代码控制访问权限，甚至可能将其他一些项目的主要资源分配给你的项目以补偿已经造成的损害。通过这种方式提出解决方案选项，无论经理决定如何，你都将赢并重新获得履行承诺的机会。

A.5.4 高估

考虑图 A-9 的进度和工作量预测。尽管由于进度高于计划，所以该项目看起来做得很好，但实际上，由于高估了项目，而存在危险。如第 7 章所述，高估与低估一样致命。图 A-9 中该项目的另一个问题是，该项目花费了比计划要求更多的工作量。这可能是因为分配给该项目的人员过多或由于该项目以计划外的并行方式工作。

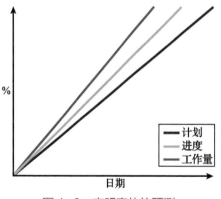

图 A-9 表明高估的预测

纠正措施

一种简单的纠正高估的措施是向下修正估计值，并引入截止日期。从而图 A-9 中的蓝色计划线将会与绿色进度线相交，我们可以计算需要调整多少。不幸的是，引入截止日期可能只有弊端。通常提前交付系统没有任何好处。例如，客户可能直到商定的最后期限才付款，或者服务器可能没有准备好，或者团队接下来可能无事可做。同时，减少持续时间会增加团队的压力。人们对压力的反应是非线性的。适度的压力可能会产生积极的结果，而过大的压力会降低动力。如果团队成员对压力的反应是放弃，该项目将失败。通常很难知道那条细线在哪里。

另一个纠正措施是保持截止日期不变，但通过扩大项目范围来向下修正估计值并超额完成。添加要做的事情（也许在下一个子系统上开始工作）将减少实际的挣值，绿色的进度线将下降，以满足图 A-9 中的蓝色计划线。增值始终是一件好事，但确实会带来超压风险。

解决高估的最佳方法是释放一些资源。当我们这样做时，红色的工作量曲线将降低，因为较小的团队的成本更低。绿色进度线将下降，因为较小的团队的吞吐量降低了。较小的团队也应该更高效。如果尽早发现高估，我们甚至可以选择压缩较小的项目方案。

A.6 有关预测的更多信息

通过预测，我们可以在潜在问题变得严重之前分析项目的发展方向。再次检查图 A-4。等待项目到达图中的点 2，然后将其校正到蓝线为止，这需要一个痛苦的，甚至是毁灭性的策略。使用预测，我们可以更早地发现趋势，并在线之间出现任何明显的差距之前执行较小的校正。行动越早，生效的时间就越长，对项目其余部分的干扰就越小，越容易管理，并且成功的可能性就越大。积极主动总是比消极被动要好，而且"一盎司[一]的预防通常意味着一磅[二]的治疗"。

就像开车一样，在项目执行过程中，我们需要频繁进行小幅校正，而不是一些大刀阔斧的改正。好的项目总是很顺利，无论是在计划的挣值，人员配备分布图还是在这种情况下的进度和工作量线。

请注意，此处显示的技术是在分析项目的趋势，而不是实际的项目。这是驱动项目的正确方法。再次使用汽车进行类比，我们不必向下看人行道或严格注视后视镜向前行驶。汽车的当前位置或曾经的位置与向前行驶基本无关。我们只要驾驶汽车查看汽车的行驶方向并针对预测方向采取纠正措施。

A.6.1 项目的本质

注意，project 既可以是名词（项目），也可以是动词（计划）。这不是偶然的。项目的本质

⊖ 1 盎司 = 28.3495 克。——编辑注

⊜ 1 磅 = 0.453 592 37 千克。——编辑注

是计划的能力。之所以称为项目是因为应该进行计划项目。相反，如果不计划，则没有项目。

A.6.2　处理范围蔓延

奇怪的是，管理层甚至可能试图在不修改项目的持续时间和分配给项目的资源的情况下改变项目的范围。这反过来又会给你履行承诺带来麻烦。将预测与项目设计相结合是处理项目范围内意外变化的最终方式。当任何人试图增加（或减少）项目的范围并请求你的批准或同意时，你应该礼貌地回复他们。现在你需要重新设计项目来评估变更的后果。如果变更不影响关键路径或成本，并且在团队的能力范围内，那么这种重新设计可能是次要的。根据预测，从实际吞吐量和成本的角度来判断你完成新计划的能力。当然，这种变更可能会延长项目的持续时间，增加成本和对资源的需求。你可能不得不选择另一个项目设计方案，甚至设计新的项目设计方案。

当你回到管理层时，提出变更所需的新持续时间和总成本，包括新的预测，并询问他们是否愿意这样做。如果他们负担不起新的时间表和成本影响，那么一切都不会改变。如果他们接受了，那么你就有了新的项目时间表和成本承诺。不管怎样，你都会履行你的承诺。这些承诺可能不是项目开始时的最初承诺，但话说回来，你不是改变计划的人。

A.6.3　建立信任

大多数软件团队没有履行他们的承诺。他们没有给管理层任何信任他们的理由，也没有给他们任何不信任他们的理由。结果，管理层规定了不可能的最后期限，同时完全预料到它们会下滑。正如第 7 章所讨论的，激进的截止日期会大大降低成功的概率，将失败表现为一种自我实现的预言。

项目跟踪是打破这种恶性循环的好方法。你应该与每一个可能的决策者和经理分享这些预测。不断展示项目目前的良性状态和未来趋势。在问题出现的几个月前，展示出发现问题的能力。坚持（或只是采取）正确的措施。所有这些行动都将使你成为一个对上级负责、对自己负责、值得信赖的专业人士。这将带来尊重和最终的信任。当你获得了上级的信任，他们会给你空间，让你成功。

| 附录 B |

服务契约设计

本书的第一部分介绍了系统体系结构：如何将系统分解为组件和服务，以及如何根据服务组成所需的行为。这不是设计的终点，你必须通过设计每个服务的细节来继续该过程。

详细的设计是一个广泛的话题，值得一书。本附录将其详细设计的讨论限制在服务设计的最重要方面：服务提供给客户的公共契约。只有在签订服务契约后，你才能填写内部设计详细信息，例如类层次结构和相关的设计模式。这些内部设计细节、数据契约和操作参数是属于特定领域的，因此不在本附录的范围之内。但是，从理论看，这里总结的服务契约的设计原则，作为整体同样适用于数据契约和参数级别。

本附录表明，即使对于某系统的特定任务，如服务契约的设计，某些设计准则和指标也将超越服务技术、行业领域或团队。尽管本附录中的想法很简单，但是它们对开发服务和构建工作的结构化实现具有深远的影响。

B.1 这是一个好的设计吗

要了解如何设计服务，你必须首先识别好或坏设计的属性。考虑图 B-1 中的系统架构，这对一个系统来说是一个好的设计吗？图 B-1 中的系统设计使用单个大型组件来实现系统的所有要求。从理论上讲，以这种方式可以构建任何系统，即将所有代码放入一个具有数百个参数和数百万条件嵌套的代码行的可怕函数中。然而，在正确的思维中，没有人会认为一个特大的单体结构就是一个好的设计。从字面上看，这是什么都不做的典型例子。根据第 4 章的讨论，你也无法验证这种设计。

接下来，考虑图 B-2 中的设计，这对你的系统来说是一个好的设计吗？图 B-2 中的系统设计使用了大量的小型组件或服务来实现系统（为减少视觉混乱，该图未显示跨服务的交互线）。从理论上讲，你也能以这种方式构建任何系统，即将每个需求放在单独的服务中。同样，这不仅是一个糟糕的设计，而且是什么都不做的另一个典型例子。与前面的情况一样，你也无法验证这种设计。

最后，检查图 B-3 中的系统设计。这对你的系统来说是一个好的设计吗？尽管你不能说图 B-3 是系统的理想设计，但你可以说它肯定比单个大型组件或大量小型组件更好。

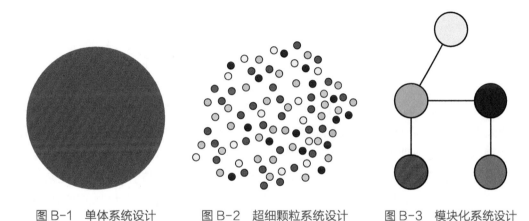

图 B-1 单体系统设计　　　图 B-2 超细颗粒系统设计　　　图 B-3 模块化系统设计

B.2 模块化和成本

能识别图 B-3 的系统设计比前两个更好的能力是很神奇的。毕竟你对系统的性质、模块、开发技术一无所知，但你凭直觉猜测它会更好。每当你评估模块化设计时，可以使用图 B-4 描述的思维模型。

当使用较小的构建块（例如服务）构建系统时，你必须支付两个成本要素：构建服务的成本和将它们全部集成在一起的成本。你可以在一个大型服务和不计其数的小型服务之间的任意一点上构建系统，图 B-4 捕获了该分解决策对构建系统成本的影响。

> **注意** 本书的第二部分讨论了系统成本与时间的关系以及项目的设计。图 B-4 显示了另一个维度——系统成本如何随系统的体系结构和服务的粒度而变化。不同的体系结构将具有不同的时间 - 成本风险曲线。

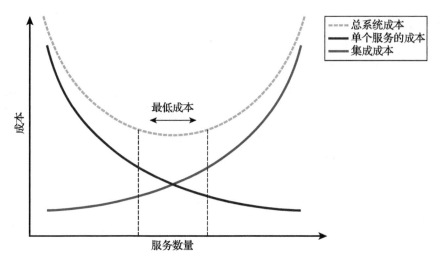

图 B-4　规模和数量对成本的影响

B.2.1　单个服务的成本

单个服务的实现成本（图 B-4 中的蓝线）表示某些非线性行为。随着服务数量的减少，服务的大小会增加（在曲线的最左侧最多可容纳一个大型单体结构）。问题在于，随着服务大小的增加，其复杂性将以非线性方式增加。一个服务的大小是另一个服务的 2 倍，可能会复杂 4 倍，而服务大小是 4 倍，则可能会复杂 20 倍或 100 倍。反过来，复杂性的增加会导致成本的直线上升。结果，成本是规模的组合、非线性、单调增加的函数。因此，随着服务数量的减少，服务大小增加，并且随着大小的增加，成本以非线性方式爆炸。相反，对于具有多种服务的系统设计（图 B-4 的最右侧），每项服务的成本微乎其微，接近零。

B.2.2　集成成本

服务的集成成本随着服务数量的增加而呈非线性增加。这也是复杂性的结果，在这种情况下，就是可能的交互的复杂性。更多服务意味着更多可能的交互，从而增加了复杂性。如第 12 章所述，由于连通性和连锁反应，随着服务数量（n）的增加，复杂度与 n^2 成正比、甚至可以达到 n^n 的数量级。这种交互复杂性直接影响集成成本，这就是为什么集成成本（图 B-4 中的红线）也是非线性曲线的原因。因此，在图 B-4 的最右边，随着服务数量的增加，集成成本急剧上升。相反，在曲线的最左侧，可能只有一个大型服务，由于没有要集成的内容，因此集成成本接近零。

B.2.3 最低成本区域

对于任何给定的系统，始终需要为成本的两个要素（实施成本和集成成本）付出代价。图 B-4 中的绿色虚线表示这两个成本要素的总和，即总系统成本。如你所见，对于任何系统，都有一个最小成本的区域，其中服务不会太大也不会太小，不会太多也不会太少。无论何时设计系统，都必须将其带到最低成本的区域（并保持在最低水平）。请注意，你不一定希望总成本曲线处于最小值，而只是希望总系统成本处在相对平稳的最低成本区域。一旦曲线开始趋于平整，找到绝对最小值的成本将超过所节省的系统成本。如第 4 章所述，每次设计工作总是有一个收益递减点，在那里它已经足够好了。

我们必须避免处在图的边缘，因为这些边缘会变得更糟，并且变得昂贵许多倍（甚至数十倍）。建立非线性、昂贵的系统所面临的挑战是，所有组织都可以使用的工具从根本上讲是线性工具。该组织可以多给你一个开发人员，然后再加一个开发人员，或者多给一个月、再追加一个月。但是，如果根本问题的性质是非线性的，那么你将永远无法弥补。在任何人未编写第一行代码之前，在最低成本范围之外设计的系统已经失败了。

> **注意** 功能分解设计总是以图 B-4 的非线性边缘结束。如第 2 章所示，功能分解会导致小范围的功能爆炸或一些功能的大量积累，有时甚至是并排（见图 2-2）。

如第 4 章所述，基于易变性的良好分解可以提供最小的构建块，你可以将它们组合在一起，以满足所有需求——已知和未知、现在和将来。这样的分解会在最小成本的范围内产生服务计数，但这与它的形状并没有关系。即使按照元设计方法准则进行分解，将服务保持在最低成本范围内也需要你正确设计每个服务契约。

B.3 服务与契约

系统中的每个服务都向其客户公开契约。契约只是客户可以调用的一组操作。因此，契约是服务提供给世界的公共接口。许多编程语言甚至使用 interface 关键字定义服务协定。虽然服务契约是一个接口，并非所有接口都是服务契约。服务契约是服务承诺支持的、不可变的正式接口。

用人类世界的比喻来说，生活中充满了正式和非正式的契约。雇用契约（通常使用法律术语）定义雇主和雇员之间的义务。两个公司的商业合同则定义服务提供商和服务消费者之间的交互关系。这些是正式的接口形式，如果契约双方违反契约或更改其条款，通常会面临严重的影响。相反，当你上出租车时，有一个隐含的例外契约：司机将你安全地送到目的地，你将为本次服务付费。你们俩都没有签署描述这种互动性质的正式契约。

B.3.1　契约面

契约可以超越一个正式的接口：它代表了支持实体对外部的某个方面。例如，一个人可以以雇员的身份签署雇用契约，但此人可能还有其他方面的契约。雇主只会看到并关心雇用契约所涉及的特定的一面，但此人可以作为雇员、房东、配偶或作为房主签订其他方面的契约。同样，一项服务可以支持多个契约。

B.3.2　从服务设计到契约设计

精心设计的服务在图 B-4 的最低成本范围内。不幸的是，很难回答"什么能够提供这个领域的优质服务"这样的基本问题。你可以做的是经过一系列合理的缩减，直到发现可以回答的问题。最初的缩减假设服务与其契约之间是一对一的比率，在此假设的基础上，你可以将图 B-4 中"服务"一词替换为"契约"一词，从而使图的行为保持不变。

实际上，单个服务可以支持多个契约，而多个服务可以支持特定的契约。在这些情况下，图 B-4 中的曲线从左到右或上下移动，但是它们的行为保持不变。

B.3.3　良好契约的属性

在服务和契约是一对一映射的假设下，你可以将"什么是优质服务"问题转换成"什么是好的契约"。好的契约在逻辑上是一致的、高内聚且服务于独立的不同的方面的。最好使用日常生活中的类比来解释这些属性。

你是否会签署一份雇用契约，规定你只能在特定地址居住才能在公司工作？你会拒绝此类契约，因为从逻辑上看，在你的住址上规定你的工作状态是不一致的。毕竟，如果你按照预期的标准进行了约定的工作，那么与你所居住的地方没有关联性。好的契约在逻辑上总是一致的。

你会签署一份没有说明你的工资多少的雇用契约吗？同样，你会拒绝它。好的契约始终具有凝聚力，并且恰好地描述交互所需的所有方面——不多也不少。

你会让婚姻契约取决于你的雇用契约吗？你会拒绝该契约，因为契约的独立性同样重要。每个契约或其某个方面都应独立存在，并独立于其他契约运行。

这些属性还指导契约的获取过程。你会付钱给一位房地产律师来为你租房签一份契约吗？还是你会在网上搜索公寓租赁契约、打印出第一个搜索结果，并在空白处填上地址和租金就宣告契约完成？如果在线契约足以应付其他数百万次租赁而又不涉及任何公寓（这确实是不平凡的成就），那对你来说还不够吗？经过演化，契约一定包括诸如租金之类的所有紧密联系的细节，并避免诸如承租人在哪里工作之类的前后矛盾。它还必须独立于其他契约，即真正的独立构面。

请注意，你并不是在寻找比其他任何人都更好的契约。你只想重用其他所有人正在使用的同一契约。正是因为它是如此可重用，所以它是一个好的契约。最终的观察结果是，逻辑上一致、有内聚力和独立的、可重用的契约。

请注意，在契约中可重用性不是非黑即白。每个契约都位于可重用性范围内的某个位置。契约越可重用，它在逻辑上就越一致、越具有内聚力和独立性。想象一下图 B-1 中服务前面的契约。该契约是巨大的，并且对于该特定服务是非常独特的。从逻辑上讲，这肯定是不一致的，因为它承担了系统所做的一切，从而变成了一个臃肿的垃圾场。世界上任何其他人重用该服务契约的可能性基本上为零。

接下来，想象一下图 B-2 中的一项微小服务的契约。该契约非常小，并且因其上下文而显得极为特别。这么小的东西可能无法内聚。同样，其他任何人重复使用该契约的可能性为零。

图 B-3 中的服务至少提供了一些希望。也许图 B-3 中的服务契约已经演变为包括与它们的交互有关的所有内容——不多也不少。少量的交互也表示独立的方面。契约很可能是可重用的。

契约是重用的要素

一个重要的观察是可重复使用的基本要素是契约，而不是服务本身。例如，我用来写这本书的计算机鼠标不同于其他任何鼠标。它的每个部分都是不可重用的。鼠标的外壳是为这种特定的鼠标模型设计的，如果不进行昂贵的修改，便无法将其安装在任何其他鼠标上（同一模型的另一个实例除外）。但是，接口"鼠标－手"是可重用的。我可以操作该鼠标，你也可以。你的鼠标支持完全相同的界面。换句话说，它重用了接口。存在许多不同型号的鼠标，但恰恰是这样的事实，即在所有型号中，每个鼠标都重复使用相同的界面，这是良好界面的最终指示。实际上，"鼠标－手"界面应称为"工具－手"（见图 B-5）。

图 B-5 重用接口

自史前时代以来，我们的物种就一直在使用"工具－手"界面。尽管石斧上的石头都不能在鼠标中重复使用，并且任何电子元件在石斧中都没用，但是两者都可以使用相同的接口。好的接口是可重用的，而基础服务则不能。

B.4　分解契约

在为服务设计契约时，必须始终考虑元素的重用。这是确保即使在架构设计和分解之后，你的服务仍然保持在最低成本区域的唯一方法。请注意，设计可重用契约的义务与是否有人最终会重用契约无关，契约的重用或其他方对契约的渴求程度完全不重要。你必须将契约设计为可以在多个系统（包括你当前的系统和竞争对手的系统）中被永久性重用。一个简单的例子可以很好地证明这一点。

B.4.1　设计示例

假设你需要构建一个用于运行销售点注册的软件系统。该系统的需求用例有查询商品价格、整合清单、接受付款和客户忠诚度追踪等。使用元设计方法以及适当的管理器、引擎等可以轻松地完成所有这些操作。为了便于说明，假设系统需要连接到条形码扫描仪并用它读取物品的标识符。条形码扫描器设备只是系统的一个资源，因此你需要为相应的资源访问服务设计服务契约。条形码扫描仪访问服务的要求是，它应该能够扫描物品的代码，调整扫描光束的宽度，并通过打开和关闭端口来管理与扫描仪的通信端口。你可以这样定义 IScannerAccess 服务契约：

```
interface IScannerAccess
{
   long ScanCode();
   void AdjustBeam();
   void OpenPort();
   void ClosePort();
}
```

IScannerAccess 服务契约支持扫描仪所需的功能。这很容易使不同类型的服务提供者（如 BarcodeService 和 QRCodeService）来实现 IScannerAccess 契约：

```
class BarcodeScanner : IScannerAccess
{...}
class QRCodeScanner : IScannerAccess
{...}
```

你可能会感到满意，因为你已经在多个服务之间重用了 IScannerAccess 服务契约。

B.4.2　向下分解

稽后，零售商会联系你来解决以下问题：在某些情况下，最好使用其他设备（如数字键盘）输入商品代码。然而，IscannerAccess 契约假定底层设备使用某种光学扫描仪。因此，它无法管理非光学设备，如数字键盘或射频识别（RFID）阅读器。从重用的角度来看，最好抽象出实际的读取机制，并将扫描操作重命名为读取操作。毕竟，硬件设备用来读取物品代码的机制应该与系统无关。你还应该将契约重命名为 IReaderAccess，并确保契约的设计中没有任何内容阻止所有类型的代码读取器重用契约。例如，AdjustBeam() 操作对于小键盘来说毫无意义。最好将原始的 IScannerAccess 分解为两个契约，并考虑到违规操作：

```
interface IReaderAccess
{
    long ReadCode();
    void OpenPort();
    void ClosePort();
}
interface IScannerAccess : IReaderAccess
{
    void AdjustBeam();
}
```

这使得现在可以正确重用 **IReaderAccess**：

```
class BarcodeScanner : IScannerAccess
{...}
class QRCodeScanner : IScannerAccess
{...}
class KeypadReader : IReaderAccess
{...}
class RFIDReader : IReaderAccess
{...}
```

B.4.3　横向分解

耗费了很长的时间，终于把这些更改做完了，零售商决定让软件还控制连接到销售点工作站上的传送带。这需要软件来启动和停止传送带，以及管理其通信端口。虽然传送带使用与读取设备相同的通信端口，但由于契约不支持传送带，并且传送带不能读取代码，因此传送带不能重用 IReaderAccess。此外，有一长串这样的外围设备，每一个都有自己的功能，每一个设备的引入都将复制其他契约的一部分。

业务域中的每项变更都会导致系统域中的反映性变更，这是一个糟糕设计的标志。良好的系统设计应该能够抵抗业务领域的变化。

根本问题在于，IReaderAccess 是一种设计很糟糕的契约。尽管所有的操作都是读卡器应该支持的,但是 ReadCode() 在逻辑上与 OpenPort() 和 ClosePort() 没有关系。读取操作涉及设备的一个方面,作为代码提供者,这对零售商的业务至关重要(它是一个原子业务操作),而端口管理涉及与作为通信设备的实体相关的另一个方面。在这方面,IReaderAccess 在逻辑上是不一致的:它更像是服务中需求的集中地。IReaderAccess 更像图 B-1 中的设计。

一种更好的方法是将 OpenPort() 和 ClosePort() 的操作横向分解到一个名为 ICommunicationDevice 的单独契约中:

```
interface ICommunicationDevice
{
   void OpenPort();
   void ClosePort();
}
interface IReaderAccess
{
   long ReadCode();
}
```

实施服务将支持两种契约:

```
class BarcodeScanner : IScannerAccess,ICommunicationDevice
{...}
```

注意,BarcodeScanner 内部的工作量总和与原始的 IScannerAccess 完全相同。然而,由于通信面独立于读取面,其他实体(如传送带)可以重用 ICommunicationDevice 服务契约并支持它:

```
interface IBeltAccess
{
   void Start();
   void Stop();
}
class ConveyerBelt : IBeltAccess,ICommunicationDevice
{...}
```

这种设计允许你将设备的通信管理方面与实际的设备类型(不管是条形码阅读器还是传送带)分离开来。

销售点系统的真正问题不是读取设备的细节,而是连接到系统的设备类型的易变性。设计架构应该依赖于基于易变性的分解。正如这个简单的示例所示,该原则可扩展到各个服务的契约设计。

B.4.4　向上分解

当契约中的操作之间存在弱逻辑关系时,通常会将操作分解为单独的契约(如 IReader-

Access 中的 ICcommunicationDevice）。

　　有时，在几个不相关的契约中发现相同的操作，这些操作在逻辑上与它们各自的契约相关。不包括它们会使契约缺乏内聚力。例如，假设为了安全原因，系统必须立即中止所有设备。此外，所有设备必须支持某种诊断，以确保它们在安全范围内运行。从逻辑上讲，中止操作与读取操作一样是扫描仪的操作，与启动或停止操作一样是传送带的操作。

　　在这种情况下，可以将服务契约分解成一个契约层次结构，而不是单独的一个契约：

```
interface IDeviceControl
{
   void Abort();
   long RunDiagnostics();
}
interface IReaderAccess : IDeviceControl
{...}
interface IBeltAccess : IDeviceControl
{...}
```

B.5　契约设计指标

　　三种契约设计技术（向下分解为派生契约、横向分解为新契约或向上分解为基类契约）会产生经过微调的、更小的和更可重用的契约。拥有更多可重用的契约无疑是优点，当处理臃肿的契约时，较小的契约是必要的。但是乐极生悲，一直这样做的风险在于，最终你得到的是太细、太零碎的契约，如图 B-2 所示。因此，你需要平衡两种对立的力量：实现服务契约的成本与将它们组合在一起的成本。追求平衡的方法是使用设计度量。

B.5.1　衡量契约

　　契约是可以衡量的，并将其从最差到最好进行排序。例如，可以测量代码的圈复杂度。你不太可能简单地实现一个大型复杂的契约，而过于精细的契约，其复杂度将是恐怖的。你可以衡量与基础服务相关的缺陷，低质量的服务可能是糟糕契约的复杂性结果。你可以测量契约在系统中重用了多少次，以及契约被检出和修改了多少次。很明显，一个在任何地方都可以被重用并且从未被修改过的契约是一个好的契约。你可以为这些测量指定权重并对结果进行排序。多年来，我在不同的技术栈、系统、行业和团队中进行过这样的测量。无论什么样的多样性，都有一些在衡量契约质量方面有价值的统一度量。

B.5.2　规模指标

　　你应该避免使用那些只能执行一项操作的服务契约。服务契约是实体的一个方面，如果你仅用一个操作就可以表示它，那么这个方面一定很呆板。检查一下这个单个操作，问自己一些问题。它是否使用了太多参数？是不是太粗糙了，你是否应该把单个操作分成多个操作？你是否应该将此操作纳入现有的服务契约中？它是不是最好存在于下一个要构建的子系统中？我无法告诉你该采取哪种纠正措施，但我可以告诉你，仅执行一项操作的契约是种危险的信号，你必须进一步调查。

服务契约操作的最佳数目在 3 到 5 之间。如果你设计的服务契约有更多的操作（可能是 6 到 9），那么仍然还可以，但是你已经开始偏离图 B-4 中的最低成本区域。查看这些操作并确定是否可以将任何操作合并到其他操作中，因为很可能是操作过度分解了。如果服务契约有 12 个或更多操作，那是一个很糟糕的设计。你应该寻找将操作分解为单独的服务契约或契约层次结构的方法。应该禁止使用具有 20 个或更多操作的契约，因为在任何情况下，它都不可能是有利的。这样的契约肯定会掩盖一些严重的设计错误。由于大型契约对开发和维护成本有非线性影响，必须对其保持较低的容忍度。

有意思的是，在人类世界中，总是使用契约规模度量来评估契约的质量。例如，你会签一份只有一句话的雇用契约吗？肯定不会，因为一句话（甚至一段话）不可能涵盖你作为员工的所有方面。这样的契约肯定会遗漏诸如责任或终止之类的关键细节，并且可能会包含你不熟悉的其他契约。另一方面，你会签署一份 2000 页的雇用契约吗？你甚至不会费心去读它，不管它承诺什么。即使是一份 20 页的契约也令人担忧：如果雇用的性质需要这么多页，那么契约很可能会很繁重和复杂。但如果契约只有 3～5 页，你可能不会签，但一定会仔细阅读。从重用的角度来看，请注意雇主可能会给你提供与所有其他雇员相同的契约。除了完全重用之外的任何事情都值得警觉。

B.5.3　避免属性

许多服务开发技术栈故意不在契约定义中提供属性语义，但是你可以通过创建类似属性的操作，轻松规避这个问题，例如：

```
string GetName();
string SetName();
```

在服务契约的上下文中，避免使用属性和类似属性的操作。属性表示状态和实现细节。当服务公开属性时，客户端就知道这些细节；当服务变更时，客户端也会随之变更。你不应该用属性的使用或相关知识来打扰客户。好的服务契约允许客户端调用抽象操作，而不必关心具体的实现。客户端只需调用操作并让服务来管理其状态。

服务提供者和服务使用者之间的良好交互始终是在行为层面上的。这种交互应该用 DoSomething() 来表达，比如 Abort()。客户端不应该关心服务是如何进行的。这就和现实生活中一模一样：与其被动问，不如主动说。

在任何分布式系统中，避免属性也是一个良好的实践。最好将数据保存在数据所在的地方，只调用对其进行的操作。

B.5.4　限制契约的数量

一个服务不应支持两个以上的契约。由于契约是服务的独立方面，如果服务支持三个或更多独立的业务方面，则表明服务可能太大。

有趣的是，你可以使用第 7 章中的估算技术导出每个服务的契约数。仅从数量级上来说，每个服务的契约数应该是 1、10、100 还是 1000？很显然，100 或 1000 是很糟糕的设计，甚至 10 个契约看起来都已经很大了。因此，从量级上看，每个服务的契约数应该是 1。使用"因子 2"技术，可以进一步缩小范围：契约的数量是 1、2 还是 4？不可能是 8，因为已经接近 10 而被排除了。所以每个服务的契约数在 1 到 4 之间，这仍然是个很大的范围。为了减少不确定性，可以使用 PERT 技术，1 作为最低估算，4 作为最高估算，2 作为最可能的数字。PERT 计算得出每个服务的契约数为 2.2：

$$2.2 = \frac{1 + 4 \times 2 + 4}{6}$$

实际上，在设计良好的系统中，我检查过的大多数服务只有一个或两个契约，较常见的情况是单个契约。在具有两个或多个契约的服务中，附加契约几乎总是与业务无关的契约，这些契约捕获诸如安保性、安全性、持久性或工具等方面，并且这些契约在其他服务中被重用。

> **注意**　避免服务扩散的一种好方法是向服务添加契约。例如，如果你的架构需要 8 个管理器，这超出了第 3 章的指导原则，那么你可以将其中一些管理器表示为其他管理器的额外独立方面，并减少管理器的数量。

B.5.5　使用指标

服务契约设计指标是评估工具，而不是验证工具。遵守指标并不意味着你的设计很好，但违反指标意味着你的设计有问题。例如，考虑 IScannerAccess 的第一个版本。该服务契约有 4 个操作，正好位于 3 到 5 个操作指标的中间，但是该契约在逻辑上不一致。

避免为了满足指标而设计。与任何设计任务一样，服务契约设计本质上是迭代的。花必要的时间来确定服务应该公开的可重用契约，而不要担心指标。如果违反了指标，就继续修改直到有合适的契约。继续检查不断演进的契约，看看它们是否可以跨系统和项目被重用。

问问你自己，契约是否在逻辑上是一致的、内聚的和独立的。一旦你设计了这样的契约，你会发现它们就是符合指标的。

B.6 契约设计的挑战

本附录中讨论的思想和技术是直截了当、不言而喻和简单扼要的。设计契约是一项后天习得的技能，实践对快速、正确地履行契约有很大的帮助。然而，"简单"和"简单化"之间有很大的区别，虽然本附录中的思想很简单，但还远没有达到简单化。事实上，生活中充满了简单但不简单化的想法。例如，你可能希望身体健康。这是一个简单的想法，可能涉及饮食、生活方式、日常生活甚至工作的改变，没有一个是简单化的。

制定可重用的服务契约是一项耗时、深思熟虑的任务。正确处理契约是至关重要的，否则你将面临一个非线性的更糟糕的问题（见图 B-4）。真正的挑战不是设计契约（这很简单），而是获得管理层的支持。大多数管理人员不知道错误契约设计的后果。仓促实施，会导致项目失败，尤其是初级移交（见第 14 章）。

即使是高级开发人员也可能需要指导才能正确设计契约。而作为架构师，你可以指导和培训他们。这将使你能够把契约设计当作每个服务生命周期的一部分。对于初级团队，你不能相信开发人员会提出正确的可重用契约；他们很可能会提出类似于图 B-1 或图 B-2 的服务契约。你必须使用第 14 章的方法在工作开始前划分设计契约的时间，或者最好安排一些高级技术开发人员在当前服务集的施工活动的同时设计下一组服务的契约（参见图 14-6）。建议使用本附录和图 B-4 中的概念来教育管理层如何才能真正提供设计良好的服务。

| 附录 C |

设计标准

本书中的思想其实很简单，在内部或与其他工程学科中都是一致。但是，首先用这种关于系统和项目设计的新思想来达成共识可能会令人不知所措。随着时间的推移和实践，这些新思想会渐成习惯。为了方便掌握它们，本附录提供了简洁的设计标准。设计标准就是将本书中的所有设计规则总结在一起形成清单列表。

列表本身意义不大，因为我们仍然必须了解每个项目的上下文才能理解掌握。但是，参考该标准可以确保我们不遗漏任何重要的注意事项。在帮助实施最佳实践并避免陷阱方面，设计标准对于成功的系统和项目设计至关重要。

该标准有两种类型：原则和指南。**原则**是绝不能违反的规则，否则会导致项目失败。**指南**是应该遵循的建议，除非有强烈且特殊的反对理由。仅仅违反指南并不一定会导致项目失败，但是太多的违反行为会大大增加项目失败的概率。如果我们能遵守这些原则，那么也不应有理由违反该指南。

C.1 主要原则

不要依据需求来做设计。

C.2 原则

1. 避免功能分解。

2. 基于易变性的分解。

3. 提供可组合的设计。

4. 从集成角度而不是从实现的角度提供功能。

5. 迭代设计，逐步构建。

6. 设计项目以构建系统。

7. 根据时间表，成本和风险，采用可行的选择来推动明智的决策。

8. 按照关键路径构建项目。

9. 在整个项目中按时进行。

C.3　系统设计指南

1. 需求

a. 捕获必需的行为，而不是必需的功能。

b. 以用例描述所需的行为。

c. 用活动图记录所有包含嵌套条件的用例。

d. 去除伪要求的解决方案。

e. 通过确保系统设计支持所有核心用例来验证系统设计。

2. 基数

a. 在没有子系统的系统中，避免五个以上的管理器。

b. 避免使用少数子系统。

c. 每个子系统避免使用三个以上的管理器。

d. 力争引擎与管理者的黄金比例。

e. 如有必要，允许资源访问组件访问多个资源。

3. 属性

a. 易变性应自上而下降低。

b. 重用应自上而下增加。

c. 不要封装业务性质的变更。

d. 管理器是消耗性的。

e. 设计应对称。

f. 切勿使用公共通信渠道进行内部系统交互。

4. 层次

a. 避免开放式架构。

b. 避免使用半封闭 / 半开放式架构。

c. 首选封闭式架构。

Ⅰ. 不要向上调用。

Ⅱ.请勿横向调用（管理器之间的排队调用除外）。

Ⅲ.不要向下超过一层调用。

Ⅳ.尝试通过使用排队调用或异步事件发布来开放架构。

d.通过实现子系统来扩展系统。

5.互动规则

a.所有组件都可以调用实用工具库。

b.管理者和引擎可以调用资源访问。

c.管理器可以调用引擎。

d.管理器可以将调用形成队列传递给另一个管理器。

6.互动中的不要

a.客户端不会在同一用例中调用多个管理器。

b.在同一用例中，管理器不会将调用形成队列传递给多个管理器。

c.引擎不会收到调用的队列。

d.资源访问组件不接收调用的队列。

e.客户端不发布事件。

f.引擎不发布事件。

g.资源访问组件不发布事件。

h.资源不发布事件。

i.引擎，资源访问和资源不订阅事件。

C.4　项目设计指南

1.一般规则

a.不要设计时钟。

b.切勿在没有包含易变性的体系结构的情况下设计项目。

c.捕获并验证计划假设。

d.遵循项目设计的设计。

e.为项目设计几个选项；至少设计常规、压缩和亚临界方案。

f.在可选性上，与管理人员进行沟通。

g.在开始主要工作之前，请务必进行 SDP 评审。

2.人员配备

a.避免多个架构师。

b.一开始要有一个核心团队。

c.仅要求在关键路径上不受阻碍地前进所需的最低人员配备。

  d. 始终根据浮动时间分配资源。

  e. 确保人员配备分布正确。

  f. 确保计划的挣值的浅 S 曲线。

  g. 始终以 1∶1 的比例将组件分配给开发人员。

  h. 力争任务的连续性。

3. 集成

  a. 避免大规模集成点。

  b. 避免在项目结束时再集成。

4. 估算

  a. 不要高估。

  b. 不要低估。

  c. 力求准确性，而不是精确性。

  d. 在任何活动估计，采用五天的估算量级。

  e. 对项目进行整体评估，以验证甚至启动项目设计。

  f. 减少估算的不确定性。

  g. 需要时，保持正确估算对话。

5. 项目网络

  a. 将资源依赖作为依赖。

  b. 核实所有活动都位于一条关键路径之开始和结束的链上。

  c. 核实所有活动都有资源分配。

  d. 避免使用节点图。

  e. 更多箭头图。

  f. 避免上帝功能。

  g. 将大型项目分解成网络的网络。

  h. 将次关键链视为关键链。

  i. 力求使圈复杂度低至 10 至 12。

  j. 逐层设计以降低复杂性。

6. 时间和成本

  a. 先通过干净利落的实践而不是压缩来加速项目。

  b. 切勿承诺在死亡区域的项目。

  c. 通过并行工作而不是顶级资源进行压缩。

  d. 谨慎、明智地压缩顶级资源。

  e. 避免压缩率高于 30%。

  f. 避免效率高于 25% 的项目。

g. 即使压缩可能性很小，也要压缩项目。

7. 风险

    a. 自定义项目的临界风险范围。

    b. 调整有活动风险的浮动异常值。

    c. 将常规方案缓解到超过风险曲线上的临界点。

        Ⅰ. 缓解目标为 0.5 风险。

        Ⅱ. 风险临界点的值大于一个特定风险数。

    d. 不要过度缓解。

    e. 缓解逐层设计的解决方案，可能有点激进。

    f. 保持常规解决方案的风险低于 0.7。

    g. 避免风险低于 0.3。

    h. 避免风险高于 0.75。

    i. 避免项目选择比风险交叉点风险更大或更安全。

C.5　项目跟踪指南

1. 对活动的内部阶段采用二元退出标准。

2. 在所有活动中分配一致的阶段权重。

3. 每周跟踪进度和工作量。

4. 不要做基于功能的进度报告。

5. 基于集成点做进度报告。

6. 跟踪次关键路径的浮动时间。

C.6　服务契约设计指南

1. 设计可重复使用的服务契约。

2. 遵守服务契约设计指标。

    a. 避免一次性操作的契约。

    b. 力争每个服务合同只有 3 到 5 项的操作。

    c. 避免进行超过 12 项操作的服务契约。

    d. 拒绝具有 20 个或更多操作的服务契约。

3. 避免类属性操作。

4. 将每项服务的契约数限制为 1 或 2。

5. 避免初级人员之间的交接。

6. 仅由架构师或有经验的高级开发人员设计合同。

推荐阅读

架构即未来：现代企业可扩展的Web架构、流程和组织(原书第2版)

作者：[美] 马丁 L. 阿伯特（Martin L. Abbott），迈克尔 T. 费舍尔（Michael T. Fisher）
译者：陈斌 ISBN：978-7-111-53264-4 定价：99.00元

两位作者马丁和迈克尔作为eBay与PayPal的CTO，是世界互联网技术和管理的引领者，同在eBay工作过的译者陈斌耳濡目染，深得其精髓。本书深入浅出地介绍了大型互联网平台的技术架构，并从过程、人员、组织和文化多个角度详尽分析了互联网企业的架构理论与实践，是架构师和CTO不可多得的实战手册。互联网已进入深水区，技术开始取代营销成为新的推动力。希望本书能把硅谷先进的管理和架构理念引入中国，培养出一批互联网技术精英，助力互联网下一波浪潮。

——唐彬，易宝支付CEO及联合创始人，互联网金融千人会轮值主席

以互联网为核心的信息技术正在快速地扩大商业的边界。从前，大多数的软件和信息管理系统仅仅服务公司内部的几百名员工，但今天很多软件已经演变成要服务亿万客户的商业平台，甚至如马云先生所言，软件系统已成为社会经济生活新的基础设施。在这个过程中，软件系统的可扩展性成为这个公司是否可以升级涅槃至关重要的问题。本书译者敏感地关注到这个问题，把这本好书译成中文，相信可以激发中国新经济的管理者、从业者的思考和讨论。

——涂子沛，阿里巴巴副总裁，"互联网+"专家，《大数据》《数据之巅》作者

架构真经：互联网技术架构的设计原则（原书第2版）

作者：[美] 马丁 L. 阿伯特（Martin L. Abbott），迈克尔 T. 费舍尔（Michael T. Fisher）
译者：陈斌 ISBN：978-7-111-56388-4 定价：79.00元

本书将帮助读者学习可扩展性的技能，避免常见的架构陷阱。更重要的是，本书将把架构师和工程师带到更高水平，使他们有能力处理未来的问题。快乐阅读！

——叶亚明，携程旅行网首席技术官

如果说《架构即未来》阐述的是互联网架构之道，这本书则是互联网架构的"术"。本书提供了50个凝聚作者丰富经验的招式，可以帮助互联网企业的工程师们快速找到解决问题的方向。

——段念，花虾金融CEO